Jean Donaldson

Hunde sind anders ...

Jean Donaldson

Hunde sind anders

... Menschen auch –
so gelingt die problemlose
Verständigung zwischen
Mensch und Hund

KOSMOS

Aus dem Amerikanischen übersetzt von Verena Krüpe, Frankfurt/Main.

Titel der Originalausgabe: "The Culture Clash. A revolutionary new way of understanding the relationship between humans and domestic dogs", erschienen bei James & Kenneth Publishers, California 1996, ISBN 1-888047-05-4.

Umschlaggestaltung von Friedhelm Steinen-Broo, eStudio Calamar, unter Verwendung eines Hundebildes von Ulrike Schanz.

Gedruckt auf chlorfrei gebleichtem Papier

Für die deutschsprachige Ausgabe:
2. Auflage 2009

ISBN 978-3-440-11159-8
Redaktion: Angela Beck
Gestaltung: TypoDesign, Würzburg
Produktion: Eva Schmidt
Printed in The Czech Republic / Imprimé en République Tchèque

Inhalt

Vorwort

„Hunde sind anders“ ist etwas Besonderes. Jean Donaldsons erstes Buch ist einfach das Allerbeste, was ich jemals gelesen habe. Es ist absolut einzigartig, außerordentlich faszinierend und im wahrsten Sinne des Wortes angefüllt mit Informationen, die auf dem neuesten Stand der Kenntnis über Verhalten und Training von Hunden sind und diese praktisch völlig neu definieren. Das in dem Jean Donaldson eigenen, unübertrefflich lockeren und dennoch präzisen Stil geschriebene Buch steht einem guten Thriller in nichts nach. Ich habe das Manuskript, noch bevor es in den Druck ging, insgesamt dreimal hintereinander gelesen.

„Hunde sind anders“ zeigt die Hunde, wie sie wirklich sind – ihres verstaubten Hollywood-Plüschs entblößt, mit ihrer Philosophie des „Kann ich es essen, darauf herumkauen, darauf urinieren, was ist da für mich drin?“ Immer scheint Jeans enorme Zuneigung zu Hunden durch, genauso wie ihr scharfsinniger Einblick in deren Gedankenwelt. Schonungslos tritt sie für die Sichtweise der Hunde ein, stets zeigt sie Interesse an ihrer Ausbildung und an ihrem Wohlbefinden.

„Hunde sind anders“ reiht sich in eine Serie ganz besonderer Bücher ein und führt das Rudel sozusagen mit an. „Hunde sind anders“ geht ebenso wie Karen Pryors „Positiv bestärken – sanft erziehen“ von einer erfrischend neuen Perspektive aus. „Hunde sind anders“ verfolgt wie Gwen Bohnenkamp in ihren Büchern einen klaren Weg – kein Wenn, kein Aber. Hier ist die Geschichte – erzieht jetzt euren Hund! Jean Donaldsons Buch ist ohne Zweifel das heißeste Ding auf dem Markt über und für Hunde – von grundlegender Bedeutung gleichermaßen für Hundebesitzer und Hundetrainer –, ganz sicher einen Applaus wert. Tun Sie sich und Ihrem Hund einen großen Gefallen: Lesen Sie das Buch! Und freuen Sie sich mit uns allen gemeinsam auf viele weitere Bücher von Jean Donaldson.

Berkeley, Kalifornien, im Mai 1996 *Ian Dunbar*

Unsere Welt aus der Sicht des Hundes

Walt Disney kontra B.F. Skinner

Ein vor kurzem veröffentlichtes Buch spricht vom „Moralkodex" der Hunde. Es wurde ein Bestseller. Anscheinend glauben die meisten Menschen immer noch an den Hund von Walt Disney: Er ist sehr intelligent, er handelt moralisch, ist in der Lage, Rache zu üben und zu planen, er löst komplexe Probleme, er versteht den Wert der Objekte in Walt Disneys Welt. Keiner will den Hund von B.F. Skinner, diese schwarze Eingabe-/Ausgabemaschine, die ganz offensichtlich kein vierbeiniges Familienmitglied ist. Dieser Hund, so scheint mir, wurde vollkommen falsch vermarktet. Skinner hatte Recht, bekam aber eine schlechte Presse. Die Wahrheit ist auf eine Art und Weise vorzubringen, die einem die Menschen abnehmen. Und wir müssen dies tun, weil die Nichtbeachtung bis jetzt schon das Leben unzähliger Hunde gekostet hat und weiterhin kostet.

Um den Unterschied zu verdeutlichen, hier ein Beispiel: Ein Hund wird jedes Mal gemaßregelt, wenn er beim Ankauen eines Möbelstücks erwischt wird. Er sieht also davon ab, daran herumzukauen, solange sein Besitzer zu Hause ist. Wird er allein gelassen, fängt er an, Gegenstände zu zerstören. Wenn der Besitzer zurückkehrt und den Schaden entdeckt, schleicht er mit zurückgelegten Ohren und gesenktem Kopf um ihn herum.

Walt Disneys Sichtweise: Der Hund lernt durch die Maßregelung, dass das Ankauen der Möbel falsch ist. Der Hund ärgert sich, dass er allein gelassen wird, und beginnt, um wieder zu seinem Besitzer zurückzukommen, die Möbel anzuknabbern, sobald dieser ihn verlassen hat. Mit anderen Worten: Er tut etwas, von dem er weiß, dass es falsch ist. Bei der Rückkehr seines Besitzers hat er wegen seiner Tat ein schlechtes Gewissen.

Skinners Sichtweise: Der Hund lernt, dass das Anknabbern von Möbeln in Gegenwart seines Besitzers gefährlich, bei dessen Abwesenheit aber sicher ist. Wird der Hund allein gelassen, so ist er ein wenig unruhig und fühlt sich besser, wenn er knabbert und kaut. Kommt sein Mensch später nach Hause zurück, zeigt der Hund Beschwichtigungsgesten und versucht, die Bestrafung zu vermeiden oder abzustellen, die, wie er ja gelernt hat, jetzt normalerweise folgt. Die Ankunft des Besitzers bzw. die dem Verhalten folgende Bestrafung sind vorhersehbar geworden: Der Hund weiß, dass er nun bestraft werden wird. Warum, das weiß er aber nicht.

Dass die zweite Sichtweise die richtige ist, wird kaum in Frage gestellt. Es geht in Wirklichkeit nicht mehr darum, welche Interpretation die richtige ist, sondern warum wir immer noch über diesen Punkt diskutieren. Erstaunlicherweise macht diese Erkenntnis seit Jahrzehnten die Runde, und dennoch haben die meisten Hundebesitzer sie immer noch nicht begriffen. Wie kommt es, dass man über dieses Thema auch heute noch diskutiert? Anscheinend reichen alle Beweise der Welt nicht aus, um das Ansehen der Behavioristen (Verhaltensforscher) zu heben. Die Auswirkungen wären in der Tat von großer Bedeutung.

Die verdrehte und dennoch hartnäckige Vorstellung von Hunden als wuscheligen, warmherzigen Tieren ist in unserer Zuneigung zu ihnen begründet. Sie sollen in unseren Augen intelligent und moralisch „gut" sein. Was Loyalität und Zuverlässigkeit angeht, sind Hunde unserer Einschätzung nach den Menschen überlegen. Obwohl das Modell der Verhaltensforscher ganz klar nachvollziehbar ist, hat es in diese vorherrschende Strömung keinen Eingang gefunden, weil es die Hunde auf Eingabe-/Ausgabemaschinen zu reduzieren scheint. Wir fürchten wohl, dass wir die Hunde ihres Status als „Menschen ehrenhalber" berauben, wenn wir diesen Standpunkt akzeptieren. Verfolgt man den Gedanken weiter, so könnte es logischerweise manchen Menschen schwerer fallen, Hunde als Kinderersatz zu betrachten, und daraus könnten sich negative Folgen für das Wohlergehen der Hunde ergeben.

Wie die meisten Tiere, so sind auch die Menschen Rudelwesen: Zuneigung und Achtung gegenüber anderen Lebewesen sind eng damit verknüpft, wie ähnlich uns diese in unserer Wahrnehmung sind. Als bei Schimpansen der Erwerb der Sprachfähigkeit entdeckt wurde, entwickelte sich sofort ein riesiges Spektrum ethischer Fragen. Wenn Schimpansen nicht fähig sind, sich in einer Sprache auszudrücken, ist es irgendwie leichter, eine nur auf den Nutzen bedachte Einstellung ihnen gegenüber zu akzeptieren. Und das liegt hauptsächlich in der Tatsache begründet, dass die Sache mit der Intelligenz immer noch ein weithin akzeptiertes Vorurteil ist. Unsere Spezies blickt hauptsächlich deshalb auf eine lange Vergangenheit unglaublicher Gewalttätigkeiten und Schrecken zurück, weil die Opfer zu weit außerhalb des von uns als Rudel betrachteten Gemeinwesens standen.

Heutzutage haben die Rudelgrenzen sehr viel mit dem Intelligenzquotienten und der moralischen Integrität zu tun. Unsere Bindung zum Hund ist offensichtlich stark. Um dieses Gefühl zu erklären, versteigen wir uns zu der Behauptung, er sei uns, was Intelligenz und Moral angeht, ähnlich.

Dennoch sind wir, so meine ich, bereit, die wahre Spezies Hund zu akzeptieren. Wir leben heute in einer Kultur, die ein viel größeres Bewusstsein von Toleranz und Verantwortung hat. Hunde ähneln uns viel weniger, als wir dachten. Dennoch können wir eine Bindung zu ihnen eingehen, mit ihnen unser Leben teilen, sie als Kinderersatz ansehen, ohne uns dafür entschuldigen zu müssen. Um unsere Gefühle ihnen gegenüber zu rechtfertigen, müssen wir ihr Wesen nicht verändern. So wie sie wirklich sind, sind sie wertvoll und faszinierend. Damit wir sie fair behandeln und in unsere Familien aufnehmen können, ist es nicht notwendig, ihre Intelligenz oder Moral zu überhöhen.

Der Realität ins Auge zu sehen ist nicht nur deswegen wichtig, weil sich die anthropomorphe Sichtweise selbst überlebt, sondern auch, weil sie für Hunde immer schon eine sehr reale negative Seite gehabt hat. Sich dieses Schutzschildes zu bedienen, ist meiner Meinung nach nicht mehr erforderlich, mag es auch früher einmal nützlich gewesen sein. Der größte Nutzen für das Wohlergehen der Hunde, so ist heute klar, ergibt sich daraus, dass der Lassie-Mythos aufgegeben und durch Informationen aus zwei Quellen ersetzt wird: aus dem Verhalten des Hundes und der Wissenschaft vom Lernverhalten des Hundes. Es liegt in der Tat in unserer Verantwortung, sowohl einen Schlüssel zu den Grundbedürfnissen der Spezies zu finden, mit der wir zusammenzuleben versuchen, als auch einen dafür, wie wir sie in ihrem Verhalten ohne größere Abnutzungserscheinungen so weit verändern können, dass sie sich ohne völlige Aufgabe ihres Wesens in unsere Gesellschaft einfügt.

Hunde sind Opportunisten

Auf den folgenden zwei Gebieten ist der Mythos am größten, das Wissen am geringsten: erstens das Verhalten des Hundes, d.h. die genetische Begabung und die Zwänge oder Vorgaben, mit denen der Hund ausgestattet ist, und zweitens das Lernen des Tieres, d.h. die praktischen Grundlagen dafür, wie Erfahrung das Verhalten der Hunde und anderer Tiere einschließlich uns selbst beeinflusst.
Der Mensch lernt durch operante und klassische Konditionierung. In dieser Hinsicht sind wir dem Hund gleich. Anders als Hunde sind wir aber auch Meister im Lernen durch Beobachtung und Einsicht. Zur Übermittlung von Gedanken bedienen wir uns der Sprache. Wir sind in der Lage, uns gedanklich von der Vergangenheit über die Gegenwart in die Zukunft zu bewegen und abstrakt zu denken. Wir verinnerlichen Werte, die uns durch Belohnung und Strafe gelehrt wurden. Die meisten von uns entwickeln Qualitäten wie Mitgefühl und Gewissen, einen Sinn für Richtig und Falsch. Wenn wir uns unseren Werten entsprechend verhalten, gibt uns dies ein Gefühl von Selbstachtung, von Integrität.
Dies alles geht Hunden völlig ab. Sie sind vollständig und aus sich heraus egoistisch. Sehr wahrscheinlich lernen Hunde fast ausschließlich durch operante und klassische Konditionierung. Es gibt kaum Beweise dafür, dass sie durch Beobachtung oder Nachahmung lernen, auch wenn einige ihrer Verhaltensweisen durch

ihr soziales Umfeld gefördert werden. Deswegen sind sie nicht dümmer oder weniger wert als zu der Zeit, als wir noch dachten, ihr Denkvermögen entspreche dem unsrigen. Dies zu erkennen, ist von immenser Bedeutung. Hunde lernen sehr gut. Sie können ganz feine Unterschiede in ihrer Umgebung genau wahrnehmen. Sie haben einen unglaublichen Geruchssinn. Sie können sich in einem komplexen sozialen Umfeld bewegen. Sie verfügen über ein reiches Gefühlsleben. Aber sie denken nicht abstrakt. Sie haben keine Moral. Sie können nicht mental durch Zeit und Raum vor- und zurückschreiten. Sie verstehen die menschliche Sprache nicht, obwohl sie lernen können, die Bedeutung gewisser Worte zu unterscheiden.

Diese Pille zu schlucken sollte nicht allzu schwierig sein, untergräbt doch die auf Intelligenz begründete gesellschaftliche Diskriminierung, die ich oben dargestellt habe, jegliche realistische Einschätzung der Hunde. Zumindest offiziell verurteilen wir alle die Diskriminierung auf Grund von Rasse, Geschlecht, Alter oder Körpergröße, doch bleibt die Intelligenz als Wertmaßstab erhalten und ist so ungemein subtil. Es ist dieses überkommene Überlegenheitsgefühl. Stellen wir uns kurz vor, wie wir uns fühlen würden, wenn wir Experimente mit Ratten durchführten, die allgemein als kluge, friedfertige und seelisch-geistige Wesen mit einem Intelligenzquotienten über dem des durchschnittlichen Menschen gelten. Wir besäßen zwar immer noch die Macht, alles mit ihnen zu tun, was wir wollen, doch unsere innere Rechtfertigung beruht weniger auf unserer Macht als auf der Tatsache, dass Ratten, nun ja, doch nicht sehr gescheit sind.

Hunde sind Multitalente, aber eben nicht so gescheit wie der Mensch. Ein kürzlich erschienenes Buch über die Intelligenz von Hunden umfasst mehr als 250 Seiten. Anscheinend fasziniert uns der Gedanke, Hunde könnten besonders gescheit sein. Warum bedienen wir uns bei der Beurteilung einer anderen Spezies immer wieder dieses einen Maßstabs, der Intelligenz? Weil wir das natürlich schon immer so getan haben. Wann werden wir beginnen, bei Hunden all das wirklich Faszinierende zu sehen, was die Intelligenz ganz nebensächlich macht? Die Unterscheidungsfähigkeit der Hunde bei der klassischen Konditionierung, ihre Fähigkeit, die Nase einzusetzen, sich in einem komplexen sozialen Umfeld zurechtzufinden, ihre Gefühle und die Bindung an uns, all dies sind riesige Themenbereiche, unter denen die „Intelligenz" in einem ziemlich mageren Bändchen Platz findet, genauso mager wie ein Buch über die Fähigkeit des Menschen, Bomben zu erschnüffeln oder mittels Echo zu loten.

Wir sehnen uns nach Anekdoten über geniale Hunde, und derer gibt es viele. Jeder kennt eine Geschichte, die veranschaulicht, wie „gescheit" Hunde sind. Eine grundlegende Frage wurde von den Verfechtern des Denkvermögens von Hunden allerdings niemals beantwortet, und diese lautet: Wenn Hunde zu solch großartigen Gedankengängen fähig sind, warum zeigen sie diese nicht *stets und immer*? Warum nie unter kontrollierten Bedingungen? Was mir an diesen Behauptungen am meisten auf den Wecker geht, ist der Mangel an Rationalität. Das Ganze erinnert mich an Menschen, die sich plötzlich auf unwahrscheinliche Erklärungen für Dinge wie Kreise in englischen Weizenfeldern stürzen. Bevor Theorien darüber aufgestellt werden, dass die Kreise von Außerirdischen gelegt wurden, sind erst einmal wahrscheinlichere Erklärungen auszuschließen, wie zum Beispiel raffinierte Witzbolde. Letzteres erwies sich als richtig, aber erst nachdem durch Theorien über Außerirdische ein enorm starkes Interesse geweckt worden war. Genauso sollte erst einmal eine auf der Lerntheorie gründende Erklärung ausgeschlossen werden, bevor man praktisch auf die Schlussfolgerung aufspringt, der Hund denke abstrakt und handele moralisch. Mich stört, dass der Wert meiner Hunde auf Mythen und Übertreibungen beruhen soll, als ob ihr reales Wesen nicht schon ausreichte. Sie haben ihren Wert, weil sie Hunde sind. Sie müssen nicht mental aufgewertet werden. So, wie sie sind, sind sie wertvoll und wunderbar.

Was bedeutet dies nun für die Hunde mit dem Disney-Mythos? Sobald wir ihnen Intelligenz und Moral zusprechen, weisen wir ihnen auch die damit einhergehende Verantwortlichkeit zu. Mit

anderen Worten: Zerstört der Hund absichtlich und böswillig das Mobiliar, obwohl er weiß, dass es falsch ist, so fühlt er sich schuldig und hat eine Bestrafung verdient, oder etwa nicht? Nun, das ist genau das, was die Hunde im Übermaß bekommen haben – Strafen. Wir setzen sie allen erdenklichen Arten von Strafen aus, weil wir ihre Fähigkeit zu denken überschätzen. Es ist interessanterweise das als „kühl" empfundene Modell des Behaviorismus, das die Anforderungen, die wir an die Hunde stellen, viel eher erfüllen lässt. Das Mythos-Modell beschert den Hunden Probleme, die sie nicht lösen können, und bestraft sie dann auch noch dafür. Und das Traurigste ist, dass die meisten Hunde die Strafe hauptsächlich mit ihren Besitzern in Verbindung bringen. Das eröffnet völlig neue Perspektiven, warum wir sie angeblich sooo lieben. „Weil sie ja so gescheit sind" – oder etwa nicht?
Die Lerntheorie, d.h. der Behaviorismus, ist die beste Möglichkeit, über die wir verfügen, um das Verhalten unserer Hunde zu verstehen und zu verändern. Sie ist die effektivste Möglichkeit und diejenige, die eine möglichst geringe Belastung für den Hund und die Beziehung zwischen Hund und Mensch mit sich bringt. Die Gründe fur den weit verbreiteten Unwillen, mit der Lerntheorie zu arbeiten, sind bei genauerer Betrachtung nicht stichhaltig. Das wissenschaftliche Modell erscheint den Menschen kalt, doch das „warme" Modell legt, wie wir gesehen haben, den Grundstein für endlose Bestrafungen dieser klugen, moralischen und dennoch rechtsbrecherischen Wesen. Hunde, so mein Argument, werden durch die Anwendung dessen, was die Verhaltensforschung lehrt, nicht auf den Status von Laborratten erniedrigt oder reduziert. Die unglaubliche Ironie, dass Millionen von Ratten *und* Hunden ein ziemlich schreckliches Leben in Laboratorien fristen und Millionen von veralteten Experimenten über sich ergehen lassen müssen, um die Grundprinzipien des Lernverhaltens von Tieren präsentieren zu können, macht mich in der Tat wütend. Eine der ganz offensichtlichen Anwendungen des so erworbenen Wissens wäre dann also die Hundeausbildung, oder? Von allen Fenstern, die uns für die Kommunikation mit Hunden zur Verfügung stehen, ist das der

operanten Konditionierung am weitesten geöffnet. Wir sollten anfangen, uns dessen zu bedienen.

Der Irrtum mit dem Gefallenwollen

Die vermenschlichte Sichtweise beschränkt sich in Hinblick auf das Verhalten der Hunde nicht auf Übertreibungen hinsichtlich ihrer Intelligenz. Auch ihre Haltung uns gegenüber deuten wir falsch. Wann begraben wir ein für alle Mal die Idee, Hunde hätten den „Wunsch zu gefallen"? Welch nichts sagende und gefährliche Vorstellung. Ich suche immer noch den Hund, der seinem Besitzer gefallen will. Wo ist denn der Hund, der überhaupt am inneren Zustand seines Besitzers interessiert ist? Der Hund interessiert sich höchstens dafür, wie sich der Ausdruck dieses Zustands auf Ereignisse auswirkt, die für ihn selbst von Bedeutung sind. Obwohl bei einigen Hunden das Lob bei völliger Abwesenheit jeglicher anderer Motivation als Bestärker funktioniert, ist dessen Wirkung begrenzt und lässt das Gen des „Wunsches zu gefallen" in höchst zweifelhaftem Licht erscheinen.

Bei näherer Betrachtung wird die Sache noch haltloser. Legen wir also für Anfänger fest, dass das Lob als ein Signal für Sicherheit dient – ein Anzeichen dafür, dass die Wahrscheinlichkeit aversiven Handelns extrem niedrig ist. In der herkömmlichen Unterordnung ist das offensichtlich so. Die Hauptmotivation, so sagt man, ist das Lob. Die Hauptmotivation besteht eigentlich aus dem Vermeiden aversiver Mittel, also der so genannten „Leinenkorrektur". Taugt der Trainer überhaupt etwas, so lernt der Hund, wenn er für eine Reaktion gelobt wird, dass er eine Korrektur vermieden hat; und damit bekommt das Lob für ihn einen Sinn und eine Bedeutung. Auch sind hohe und abgehackte Stimmen, wie sie häufig zum Loben des Hundes eingesetzt werden, möglicherweise an sich schon reizvoll, zumal sich der Mensch dieser lauten Töne in seiner Interaktion mit Tieren in praktisch allen Kulturen bedient. Bedeutet dies aber, dass der Hund diesen Ton als Zeichen für einen inneren Zustand desjenigen ansieht, der diesen Ton hervorbringt? Das ist unwahrscheinlich.

Das Lob kann im täglichen Leben des Hundes eine gewisse Bedeutung als „Sekundärbestärker" erlangen. Der Mensch neigt dazu, Hunde mehr zu loben, wenn er sozusagen als milde Gaben Leckerchen, Aufmerksamkeit, Spaziergänge und Spiele verteilt. Dies alles zeugt nur noch mehr von dem, was wir schon wissen und auf einem etwas anspruchsvolleren Niveau ausnutzen sollten: Hunde lernen durch das unmittelbare Ergebnis ihrer Taten und die Assoziation von Ereignissen, die zeitnah geschehen.

Einmal sprach ich mit einem Trainer, der traditionelle Methoden anwendete und über die Verwendung von Trockenfutter als Motivator spottete. Womit er aufwartete, und das gibt mir bis zum heutigen Tage ein schlechtes Gefühl, war: „Wenn man zum Ausbilden Futter nimmt, dann tut es der Hund wegen des Futters und nicht wegen uns." Diese Ansicht findet man überraschenderweise immer noch häufig, insbesondere bei Menschen, die zum ersten Mal einen Hund besitzen, und bei Trainern. Jener Hund, der von dem Mann über Meideverhalten mittels eines Würgehalsbandes trainiert wurde, tat es wahrscheinlich für ihn, weil er als einzigen positiven Bestärker Lob erhielt. Trainer, die die Behauptung aufstellen, Hunde arbeiteten, um zu „gefallen" oder nur für ein Lob, scheinen den Hauptmotivator vergessen zu haben, den sie anwenden, nämlich: Schmerz.

Bei der Ausbildung eines Tieres besteht die erste Aufgabe darin, herauszufinden, wodurch es motiviert werden kann. Keine Motivation, keine Ausbildung. Alle Tiere sind durch Futter, Wasser, Sex und die Vermeidung aversiver Mittel motiviert. Viele Tiere können über Spiel, Aufmerksamkeit, die Gelegenheit zu gemeinsamem Tun oder das Erlangen der Kontrolle über stark begehrte Ressourcen motiviert werden. Alle Tiere lassen sich über Signale, die mit diesen primären Bestärkern verknüpft sind, unter der Voraussetzung motivieren, dass der Zusammenhang zwischen Signal und Primärbestärker deutlich genug ist. An diesem Punkt tritt meist das Lob auf den Plan, als eine Art ungenaues Signal, das dem Tier bedeutet, die Chancen für ein primäres Ereignis haben sich verbessert. Entschließen Sie sich dazu, keine positive Bestärkung einzusetzen, landen Sie wie alle anderen auch beim Einsatz aversiver Mittel und verkünden, Ihr Hund tue es für Sie. Eine pathetische Aussage.

All das bedeutet aber nicht, Lob sei nicht gut oder nicht wichtig. Ich persönlich lobe meine Hunde unwahrscheinlich viel, weil ich sie mag und gern lobe. Es gefällt ihnen, wenn ich gute Laune habe, denn: Schlechte Dinge geschehen Hunden nicht, wenn der Mensch gute Laune hat. Ich selbst mag es, wenn jemand, der Einfluss auf mich hat, wie mein Kung-Fu-Lehrer, guter Laune ist – aber nicht weil ich genetisch dazu ausgelegt bin, ihm zu gefallen. Mein Interesse an der Laune meines Lehrers ist ziemlich eigennützig, und ich bin vermeintlich ein moralisch höher stehendes menschliches Wesen. Welches Interesse Ihr Hund auch immer an Ihrer Laune haben mag, es basiert auf dem, was es für ihn bedeutet. Und das ist selbstverständlich in Ordnung.

Bei einigen Hunden funktioniert das Lob als primärer Bestärker. Sie mögen es ausreichend stark, um dafür zu arbeiten. Ein schwaches Fundament ist Lob allerdings bei jenen Hunden, bei denen es als primärer Bestärker nicht funktioniert. Viele Hunde finden Loben irgendwie gut, werden dafür aber nicht wirklich arbeiten. Und das ist gut so. Es gibt einen Unterschied zwischen dem Ausdruck von Zuneigung gegenüber dem Hund und dem sich verlassen auf Lob als Hauptmittel der Motivation bei der Ausbildung oder Verhaltensänderung eines Tieres. Um es anders auszudrücken: Verwechseln Sie den Ausdruck von Bindung nicht mit Training und Verhaltensänderung. Bei Letzterem sind gewöhnlich schwerere Geschütze aufzufahren. Viele Hundebesitzer zeigen sich enttäuscht, wenn sie die Notwendigkeit schwererer Geschütze, wie Futter, Zugang zu Spaß und Spiel sowie andere für die Konditionierung ihres Tieres verwendete primäre Bestärker entdecken. Sie haben nämlich das Gefühl, ihr ganz besonderer Hund sei ein reiner Opportunist, weil er „nur hört, wenn er will“, „es nur dann tut, wenn er will“, kurz, gar nicht oder kaum gefallen will.

Generationen von Hunden sind als opportunistische Tiere bezeichnet worden, weil sie eine richtige Motivierung brauchten, wobei sie sich doch insgesamt gesehen ganz normal verhielten. Ich warte immer noch darauf, dass ein Hund den Wunsch hat, zu gefallen. Sollte das mal der Fall sein, werde ich ihn zur Psychotherapie schicken.

Diese Vorstellung vom „Wunsch zu gefallen" wurde größtenteils durch die Missdeutung gewisser Verhaltensweisen des Hundes genährt. Wenn wir nach Hause kommen, sind die Hunde sehr aufgeregt, sie fordern von uns Aufmerksamkeit und Streicheleinheiten und lecken uns ab. In ihrem Begrüßungsritual sind sie sehr zwanghaft. Häufig folgen sie uns zu Hause wie Schatten und werden unruhig, wenn wir fortgehen. Sie sind hoch soziale Wesen und in ihrem Leben mit dem Menschen genetisch nicht ausreichend auf das Ausmaß an Abwesenheit ihrer Familienmitglieder vorbereitet. Auch kommen sie nach den Unmengen an Strafen, die wir ihnen zumessen, bis zu einem gewissen Grad erstaunlich gut wieder auf die Beine. Ich kann schon sehen, wie dies als Ergebenheit interpretiert wird. Die Hunde registrieren jede einzelne unserer Bewegungen. (Darüber das Selbstwertgefühl nicht ausufern zu lassen, ist gleichwohl wichtig.) Sie beobachten uns jeden Moment auf Zeichen, dass für sie etwas geschehen könnte. Das Gehirn meiner Hunde ist ständig und fachmännisch damit beschäftigt, sich über mein Verhalten zu informieren, bis auf die Sekunde genau zu berechnen, wann es Leckerchen, Spaziergänge, Aufmerksamkeit, Frisbeewerfen und wilde Spiele mit dem Latex-Igel gibt. Sie sind mir gegenüber anscheinend ergeben, weil ich eine ganz gewöhnliche Frisbee-Scheibe werfe und über zwei Daumen verfüge, mit denen ich Dosen öffnen kann. Das bedeutet nicht, dass wir keine Bindung zueinander hätten. Meine Bindung zu meinen Hunden steht außer Frage. In ihrer Intensität ist sie psychopathologisch. Ich weiß, dass auch sie mich lieben. Aber sie beten mich nicht an. Ich bin mir gar nicht sicher, ob sie ein Konzept der Anbetung kennen. Ihre Liebe ist für sie auch nicht der Grund, das zu tun, was ich sage. Es hat in der Tat nichts mit irgendeiner Ausbildung zu tun. Um ihr Verhalten unter Kontrolle zu halten, muss ich die Folgen ihres Handelns ständig manipulieren. Einige der schwierigeren Aufgaben im

Training werden ohne Liebe und mit nur wenig Bindung ausgeführt. Das bedeutet jedoch nicht, Training gehöre nicht zu den besten Möglichkeiten, eine Bindung zu stärken. Sie ist dafür jedoch keine Vorbedingung. Damit haben Menschen ständig Probleme, und das gilt nicht nur für die Beziehung zum Hund.

Dominanz als Allheilmittel?

Das andere Modell, das als Quasi-Rechtfertigung für den Einsatz aversiver Mittel in der Ausbildung vorgetragen wird, ist die Rudeltheorie. Seit der Entdeckung der linearen Hierarchie bei Wölfen spinnen die Hundeleute herum und versuchen, jedes nur vorstellbare Verhalten des Hundes und jedwede Interaktion zwischen Mensch und Hund mit dem Begriff „Dominanz" zu erklären. Daran haben wir uns wirklich festgeklammert. Hunde verhalten sich falsch oder sind ungehorsam, weil ihnen nicht gezeigt wurde, wer der Boss ist. In unserem Rudel müssen wir das Alphatier sein. Abgesehen davon, dass das auf eine weitere Rechtfertigung für Trainingsmethoden mit Strafanwendung hinausläuft – der Hund wird wahrscheinlich die ganze Nacht wach bleiben und sich einen neuen Coup ausdenken, es ist also besser, ihn mit viel Zwang an seinem Ort festzuhalten –, ist die Dominanz bei der Erklärung des Verhaltens von Hunden zu einer Art Allheilmittel geworden. Durch diese einfache Erklärung muss nun der Besitzer unzählig viele andere Themen, wie zum Beispiel die Lerntheorie, nicht mehr büffeln. Die Vorstellung von Hunden, die vor ihren Besitzern durch die Tür rennen oder an der Leine ziehen, um Dominanz über sie auszuüben, ist zu dumm, als dass man sie in Worte fassen könnte. Bei einigen armen Menschen ist alles so verdreht, dass sie unterwürfiges Verhalten wie Hochspringen oder Pföteln als Dominanzspiel ansehen, das eines Trainings unter Einsatz aversiver Mittel bedarf. Wie schon erwähnt, ist das ganze Ding mit der Dominanz so, als ob man sich auf eine Schlussfolgerung stürzte, ohne zuvor offensichtlichere Erklärungen ausgelotet zu haben. Hunde zerkauen Möbel, denn wofür sonst könnten Möbel gut sein? Sie gehorchen nicht, weil sie keine Ahnung haben, was der Befehl bedeutet, weil sie nicht richtig motiviert sind oder weil etwas anderes in dem Moment gerade wichtiger ist, wie zum Beispiel ein davonrennendes Eichhörnchen. Die Rangordnung kommt ihnen nicht in den Sinn.

So ist also zwischen einem unterwürfigen Hund und einem Hund unter aversiver Kontrolle zu unterscheiden. Setzen Sie bei einem Hund nach dem „Komm"-Befehl permanent den Elektroschock ein und stellen diesen ab, sobald der Hund zu Ihnen gekommen ist, und der Hund versteht, dass er den Schock dadurch vermeiden kann, dass er auf Befehl zu Ihnen kommt, so haben Sie ihn unter aversiver Kontrolle. Das gleiche können Sie etwas plumper erreichen, indem Sie, wie viele andere auch, ein Zughalsband oder eine zusammengerollte Zeitung nehmen. Das hat jedoch nichts mit Dominanz zu tun. Welchen Einfluss es auf die Rangordnung hat, ist noch nicht geklärt.

Weiß der Hund, dass er eine Chance von eins zu fünf für eine Belohnung hat, wenn er kommt, und dass er, wenn er sofort kommt, sehr wahrscheinlich zu dem zurückkehren kann, was er gerade tut, aber einige Minuten Freiheit verliert, wenn er nicht gehorcht, so wird er ebenfalls sicher kommen. Das bedeutet Kontrolle ohne Einsatz aversiver Mittel. Wichtig ist nicht, welche Art der Motivation, des Vermeidens oder der positiven Bestärkung, wir einsetzen, sondern dass es beinahe keinen Zusammenhang mit dem ganzen Fragenkomplex der Dominanz gibt.

Die meisten Menschen, die sagen, sie hätten ein Dominanzproblem, meinen gewöhnlich eines der beiden folgenden Dinge: Sie haben ein Problem mit dem Befolgen eines Befehls, oder Ihr Hund beißt oder bedroht sie. Möglich, dass sich der Hund seinem Besitzer gegenüber dominant fühlt. Der Hund könnte sich auch als den Zweituntersten in der Rangfolge allen organischen Lebens auf dem Planeten ansehen und dennoch nicht ausreichend motiviert sein, Befehlen zu gehorchen bzw. trotzdem Menschen beißen. Ebenso könnten Sie einen Hund haben, der nach seinem Selbstbild sehr dominant ist und dennoch ein erstklassig ausgebildeter Hund, der niemals beißt oder irgendjemanden beißen will.

Handelt es sich um ein Problem des Gehorsams, so muss der Hund unter Anwendung – Sie wissen es schon – der operanten Konditionierung entsprechend trainiert werden. Dies ist der direkte Zugang zur Veränderung eines Verhaltens. Mit Konzepten wie der Dominanz erklären zu wollen, dass ein Hund nicht kommen will, wenn er dafür nicht entsprechend konditioniert und das Verhalten bei konkurrierender Motivation unter Beweis gestellt wurde, bedeutet, unnötig im Trüben zu fischen. Sie können ihn auf den Rücken werfen, soviel Sie wollen, er wird so lange nicht kommen, bis er ausgebildet und das Verhalten sicher etabliert wurde. Sie können ihn auf den Rücken werfen und ihn die ganze Nacht so festhalten (und immer vor ihm durch die Tür gehen), und er wird Sie weiterhin beißen, wenn Sie Bedingungen stellen, die ihn über seine Beißschwelle hinaustreiben.

Diese zehn Verhaltensweisen werden am häufigsten auf ein Dominanzproblem zurückgeführt:

- Beißen/Aggression, insbesondere gegenüber Familienmitgliedern,
- an der Leine ziehen,
- Unsauberkeit, insbesondere im Bett, auf Schuhen etc.,
- das Zerkauen von für den Besitzer wertvollen Gegenständen,
- Hochspringen zur Begrüßung und Pföteln,
- auf Rufen nicht kommen,
- am Tisch betteln,
- zuerst durch die Tür gehen,
- auf verbotenen Möbelstücken schlafen,
- Stehlen von Futter/Wäschestücken.

Mein Lieblingsmythos ist das Ding mit dem Zuerst-durch-die-Tür-gehen. Welcher Wirrkopf hat die Vorstellung aufgebracht, ein Hund verstünde, es bedeute Dominanz oder er übte eine solche aus, wenn er vor seinem Besitzer durch die Eingangstür stürzt? Wenn Hunde durch Türen stürzen, versuchen sie die Distanz zwischen sich und dem, was draußen ist, so schnell wie möglich zu überwinden, weil sie aufgeregt sind, weil sie Hunde sind, weil sie niemals von einem Grund gehört haben, warum sie dies nicht tun sollten. Wann immer man verzweifelt herausfinden will, „warumwarumwarum" ein Hund etwas tut, sollte man erst einmal folgende Gründe ausschließen, anstatt sich von einer so dummen Theorie wie der „Rudeltheorie" überwältigen zu lassen: weil sein Verhalten durch irgendetwas in der Umgebung bestärkt wird oder weil vorher noch niemand auf die Idee gekommen ist, es anders zu verlangen (d.h. warum *nicht*?).

Die ganze Idee von der Dominanz ist so sehr verbreitet, dass ganze Hundeschulen auf der Prämisse gründen, wenn man nur entsprechende Dominanz gegenüber dem Hund ausübe, ergebe sich alles andere von selbst. Dies ist eine gefährliche Sache. Es bedeutet nicht nur, dass Hunde in unglaublichem Ausmaß misshandelt werden, wodurch sich wahrscheinlich Probleme wie Nicht-Kommen und Beißen noch weiter verstärken, sondern auch, dass solche realen Dinge wie eine gut durchgeführte Konditionierung und ein adäquates Umfeld gar nicht erst zur Sprache kommen. Dadurch ist der Hund weiterhin ungehorsam, und das dumme Dominanzprogramm besteht weiterhin.

Damit ist nicht gesagt, Hunde gehörten nicht zu den Gattungen, die Hierarchien bilden. Natürlich tun sie es. Aber sie können zum Beispiel auch bei Nacht gut sehen und dennoch wird niemand eine Netzhautoperation vorschlagen, um das Gehorsamsproblem oder das Beißen anzugehen. Die Rudeltheorie ist ganz einfach nicht das Modell, mit dem man am besten Probleme wie Ungehorsam, Fehlverhalten oder Aggression behandelt. Menschen, die in der Ausbildung aversive Mittel zu Hilfe nehmen und ein Dominanzmodell im Kopf haben, würden bessere Ergebnisse erzielen, wenn sie den Hund weniger strapazierten, d.h., wenn sie aversive Mittel mit etwas gründlicherem Verständnis der Lerntheorie einsetzten oder, besser noch, auf solche Mittel gänzlich verzichteten und sich anderer Hilfsmittel – aus der Werkzeugkiste der Lerntheorie – bedienten. Das Dominanzkonzept ist schlicht und einfach unnötig.

Wie sind Hunde denn nun wirklich? Hier kommen die zehn wichtigsten Dinge:

1) Für sie ist alles Kauspielzeug (sie haben keine Vorstellung davon, was Kunstwerke, Erinnerungsgeschenke oder Symbole sind).
2) Sie kennen keine Moral (kein richtig/falsch, nur sicher/gefährlich).
3) Sie sind an sich selbst interessiert (sie wollen nicht gefallen).
4) Sie besitzen ein kleines Gehirn (mit relativ wenigen Windungen, das nur durch operante und klassische Konditionierung lernt).
5) Sie sind Raubtiere (sie suchen, hetzen, fangen und halten, zerlegen, zerkauen alles, was ihnen vor die Augen kommt).
6) Sie sind sehr sozial (sie entwickeln eine starke Bindung und können nicht gut mit Trennung umgehen).
7) Sie haben eine zeitlich begrenzte Sozialisierungsphase (sie attackieren oder fliehen vor allem, worauf sie nicht sozialisiert wurden).
8) Sie sind begeisterte Aasfresser (wenn es etwas Essbares ist, friss es, und zwar *jetzt*).
9) Sie lösen Konflikte durch ritualisierte Aggression (sie schreiben niemals Leserbriefe, ziehen niemals vor Gericht).
10) Sie besitzen einen gut entwickelten Geruchssinn.

Womit der Hund genetisch ausgestattet ist

Müsste man die genannte Liste der zehn wichtigsten Aussagen über Hunde auf die zwei wesentlichsten reduzieren, so wären es die Punkte 5 und 6: Hunde sind soziale Raubtiere. Ihr Verhalten lässt sich vornehmlich auf ihre Identität als Raubtiere und als Lebewesen zurückführen, die stets mit anderen zusammen sein müssen, um zu überleben. Hunde sind nicht ausschließlich Fleischfresser, das ist wahr; sie können eine Menge pflanzlicher Substanzen fressen und verdauen, und sie sind begeisterte Aasfresser. Und dennoch gibt es einen Grund, warum Wüstenspringmäuse oder Ponys nicht reflexartig hinter sich bewegenden Objekten herjagen, wohl aber Hundewelpen und junge Kätzchen. Verhaltensweisen, die mit der Nahrungsbeschaffung einhergehen, sind verständlicherweise recht tief verwurzelt. Den selektiven Zuchtbemühungen, die darauf ausgerichtet waren, das raubtiermäßige Verhalten verschiedener Rassen außen vor zu lassen, es in Bahnen zu lenken oder sogar aktiv auszulöschen, ist es nach Hunderten Generationen in nur ganz wenigen Fällen gelungen, Hunde davon abzuhalten, auf Sicht zu verfolgen, zu hetzen und nach sich bewegenden Objekten zu schnappen. In genau diesen Hunderten von Generationen selektiver Zucht blieb auch die starke Ausrichtung auf soziale Bindung erhalten.

Das Verhalten von Raubtieren

Die folgende Reihenfolge der Verhaltensweisen ist bei den meisten Hunden anscheinend recht fest verankert:

- Suchen (Beute finden, hauptsächlich über den Geruchssinn),
- Anpirschen (sich so nahe wie möglich an die Beute heranschleichen),

- Losstürmen (sich plötzlich in Richtung Beute bewegen, hoffend, dass sich diese herumdreht und flieht),
- Hetzen (hinter der fliehenden Beute herrennen),
- Beißen/Halten/Schütteln/Töten (der Beute),
- Zerlegen und Fressen (der Beute).

Zwei weitere Verhaltensweisen, die sich im Rahmen der Nahrungsbeschaffung in keiner festen Reihenfolge nachweisen lassen, sind: Herumkauen und Bewachen der Nahrung. Beides ist so weit in das Verhalten integriert, dass es in das Repertoire vieler Hunde übergegangen ist. Das Kauen hält die entscheidenden Gerätschaften, nämlich den Kiefer, durch isometrische Übungen in gutem Zustand. Das Bewachen von Objekten ist wegen der relativen Nahrungsknappheit bei sozial lebenden Fleischfressern sinnvoll.
Stellen Sie sich vor, Sie wären ein Pflanzenfresser, der jeden Tag zehn Stunden lang Pflanzen verspeisen muss, um daraus in ausreichender Menge Nährstoffe aufnehmen zu können, und Sie hätten so viel Weide zur Verfügung, wie Ihr Auge erblicken kann. Um die Fläche, die Sie heute für die Futteraufnahme benötigen, vor Ihren Kollegen zu schützen, würden Sie wahrscheinlich nur sehr wenig Energie aufwenden. Hingegen haben Fleischfresser Unmengen Energie dafür eingesetzt, ein Huftier, eine reiche Proteinquelle, aufzuspüren, zu fangen und niederzuringen, und sie werden vielleicht tagelang nichts mehr zu fressen haben. Als eines dieser Raubtiere würden Sie dafür sorgen, dass Sie Ihren schwer erkämpften Kadaver nicht verlieren; daraus resultiert die starke Neigung der Hunde, ihre Nahrungsquelle zu bewachen.
Es handelt sich um ein zwanghaftes Verhalten: Das genetische Programm sagt dem Hund: „Bewache es“, also bewacht der Hund, unabhängig davon, welche Mengen er vor sich hat – zum Beispiel immer eine volle Futterschüssel. Das heißt nicht, dieses Verhalten ließe sich nicht ändern. Es lässt sich ändern. Eine derartige Verhaltensänderung erfordert jedoch eher einen aktiven Eingriff in Form von Übungen, quasi als Prophylaxe oder Behandlung, als das einfa-

che Vollstopfen des Tiers bis zu dessen Fettleibigkeit. Der andere Grund, warum sich Hunde ein Verhalten wie das Bewachen von Objekten leisten können, liegt darin, dass Tiere wie sie, die physisch in der Lage wären, sich gegenseitig zu verstümmeln, und zur Nahrungsbeschaffung dennoch so sehr aufeinander angewiesen sind, eine hoch ritualisierte Form der Aggression entwickelt haben. Sie sind zur Aggression ohne Anwendung tödlicher Gewalt in der Lage. So verfügen sie über eine riesige Bandbreite von Drohgebärden und Möglichkeiten der Konfliktlösung, die den Hunden selbst nur geringen Schaden zufügen, auch wenn sie für den Menschen ungemein Furcht erregend ausschauen. Das erklärt auch, warum sich die Besitzgier in vielen Fällen auf andere Dinge als Futter ausgeweitet hat, wie zum Beispiel auf begehrte Spielsachen und Kauknochen, Schlafplätze, Kleenex-Tücher oder aus dem Wäschekorb gestohlene Socken. Dagegen hat die Selektion nicht ausreichend Druck ausgeübt.

Das Spiel mit anderen Hunden

Bevor wir tiefer in die Jagdsequenzen einsteigen, lohnt es sich, eine andere Dimension zu betrachten, nämlich die des spielerischen Übens solcher Verhaltensweisen – des Streitens und Kieferringens, dem sich die Hunde mit anderen Artgenossen hingeben, sofern sie dazu die Gelegenheit erhalten. Das Verfeinern der Tötungsfähigkeit stellt eine Funktion dieses rauen Spiels dar. Es ist ein normales, gesundes und adaptives Verhalten mit einigen wichtigen Nebeneffekten, wie erstens, dass ein Spieler, der sich an die Regeln hält, wahrscheinlich nie starrköpfig sein und zweitens kaum in einen ernsthaften Kampf mit anderen Hunden verwickelt werden wird. Die Fähigkeiten zu sozialem Handeln bleiben gut geschmiert, für den Hund ist die große Nähe zu anderen Hunden ein außerordentliches Vergnügen.

Für den Besitzer ist das gemeinsame Spielen der Hunde normalerweise aus einem der folgenden drei Gründe problematisch:

- Das normale Spiel ist sehr rau und für einige Besitzer Furcht erregend anzuschauen. Damit der Hund „nicht aggressiv wird", wollen sie es daher abbrechen.

- Der Besitzer kann mit der Attraktivität anderer Hunde als Spielgefährten nicht konkurrieren und hat in Gegenwart anderer Hunde Probleme mit dem Gehorsam seines Hundes.
- Das Spiel ist gegen Menschen gerichtet.

Die hinter dem ersten Grund stehende Logik zäumt die Sache von hinten auf. Hunde, die nicht regelmäßig mit anderen Hunden spielen, besitzen die schlechtesten sozialen Eigenschaften. Diese naiven Tiere sind angespannt, asozial oder sogar antisozial und nicht in der Lage, andere Hunde so einfach wie ihre erfahreneren Kollegen zu „lesen". Folglich sind sie am ehesten dem Risiko eines Angriffs durch andere Hunde und auch Angstreaktionen wie Flucht oder Bellen ausgesetzt. Treffen sie auf andere Hunde, zeigen sie ständig störendes, übertriebenes Beschwichtigungsverhalten wie sich Winden, Pföteln, auf dem Boden Rollen oder Pinkeln, ganz zu schweigen von stark übertriebenen Rangordnungsmanövern, die häufig in einer Rauferei enden.

Regelmäßiges Spielen baut Vertrauen auf, erweitert das Repertoire des Hundes in seiner Kommunikationsfähigkeit innerhalb der eigenen Art und trägt dazu bei, dass sein Fang locker bleibt. Je öfter Hunde mit anderen in Kontakt treten, desto runder werden ihre sozialen Fähigkeiten, was sie letztlich zu wahren Diplomaten macht, die sogar die ängstlichsten oder asozialsten Hunde zu einem Spiel überreden, grobe Kerle besänftigen und über eine umwerfend subtile Körpersprache potenzielle Kampfsituationen entschärfen können.

Am anderen Ende des Spektrums befindet sich die zweiseitige Münze der Angst und Aggression – Hunde, die im Grunde gegenüber ihrer eigenen Spezies nicht sozialisiert sind. Angesichts der den Hunden eigenen genetischen Veranlagung, auf jedes Lebewesen sozialisiert zu werden und mit ihm sogar eine Bindung eingehen zu können, sofern ausreichender Kontakt vor Ablauf des vierten Lebensmonats erfolgt, ist das schon fast ein Zerrbild. Bewegen wir uns weiter in die Mitte des Spektrums, treffen wir auf naive Hunde, die zwar nicht schrecklich untersozialisiert, aber dennoch extrem unerfahren sind. Sie neigen dazu, die zuvor beschriebenen übertriebenen Beschwichtigungsgesten zu zeigen, oder sind auf andere Art und Weise ein wenig steif und knurrig, wenn sie mit Artgenossen in Kontakt treten. Die Besitzer dieser naiven Tiere sagen häufig Dinge wie: „Er ist anderen Hunden gegenüber dominant" oder „Ich kriege ihn nicht an anderen Hunden vorbei, er ist zu aufgeregt …". Sie merken nicht, dass sich ihr Hund anderen gegenüber gar nicht gleichgültig verhalten kann, weil Sie ihm keinen Zugang zu ihnen gewähren. Das erinnert mich an den Typen in der Wüste, der sich beim Anblick von Wasser maßlos aufregt. Lebt derselbe Typ an einem Gebirgsbach, so wird er seine Begeisterung angesichts von Wasser wahrscheinlich bändigen können („Wasser!! Wasser!! …" „Ein Hund!! Ein Hund!!").

Dass ein gut sozialisierter Hund von anderen Hunden außerordentlich stark angezogen und gern mit ihnen spielen wird, steht außer Frage. Der mangels konkurrierender Motivation ansonsten fast perfekte Gehorsam fällt in der Gegenwart anderer Hunde praktisch völlig in sich zusammen. Das Ignorieren von Befehlen, die mit so erfreulichen Dingen wie dem Spiel mit anderen Hunden kollidieren, darf, und das ist wichtig, nicht als Gehorsamsverweigerung oder Aufsässigkeit angesehen werden. Der Gehorsam des Hundes ist entsprechend seiner Umgebung immer perfekt. Kommt der Hund in Gegenwart anderer Hunde nicht oder macht er nicht „Sitz", so geschieht dies, weil

- Kommen/Sitzen für die Belohnung „Zugang zu anderen Hunden" nie notwendig war,
- sich Kommen/Sitzen und der Zugang zu anderen Hunden gegenseitig ausschließen (damit ist der Spaß eigentlich zu Ende),
- andere vom Besitzer gegebene Belohnungen in der Hitliste hinter der Belohnung „Zugang zu anderen Hunden" rangieren,
- der Besitzer zwar über ausreichenden Einfluss verfügt, der

Befehl aber nicht genügend generalisiert ist (der Hund „liest“ in dem Zusammenhang das „Komm“ nicht).

Auf diese Art und Weise lässt sich das Problem der konkurrierenden Motivation am besten betrachten. Das Kommen auf Ruf ist zum Beispiel einfach weniger stark konditioniert (trainiert) als das Spielen mit anderen Hunden. Zu einem späteren Zeitpunkt werde ich mich ausführlicher mit dem Training bei konkurrierender Motivation befassen. Der Punkt ist, dass wir uns selbst ins Bein schießen, wenn wir den Hund in seinem Spiel mit Artgenossen einschränken oder einen Hund nicht sozialisieren, um diese Ablenkung zu vermeiden. Jetzt wissen Sie aber immer noch nicht, wie Sie Ihren Hund unter dem Einfluss konkurrierender Motivation ausbilden, und Sie haben einen nicht ausreichend sozialisierten, ausgelasteten und stimulierten Hund. Da wird es schwierig.
Das dritte Problem beim Spielen des Hundes ist ein Beispiel für das Aufeinanderprallen von Kulturen. Das normale auf den Menschen gerichtete Spiel des Hundes ist sowohl lästig als auch potenziell gefährlich. Der Hund muss, und das ist wichtig, so schnell wie möglich auf eine Spielweise gebracht werden, die den in der Welt der Menschen geltenden sozialen Normen entspricht. Die Regeln, denen sich der Hund in seinem Spielverhalten gegenüber dem Menschen anzupassen hat, sind folgende:

- Halte deinen ganz weichen Fang jederzeit vom menschlichen Fleisch oder der Kleidung fern.
- Wenn Menschen gehen, rennen oder Fahrrad fahren, jage nicht hinter ihnen her.
- Halte stets deine Pfoten fern.

Diese Regeln zu verstehen bedeutet für den Hund im Grunde, dass er sich niemals auf sein vorprogrammiertes Spielverhalten einlassen darf. Das ist der eigentliche Konflikt. Schauen wir uns das Spiel unter Hunden an, so gibt es dabei praktisch nichts, was wir Menschen gern uns gegenüber ausgeführt sähen. Es ist demnach wichtig, dies dem Hund mitzuteilen und ihm alternative Betätigungsmöglichkeiten in Form von regelmäßigem Zugang zu anderen Hunden bzw. interaktiven Spielen mit dem Menschen auf eine Weise zu bieten, mit der wir leben können – was gewöhnlich Spielzeuge als Mittler bedeutet.

Beutespiele

Stilisierte Spiele, bei denen Sequenzen des Suchens, Anpirschens, Hetzens, Fangens und Haltens vorkommen, sind ein großartiger Weg, Betätigungsmöglichkeiten für Ihren Hund zu entwickeln. Sie sind dann nicht nur ein aufgeklärter Besitzer, der den Bedürfnissen seines Hundes gerecht wird. Vielmehr ist diese Art der regelmäßigen Stimulation die erste Verteidigungslinie gegen Verhaltensprobleme. Was folgt, sind Vorschläge für Spiele, die Sie als Besitzer mit Ihrem Haustier spielen können, damit dieses seinen Beutetrieb ausleben kann. Dabei hängt die Auswahl der Spiele vom jeweiligen Hund und Ihren eigenen Vorlieben ab. Probieren Sie es einfach aus!

Verstecken und Suchen

Bringen Sie Ihren Hund ins „Sitz bleib", ohne dass er Sichtkontakt mit dem Raum hat, in dem Sie einen Gegenstand verstecken wollen (wie Sie ihm das „Sitz bleib" beibringen, erfahren Sie ab Seite 228). Bleibt der Hund nicht an der angewiesenen Stelle, so besteht nun die Gelegenheit, ihm das „Bleib" beizubringen. Ersatzweise können Sie Ihren Hund auch einfach in einen anderen Raum sperren, damit er nicht um die Ecke linsen kann. Verstecken Sie den Gegenstand und leiten Sie anschließend die Suche ein, indem Sie den Hund aus dem Raum lassen (oder aus dem „Sitz bleib") und ihn aufgeregt fragen: „Wo ist das Spielzeug?" Ermutigen Sie ihn dann zur Suche. Der Gegenstand kann ein Hundekuchen, ein gefülltes Spielzeug, ein Ball oder ein Zerrspielzeug sein, einfach etwas, das Ihren Hund zum Finden motiviert. Haben Sie einen manischen Apportierhund, so wäre ein Ball oder ein anderes Apportierspielzeug das Richtige. Hat der Hund den Gegenstand

gefunden, können Sie dies vor dem Einleiten einer weiteren Suche mit einigen heftigen Spielsequenzen feiern.
Machen Sie dem Hund anfangs das Suchen leicht und feiern Sie ihn überschwänglich, damit er sich für das Spiel begeistert. Schon nach wenigen Spielrunden hat er begriffen, dass er nach etwas sucht, was für ihn von großem Interesse ist. Je mehr Begeisterung er zeigt, desto schwierigere Verstecke wählen Sie. Damit der Hund Vertrauen in seine eigenen Fähigkeiten gewinnt, hören Sie so bald wie möglich auf, ihm bei der Suche zu helfen. Wenn Sie ihm ständig helfen, lernt er als wirksamste Strategie das Aufgeben und nicht das beharrliche Fortfahren. Die meisten Hunde werden zur Suche ganz natürlich ihre Nase einsetzen. Das zu beobachten, ist wunderbar. Jetzt können sie Gegenstände finden, die tief im Sofakissen vergraben sind oder wo immer Sie sie hinstopfen wollen.
Eine weitere Variante dieses Spiels besteht darin, dass sich der/die Besitzer/in des Hundes selbst irgendwo im Haus versteckt. Diese Version bringt Nachteile mit sich, weil sie mehr Aufwand bedeutet und Sie etwas einschränkt, was die Verstecke angeht, während es für ein Quietschspielzeug praktisch unbegrenzt Möglichkeiten gibt. Die wichtigsten Vorteile dieser Spiele:

- Der Hund kann sich abreagieren, wenn er seine Nase zum Suchen einsetzt, wenn er apportiert oder an einem Spielzeug herumzerrt.
- Es lehrt den Hund, aktiv seine eigenen Kauspielzeuge zu suchen (!).
- Es ermöglicht bei einem aufgeregten Hund häufiges Üben des „Sitz bleib“.
- Es macht Spaß, und davon gibt es im Leben so wenig.

Die Fertigkeit, Gegenstände zu suchen, kann Ihrem Hund auch helfen, Zeiten Ihrer Abwesenheit zu überbrücken. Deponieren Sie, bevor Sie gehen, Hundekuchen, gefüllte Kauspielzeuge, eventuell mit mehreren Knoten in Lappen eingewickelt und zusätzlich in alten Margarinebechern versteckt. Sogar das Futter des Hundes kann stückchenweise überall im Haus versteckt werden, während der Hund hinter der geschlossenen Tür wartet. Gute Schnüffelhunde finden praktisch jedes Versteck, das Sie sich ausgedacht haben. Hunde sind mit diesen Aktivitäten auf konstruktive Weise beschäftigt, und Sie haben weniger Schuldgefühle, wenn Sie sie allein lassen müssen.

Apportieren

Lange wurde behauptet, es gebe Hunde, die gern apportieren, und solche, die dazu von Natur aus keine Neigung verspüren. Wahrscheinlicher ist, dass bei den Hunden, die von Natur aus starke Apportierer sind, diese Neigung näher an der Oberfläche liegt, wohingegen sie bei anderen Hunden zwar auch vorhanden, aber tiefer im Inneren verborgen ist. Das bedeutet, sie muss ganz einfach entfaltet werden. Der offensichtliche Widerwille solcher Hunde könnte auf eine beliebige Kombination folgender Punkte zurückzuführen sein: Sie sind allgemein eher zurückhaltend; sie sind früher gestraft oder ermahnt worden, weil sie gejagt bzw. etwas in den Fang genommen haben; sie wurden unter Anwendung starken Zwangs ausgebildet und sind rundherum zögerlich; sie sind in der Vergangenheit nicht hinreichend stimuliert worden und es fällt ihnen schwer, sich zu entspannen und auf etwas zu konzentrieren, wenn gleichzeitig etwas anderes Interessantes geschieht; bei dem Versuch, sie auszubilden, macht ihnen irgendetwas in ihrer unmittelbaren Umgebung Stress oder lenkt sie ab.

Bei einigen der herkömmlichen Ausbildungsmethoden wurde den Tieren das Apportieren mit Gewalt beigebracht. Ich denke, zögerlich apportierende Hunde können anfangs nur über Belohnung zum Apportieren gebracht werden; irgendwann fangen sie dann an, von sich aus Spaß daran zu finden, als ob man bei ihnen auf einen Knopf gedrückt hätte. Das habe ich immer wieder beobachtet. Und eigentlich habe ich nie gesehen, dass das nicht geschieht, sofern man den Tieren genügend Zeit lässt und entsprechend an die Sache herangeht.

Bei einem nicht am Apportieren interessierten Hund ist es wichtig, den ersten kleinen Funken Interesse einzufangen und ihn so lange zu nähren, bis er sich zu einer Flamme entwickelt hat. Wahrscheinlich entsteht der erste Funke Interesse durch das Verfolgen mit den Augen, weniger durch die eigentliche Jagd. Das ist in Ordnung so. Zeigen Sie sich aufgeregt, wenn der Hund die Bewegung verfolgt, necken Sie ihn mit dem Gegenstand, ziehen Sie diesen schnell vor dem Hund weg, spielen Sie das Versteckspiel. Das plötzliche Verschwinden löst in den Augen des Hundes vielleicht eine Bewegung aus. Auch das fördern Sie wieder. Loben Sie den Hund überschwänglich, wenn er sich auf den Gegenstand stürzt oder versucht, in ihn hineinzubeißen, und schauen Sie zu, dass er der Bewegung folgt, so wie ein Kätzchen einem Faden. Wiederholen Sie dies so oft wie möglich. Eingeschränkt wird das Spiel nur durch Ihre eigene Geduld, dadurch, wie lange sich der Hund im Zimmer aufhält und an dem Spiel an sich interessiert ist, und welche Belohnung Sie ihm für eine gute Reaktion anbieten.

Bei gegenüber dem Jagen oder Aufnehmen von Gegenständen Zurückhaltung zeigenden Hunden ist es außerordentlich wichtig, sie bei ihrem ersten vorsichtigen Versuch unzweideutig und enthusiastisch zu bestärken. Tatsächlich ist der erste Versuch eines Hundes immer ein kritischer Moment. Als ob er dem Verhalten einen Stempel aufdrücken würde. Die Bedeutung dieses Verhaltensstempels erstreckt sich natürlich auch auf das Verhindern unerwünschten Verhaltens: Führt der erste Versuch des Hundes mit einem Sofa zu einem erfreulichen Kauerlebnis, so werden spätere Ermahnungen viel weniger Eindruck machen, als wenn er bei seinem ersten diesbezüglichen Versuch erwischt worden wäre. Die meisten Besitzer intervenieren bei Verhaltensweisen, die sie unterbinden wollen, viel zu spät. Es ist ganz klar, dass sich ein zuvor Dutzende oder Hunderte Male bestärktes Verhalten nicht einfach so ausschleicht und verschwindet. Das hat überhaupt nichts mit Sturheit des Hundes zu tun. Davon später mehr.

Bei vielen Hunden ist das Apportierverhalten möglicherweise negativ besetzt: Vielleicht haben sie etwas aufgenommen, was der Besitzer nicht wollte, und wurden deswegen gescholten. Nach unzähligen Bestrafungen wegen des Jagens von Kindern, Fahrrädern,

Füßen und des Klauens von Schuhen, Kleenex-Tüchern und Müll versucht der Besitzer nun, seinem Hund das Apportieren beizubringen. Bis zu diesem Zeitpunkt wurden dem Tier bereits viel von ihrem Jagdverhalten und das Halten von Gegenständen ausgetrieben. Weit besser wäre es, das Verhalten junger Welpen, die von Natur aus allem hinterherjagen, was sich bewegt, und die in alles hineinbeißen, so umzulenken, dass sie von Anfang an eine Möglichkeit haben, ihr Wesen als Raubtier auszuleben. Wenn wir eine Tür mit Bestrafung zuschlagen (also zum Beispiel die Tür, hinter der der Schuh fliegt), so müssen wir, und das dürfen wir nicht vergessen, eine andere, mit positiver Bestärkung besetzte Tür öffnen (die Tür mit der Frisbee-Scheibe).

Mit all dem im Gepäck kann es eine Weile dauern, bis sich der Hund so weit lockert, dass er das Risiko des Nachjagens und Hineinbeißens eingehen kann; fahren Sie also unbeirrbar fort. Fängt der Hund dann an ein wenig aufzublühen, beginnen Sie mit dem Formen der gewünschten Verhaltenskette. Ein zwangloses Apportieren besteht aus Jagen, Aufnehmen, Tragen und Vorsitzen (den Gegenstand in Ihre Hand abgeben oder in Ihrer Nähe fallen lassen). Bei nur zögerlich apportierenden Hunden müssen diese Verhaltensweisen sauber wie die Teile eines Puzzles getrennt werden, bevor man sie wieder in der richtigen Anordnung zusammenfügen kann.

Das Formen eines Verhaltens ist eine Technik, bei der die besten Versuche des Hundes belohnt und die Anforderungen dann so lange erhöht werden, bis das gewünschte Verhalten erreicht ist. Die meisten Menschen scheitern beim Formen eines Verhaltens daran, dass sie die Anforderungen für eine Belohnung willkürlich zu hoch ansetzen und Verhaltensweisen nicht zur Kenntnis nehmen, die auf dem richtigen Weg sind. Beim Apportieren bedeutet dies anfangs zum Beispiel, dass eventuell sogar das Verfolgen mit den Augen belohnt wird.

Die Grundlage des Formens besteht aus der Tatsache, dass Verhalten stets variabel ist. In einem gegebenen Zusammenhang zeigt sich das Verhalten eines Hundes vornehmlich in einem mittleren

Bereich und umfasst einige wenige Abweichungen, die der Trainer ignorieren oder mittels Belohnung auswählen kann. Mit der Zeit verändert sich der mittlere Bereich. Neue Abweichungen werden von Zeit zu Zeit angeboten und führen den Prozess wieder ein klein wenig weiter in die gewünschte Richtung, sofern sie von einem klugen raffinierten Trainer belohnt werden. Lassen Sie mich dafür ein Beispiel geben.

Kurt, ein Golden Retriever, zeigt am Apportieren völliges Desinteresse. In seiner ersten Trainingsstunde besteht seine Reaktion bei 18 von 30 Versuchen darin, den Gegenstand, mit dem ihn der Trainer lockt und den dieser hin und her bewegt und auch verschwinden lässt, bewegungslos mit wenig Interesse zu beobachten. Das ist seine durchschnittliche Reaktion. Hiervon unterscheiden sich zwölf Reaktionen. Von diesen zwölf schaut er siebenmal gar nicht auf den Gegenstand, gelegentlich kratzt er sich, gähnt oder geht weg. Das sind die unterdurchschnittlichen Reaktionen. Fünf seiner Reaktionen sind jedoch kleine Leuchtsterne. Einmal beobachtet er den Gegenstand mit größerem Interesse, er spitzt seine Ohren, hält seinen Kopf schräg. Viermal bewegt er sich sogar. Dreimal bewegt er sich zaghaft in Richtung des Gegenstands, einmal bewegt er sich etwas schneller und versucht, mit der Pfote nach ihm zu greifen. All diese Reaktionen sind eine Belohnung wert. Ein kluger Trainer wird all diese Verhaltensweisen unterschiedlich belohnen: eine kleine Belohnung für die Ausrichtung zum Gegenstand hin, eine größere für die Bewegung und eine recht beachtliche für die Zeit, die der Hund die Pfote hebt. Die eigentliche Auswahl der Reaktionen erfolgt unter Zuhilfenahme eines Clickers, eines Geräts, das ein knackendes Geräusch hervorbringt und dem Hund mitteilt, dass er ein Leckerchen gewonnen hat. Mehr über das Clicker-Training ab Seite 171.

In der nächsten Stunde schaut Kurt bei insgesamt 30 Versuchen zweimal nicht hin, sechsmal schaut er mit etwas Interesse, 13-mal folgt er, fünfmal folgt er und hebt seine Pfote, zweimal folgt er, hebt die Pfote und öffnet seinen Fang, zweimal springt er mit einiger Vehemenz nach vorn. Das Dem-Gegenstand-Nachfolgen würde jetzt wohl die durchschnittliche Reaktion sein. Der kluge Trainer wird dies mehrere Male belohnen und dann schauen, ob es nicht einen größeren Fisch zu braten gibt. Das Schnappen nach dem Gegenstand mit der Pfote und dem Fang wird nun zum neuen Standard für die Belohnung. Nach einigen weiteren Stunden explodiert dieser Hund bei jedem Wurf mit der Intensität eines Border Collies, seine durchschnittliche Reaktion besteht aus schnellem Jagen, Greifen, Aufnehmen und Zurückbringen über ungefähr zwei Drittel des Weges. Die Reaktion, für die es nun eine Belohnung gibt, ist ein perfektes Apportieren genau in die Hand des Trainers.

Erstaunlich hierbei ist nicht, dass der Hund das Apportieren lernt und liebt, sondern dass die meisten Menschen nach der ersten Stunde aufgegeben hätten oder auf andere Weise nicht in der Lage gewesen wären, sein geringes Interesse zu belohnen; vielmehr wären sie in den nachfolgenden Stunden in eine Sackgasse geraten. Das Verhalten wäre dann im Anfangsstadium hängen geblieben und hätte sich vielleicht auch noch verschlechtert.

Es gibt in jeder Stunde Abweichungen in den Reaktionen, die der Hund anbietet. Die Aufgabe des Trainers liegt darin, diejenigen herauszufinden, die es wert sind, belohnt zu werden: nicht jene, die einer beliebigen Anforderung entsprechen, die sich der Trainer gerade so vorstellt (der perfekte Apport), sondern jene Verhaltensweisen, die für den jeweiligen Hund an diesem Tag hinlänglich über seinem Durchschnitt liegen. Die Beurteilung im Einzelfall, ob also eine gezeigte Reaktion in einem beliebigen Augenblick eine Belohnung wert ist oder nicht, macht die Kunst des Trainings aus. Das gesamte über positive Bestärkung durchgeführte Training wird durch die Verwendung eines Signals sehr erleichtert, das dem Hund sagt, er habe gerade bestanden und einen Preis gewonnen. Die erfahrensten Trainer bedienen sich eines Clickers, auf den sie den Hund mit Hilfe der Futterbelohnung zuvor konditioniert haben. Das Timing, der richtige Zeitpunkt, bedeutet beim Training alles: Nimmt der Hund einen Gegenstand auf und trägt ihn und soll dieses Verhalten belohnt werden, so ist es unerlässlich, hierfür sofort und nicht Sekunden später eine Belohnung anzukündigen. Bei solchen Zeitabläufen ist es unmöglich, den Hund direkt mit Futter zu belohnen; das Clicken sagt dem Hund aber, dass er gewonnen hat und jetzt kommen und seine Belohnung abholen kann. Dasselbe System wird auch bei Vorführungen mit Meeressäugetieren eingesetzt: Die Tiere werden dazu geformt, Tricks zu zeigen, und die Pfeife des Trainers sagt ihnen, sie haben eine Makrele auf ihrer Habenseite verbucht.

Das Clicker-Training wird ausführlich ab Seite 171 behandelt.

Besseres Vorsitzen

Viele Hunde verfolgen den Gegenstand mit Vergnügen, nehmen ihn jedoch entweder gar nicht auf, oder sie nehmen ihn auf und geben ihn nicht mehr her, anstatt ihn zu ihrem Trainer zu bringen. Ein besseres Vorsitzen beim Apport setzt viele Menschen matt, doch bleiben die Prinzipien gleich. Beim Heranbringen gibt es in einer ganzen Serie gewisse Abweichungen. Manchmal läuft der Hund hinter dem Gegenstand her und nimmt ihn nicht auf. Ab und zu nimmt er ihn auf und rennt in die andere Richtung weiter. Manchmal nimmt der Hund ihn auf, macht eine Wende und lässt ihn wieder fallen. Gelegentlich nimmt der Hund den Gegenstand auf, macht eine Wende und geht ein paar Schritte in die Richtung des Trainers. Was immer über dem Durchschnitt liegt, kann belohnt werden und wird nach ausreichendem Belohnen dann zum neuen Durchschnittswert, womit Sie eine höhere Anforderung ansetzen können. Wie stark Sie die Schraube anziehen, bleibt Ihnen überlassen, solange Sie es Schritt für Schritt tun und den Regeln folgen. Diese Regeln hat Karen Pryor in ihrem hervorragenden Buch „Don't Shoot the Dog" („Positiv bestärken – sanft erziehen") dargelegt. Das Buch ist es wert, mehrmals gelesen zu werden.

Bei einem Hund, der mit einem natürlichen Jagdinstinkt ausgestattet ist, jedoch aktiv das Spiel „Bleib weg/jag mich" spielen will, ist es doppelt wertvoll, einen guten Apport und ein schönes Vorsitzen zu kultivieren. In diesem Fall steht Ihnen etwas mehr entgegen als bei einem reinen Nichtverhalten, weil Sie der Hund aktiv meiden will, sobald er die Kontrolle über den Apportiergegenstand bekommen hat. Das könnte daran liegen, dass sich der Hund entschließt, nun ein anderes Spiel zu spielen (das Bleib-weg-Spiel) oder, was schwerwiegender wäre, den Gegenstand zu bewachen – vielleicht auch ein wenig von beidem. Zeigen Sie bei diesen Hunden keinerlei Interesse. Sie sind dann überhaupt nicht an dem Gegenstand interessiert: Sie kontrollieren sowohl die Belohnung durch Futter als auch die Fähigkeit, durch Ihren Wurf den Gegenstand wieder zum Leben zu erwecken, also entspannen Sie sich, beobachten und formen Sie. Wenn Sie sich weigern, die Versuche des Hundes, Sie zum Jagen zu bringen, zur Kenntnis zu nehmen, wird sein Verhalten doch ein wenig eingeschränkt, und er gibt Ihnen hoffentlich einige weitere Ansätze, die Sie dann belohnen können. Lehren Sie einen Hund, Ihnen etwas zu bringen anstatt das Bleib-weg-Spiel zu spielen, so ist das ein Beispiel für eine Gegenkonditionierung: das Lehren eines Verhaltens, das an die Stelle desjenigen Verhaltens tritt, das man in einem gegebenen Zusammenhang loswerden will.

Verhalten, das mit einer solch ärgerlichen Regelmäßigkeit auftritt wie das, das man beseitigen will, zahlt sich für den Hund bereits irgendwie innerhalb seiner Umwelt aus, gewöhnlich durch Sie, seinen Besitzer. Im vorliegenden Fall zahlt es sich durch die Jagd aus. Der Hund, der ruhig daliegt, seine eigenen Spielzeuge aufnimmt oder darauf herumkaut, wird ignoriert, gerät aber sofort zum Mittelpunkt des Interesses, sobald er ein Wäschestück nimmt oder in einer Apportierstunde mit dem Ball fortrennt. Hier handelt es sich um eine sehr starke Belohnung, die gewöhnlich schon beim ersten Versuch erfolgt und den alten Prägeeffekt wieder aufnimmt. Das Apportieren ist also gewissermaßen der Ferrari unter den Übungen zur Konditionierung gegen Festhalten und Rennen sowie das Bewachen von Gegenständen. Clevere Hundebesitzer werden in diesem Zusammenhang einige Dinge tun, wie:

- den Hund durch Aufmerksamkeit dann bestärken, wenn er mit seinen Spielzeugen spielt,

- ihm aktiv einiges beibringen, was die Energie kanalisiert, die er normalerweise auf seine Aktivitäten als Raubtier ausrichten würde,
- die ersten Versuche des Hundes ignorieren, wenn er verbotene Gegenstände aufnimmt, oder verbotene Gegenstände außerhalb seiner Reichweite belassen, solange die ersten beiden Punkte nicht sicher etabliert sind,
- den Hund zu einem manischen Apportierer als Gegenkonditionierung zum „Bleib weg" machen,
- das „Bleib weg" unter Signalkontrolle bringen.

Das „Bleib weg" unter Signalkontrolle zu bringen, ist eine weitere Verteidigungslinie gegen das spontane „Bleib weg", und es ist ein weiteres lustiges Spiel, das wir mit unserem Hund spielen können. Ein beliebiges Verhalten unter Signalkontrolle zu bringen, bedeutet ganz einfach, dass Sie die Zeit und den Ort bestimmen, an dem der Hund dieses Verhalten zeigen kann: Der Hund weiß, dass er regelmäßig eine ausreichende Dosis der von ihm geliebten Aktivität bekommt, dass das aber nur „funktioniert", wenn Sie das Signal dazu geben. „Signal" ist einfach ein politisch korrektes Wort für einen Befehl. Bringen Sie ihm beim „Bleib weg" einen gewissen Befehl bei, der ankündigt, dass Sie ihn gleich aktiv und ausgelassen jagen werden („Ich *krieg* dich gleich!") und er das nächstgelegene Spielzeug nehmen und fortlaufen muss. Versuchen Sie ihm den Weg abzuschneiden, ihn zu packen oder was immer Ihnen einfällt. Wenn Sie davon dann genug haben, setzen Sie sich da hin, wo Sie sich gerade befinden, und beobachten, was jetzt geschieht. Der Hund wird, weil er ja eben eine aufregende Zeit gehabt hat, versuchen, Sie zu einer weiteren Jagd aufzufordern. Sie beißen so lange nicht an, bis er Ihnen das Spielzeug bringt und es vor Ihnen fallen lässt. Dann werfen Sie es ihm zu und beginnen mit „Ich krieg dich gleich!" eine weitere Runde. Dass der Hund Sie nicht zum Spielen bringen kann, ist die Information, die er verstehen soll. Was ihm Ihre Jagd auf ihn ankündigt, ist das Signal „Ich krieg dich gleich!" und Ihr sich hin und her bewegender ausgestreckter Finger. Ihre

Entscheidung kann der Hund einzig und allein durch das Herausgeben des Gegenstands beeinflussen.
Üben Sie immer und immer wieder das Einleiten und Beenden des Spiels. Wenn Sie aufhören, Ihren Finger hin und her zu bewegen und zu sagen „Ich krieg dich gleich", lernt der Hund, dass Sie ihn niemals jagen werden, er kann also genauso gut warten, bis Sie das nächste Mal diese magischen Worte aussprechen. Noch besser sind Bleib-weg-Runden und Apportier- oder Zerrspielrunden im Wechsel. So wird der Hund sowohl für das Weglaufen auf Befehl und als auch für das Vorsitzen auf Befehl belohnt. Im Training gibt es eine wichtige Maxime: Kontrolliere das Spiel, kontrolliere den Hund.
Bringen Sie während der Trainingszeit Wäsche und andere Dinge, die der Hund sich schnappen könnte, außer Reichweite. Ist das Spiel fest etabliert, kann man wieder anfangen, Wäsche herumliegen zu lassen. Ignorieren Sie den Hund völlig, sobald er sich an einem Wäschestück probiert. Geben Sie keinen Piep von sich. Werfen Sie nicht mal einen Blick in seine Richtung, auch wenn Sie das wertvolle Stück opfern müssen. Spielen Sie mit ihm irgendwann später am Tag mit einem Spielzeug, indem Sie zuerst das Signal geben. Worauf wir jetzt aus sind, ist, dass der Hund unterscheiden lernt: „Oh, es funktioniert nur, wenn sie zuerst ‚Ich krieg dich gleich' sagt und wenn sie den Quietsche-Igel oder einen Gummiring nimmt." Damit wird das Klauen von Wäschestücken zu einer nutzlosen Energieverschwendung.
Meine Hündin Lassie hat von allen Hunden auf unserem Planeten höchstwahrscheinlich die schlimmste genetische Veranlagung für das Suchen und Zerstören sowie das Bewachen von Gegenständen. Das alles wird durch regelmäßige Ausbrüche von „Ich krieg dich gleich", durch regelmäßige Objekttauschübungen (Näheres dazu später) und regelmäßiges Umlenken des Beutetriebs unter Kontrolle gehalten. Wenn ich so ins Blaue hinein „Ich krieg dich gleich" sage, nimmt sie sofort den nächstgelegenen Gegenstand und bringt sich rasch außerhalb meiner Reichweite, bis ich mit dem Jagen aufhöre. Etwas Süßeres gibt es nicht.

Zum Traurigsten, was es in der Hund-Mensch-Beziehung gibt, gehört die fortdauernde Popularität des Apportiertrainings unter Einsatz von Gewalt. Es ist Bestandteil der traditionellen Unterordnung, die sich vornehmlich der Gewalt als Motivator bedient. Dass es sich um eine solche traditionelle Unterordnung handelt, erkennen Sie an Folgendem: 1) Der Hund trägt irgendeine Art Zwangshalsband, 2) als angemessene Bestärkung wird das Lob angesehen, 3) der Hokuspokus vom Rudelverhalten schwirrt häufig durch den Raum. Seit den Fünfzigerjahren hat diese Art der Ausbildung praktisch keine Veränderung erfahren.

Liegt man mit der Übernahme der Rudelführung so falsch?

„Er kann es; er ist einfach nur stur" oder „Er kann es; er versucht bloß zu dominieren" – das sind sehr häufige Kommentare. Viele Menschen bekommen mehrere richtige Reaktionen des Hundes, setzen dann voraus, dass der Lernprozess abgeschlossen ist, und machen sich anschließend auf die Jagd nach Gründen, die die darauf folgenden falschen Reaktionen erklären könnten. Da wundert es nicht, wenn sie sich an so etwas wie die Rudeltheorie klammern. Dabei handelt es sich hier um eine große Wissenslücke. Vorausgesetzt, eine richtige Reaktion wurde bestärkt, so ist sie nämlich bloß ein weiteres Körnchen Sand auf einer Waage: Sie erhöht die Wahrscheinlichkeit, dass in Zukunft in diesem Kontext dieselbe Reaktion gezeigt wird. Eine lange Serie von regelmäßigen Bestärkungen ist erforderlich, damit die Waage zu Gunsten der Wiederholung derselben Reaktion ausschlägt. Nach ausreichendem Trainingsaufwand wird diese dann sehr wahrscheinlich.

Wie Tiere lernen, ist den meisten Menschen wenig bekannt; und Hundebesitzer bilden dabei keine Ausnahme. Viele würden nur zu gern vermeiden, so viel Zeit für „ein ausreichendes Training" aufbringen zu müssen. Viele sind, so hektisch wie ihr eigenes Leben ist, emotional bereits am Ende ihres Lateins angekommen: Sich mit dem normalen Verhalten einer anderen Gattung auseinander zu setzen, ist wie der Tropfen, der das Fass zum Überlaufen bringt. Dies alles bereitet den fruchtbaren Boden für Erklärungen wie

Dominanz und Sturheit und für Ausbildungsmethoden, bei denen aversive Mittel eingesetzt werden.
Wo ein Behaviorist oder ein Trainer von Meeressäugetieren lediglich das einfache Formen eines Verhaltens als Aufgabe sehen würde, sieht es jemand, der die traditionelle Art der Hundeausbildung gelernt hat, entweder als Willensknacker oder als Kampf zwischen zwei Willen. Befolgt der Hund einen Befehl nicht, so lassen traditionelle Trainer in erster Linie Folgendes außer Acht:

- Was: Weiß der Hund, was dieser Befehl bedeutet, und ist der Befehl auf die Situation, in der er gerade gegeben wird, bereits generalisiert?
- Warum: Hat der Trainer den Hund motiviert; d.h., sind die Reaktionen entsprechend stark und lange belohnt worden?
- Andere Optionen: Ist der Befehl unter Ablenkung und konkurrierender Motivation gefestigt worden?

Unter Berücksichtigung dieser drei Punkte ist der Hund noch nicht ausreichend trainiert. Das ist alles einfach eine nicht ausreichend trainierte Reaktion, keine versteckte Tagesordnung, keine Rebellion, keine Boshaftigkeit, nicht die Sturheit eines Maultiers. Wenn Sie Tangotanzen lernen und einen Fehler machen oder Ihre Kinder in einem Rechenquiz 76 % richtig haben, gibt es dafür nicht einen *großen, unerklärlichen* Grund. Sie haben etwas falsch gemacht, weil Sie nicht ausreichend geübt haben. Ihre Kinder müssen mehr lernen. Der Hund braucht mehr Training. Es macht schon traurig, wenn man an all die erstaunlichen Erklärungen denkt, die einem Hobbytrainer und Hundebesitzer für nicht ausreichend oder schlecht trainierte Reaktionen auftischen.
Die beliebtesten Begründungen für die Nichtausführung von Befehlen bei untertrainierten/untermotivierten Hunden lauten:

1) Es ist ein Dominanzspiel des Hundes.
2) Der Hund ist wegen eines bestimmten Ereignisses sauer.
3) Er ist eigensinnig.
4) Er ist zu aufgeregt.
5) Der Hund ist müde, gelangweilt oder in der falschen Stimmung.

6) Der Hund ist übertrainiert (!).
7) Er hat besondere rassebezogene Schwierigkeiten.
8) Er ist nicht ausreichend beschäftigt.
9) Der Hund war vor kurzem in einer Hundepension.
10) Er hat Schwierigkeiten, die mit der jeweiligen Lebensphase zusammenhängen (der Hund ist zu jung, zu alt).

Mein persönlicher Favorit auf dieser Liste ist Punkt 6. Häufig messen Verhaltensforscher den Verlauf der Konditionierung einfacher Verhaltensweisen bei Tieren in Zehntausenden von Versuchen. Es wird einem regelrecht schwindelig, wenn ein Hundebesitzer, nachdem er einige richtige Reaktionen bekommen hat, verkündet, sein Hund „könne" etwas. Sobald Menschen annehmen, dass etwas gelernt wurde („Er kann es, aber er ist ..." – suchen Sie sich aus der Liste Ihre Lieblingserklärung aus), brauchen sie eine Erklärung für nachfolgende falsche Reaktionen. Die Annahme, Lernen sei bereits bei einigen wenigen richtigen Reaktionen erfolgt, ist gefährlich. Dass der Hund untertrainiert sei, ist besonders bei der immensen Vielfalt von Situationen, in denen auf ein Signal hin ein bestimmtes Verhalten gezeigt werden soll, dagegen eine faire Annahme. Ich warte immer noch auf den ersten „übertrainierten" Haushund.
Etwas anderes ist natürlich der durch übermäßige Bestrafung ausgebildete Hund. Die Lethargie und das Erstarren, charakteristisch für einige der in Wettbewerben gezeigten Hunde, sind das Ergebnis der Etablierung eines Verhaltens durch Vermeiden. In der Mehrzahl der Fälle wird dies mit Hilfe eines Halsbandes erreicht. Ganze Ausbildungsmethoden gründen auf speziellen Halsbändern. Einen Hund muss es wie ein Gruselfilm erscheinen, wenn seinem Besitzer als Trainingsmethode bis vor kurzem nur einfiel, ihm ein Stück Eisen um den Hals zu legen.

Aversive Methoden

Das regelmäßige Ohrkneifen zum Trainieren des Apports ist eine weitere Variante des Lernens durch Vermeiden. Ein Beispiel für negative Bestärkung, wenn es richtig ausgeführt wird: Zuerst lernt der Hund, den Vorgang des Kneifens zu unterbrechen und ihn später völlig zu vermeiden, indem er das Bringholz schnell genug aufnimmt. Die praktischen Grundlagen zur Perfektionierung dieser Technik werden von Trainern gelegt, deren Hauptaugenmerk auf wettkampfmäßiger Unterordnung liegt. Einige sind außerordentlich geschickt, die meisten diszipliniert und gewissenhaft. Erschreckend ist jedoch die Tatsache, dass sie Vermeidetechnik einsetzen, um stilisierte Verhaltensweisen wie Bei-Fuß-Gehen und Apportieren zu bekommen und zu perfektionieren. So haben sie es schon immer und bei so vielen Hunden gemacht, und es gibt zahlreiche Menschen, die dafür so oft durch gute Plätze in der Unterordnung belohnt wurden, dass sie den Durchblick völlig verloren haben.

Und als ob das nicht schon grausam genug wäre, sickert diese Technik auch noch zu den weniger erfahrenen Trainern durch, zu Leuten, die die Technik nicht beherrschen. Im Grunde bedeutet Ohrkneifen durch Menschen, deren Timing schlecht und deren Verständnis von negativer Bestärkung gering ist, eine Misshandlung.

Wenn es überhaupt eine Rechtfertigung für den Einsatz aversiver Methoden in der Hundeausbildung gäbe, dann noch am ehesten zum Wohlbefinden des Hundes selbst. Ob wir aversive Mittel zur Einführung von Befehlen einsetzen sollen, von denen wir realistischerweise annehmen können, dass sie eines Tages sein Leben retten oder seine Lebensqualität verbessern, darüber ließe sich streiten. Verwenden Sie solche Mittel jedenfalls nur, wenn Sie wissen, was Sie tun und genügend Möglichkeiten zur Verfügung haben, damit der Hund so wenig wie möglich verschlissen wird. Das Zurückkommen zu erzwingen, nachdem zuvor ausreichend über Anreize gearbeitet wurde, ist ein klarer Fall. Aber ein formeller Apport? Ein formeller Apport ist nur in einem Obedience-Wettbewerb im Ring oder im freien Feld von Nutzen, um eine Runde weiter zu kommen oder vielleicht einen Preis zu gewinnen. Er ist gut für den Hundeführer und, sofern über Vermeiden ausgebildet wurde, widerlich für den Hund. Die Hunde schreien immer, wenn man ihnen in die Ohren kneift. Es erstaunt mich bis heute, dass Menschen, die an einem Seminar teilnehmen und dort einen „Experten“ beobachten, der Hunde um des Sieges in einem Wettbewerb willen zum Schreien bringt, nicht den örtlichen Tierschutzverein anrufen. Wie wichtig sind denn diese kleinen Bänder und Plaketten?

Ohne Zweifel kann eine starke Meidereaktion die Wahrscheinlichkeit der Ausführung eines Befehls erhöhen. Die spanische Inquisition brachte unschuldige Menschen unter Folter dazu, zuzugeben, sie seien übernatürliche Dämonen. Sie erhöhten die Motivation. Obedience-Fans behaupten, ein nicht über Meideverhalten ausgebildeter Hund könnte sich weigern, im Ring zu apportieren. Wie schrecklich! Das hört sich so an wie: Der Hund könnte von einem Auto überfahren werden. Ich dagegen möchte behaupten, dass bei einem gekonnt geformten Hund, mit dem über positive Bestärkung im Rahmen des Obedience Apportierübungen durchgeführt wurden, die Zuverlässigkeit ausgezeichnet sein wird. Sie wird jedoch weniger gut sein, als wenn man zusätzlich über Meideverhalten gearbeitet hätte. Na und? Sie bekommen vielleicht mal ein Siegerband weniger und retten dafür Ihre Seele.

Einmal hörte ich, wie ein Trainer für die Teilnahme an Wettbewerben den Einsatz von Gewalt als vertretbares Mittel charakterisierte, um die Wahlmöglichkeiten für den Hund zu reduzieren. Das aber funktioniert nicht mal in der Theorie. Der Hund hat immer die Wahl, wenn auch nur zwischen zwei ziemlich Angst erregenden Optionen, von denen eine vom Trainer aufgetischt wird: „Wenn du das tust, wird dies geschehen; wenn du dies tust, wird das geschehen.“ Das Tier kann sich immer für das Aversivmittel entscheiden. Für die Trainer ist die Wahl einfach: die Ausbildung über positive Bestärkung oder aversive Techniken oder etwas von beidem. Mir sind Trainer bekannt, die bei keiner Rasse Apport über Meideverhalten trainieren und bis heute im Ring keinerlei Verweigerung erfahren haben. Im Gegenteil: Ich habe beobachtet, wie über Meideverhalten trainierte Hunde im Wettbewerb zusammengebrochen sind und nicht apportiert haben. So steht auch das Argument der höheren Zuverlässigkeit auf schwachen Beinen. Niemand wird mich jemals davon überzeugen können, dass es in Ordnung ist, Verhaltensweisen wie das Apportieren zu erzwingen. Es bedeutet den moralischen Bankrott.

Zerrspiele

Jahrzehntelang wurden Hundebesitzer ermahnt, mit ihrem Hund niemals Zerrspiele zu spielen, weil die Gefahr bestünde, beim Hund Aggression beziehungsweise Dominanztendenzen zu bestärken. Sogar Menschen, die viel mit Hunden zu tun haben, wie Züchter, Ausbilder oder Tierärzte, warnen vor diesem Spiel. Teilweise ist das darauf zurückzuführen, dass sie nicht zwischen agonistischem Verhalten (Konfliktlösung und Verteidigungsaggression) und Beuteverhalten unterscheiden. Werden Zerrspiele unter gewissen Regeln gespielt, verbrauchen Hunde ihre Energien, die ihnen als Raubtier eigen sind; solche Spiele sind für Hund und Besitzer eine gute Übung. Sie dienen als Barometer für die Kontrolle, die Sie über Ihren Hund haben, insbesondere über seine Kiefer. Das Spiel macht aus dem Hund kein Raubtier – er ist ja schon eines. Das Spiel ist ein Ventil.
Werden Zerrspiele oder ähnlich geartete Aktivitäten ohne Regeln oder funktionierende Gehirnzellen des Menschen gespielt, so stellen sie eine potenzielle Gefahr dar. Man darf jedoch nicht das Kind mit dem Bade ausschütten: Warum sollte man Hunden und ihren Besitzern einen der besten Energieverbrenner nehmen, die ihnen zur Verfügung stehen? Zerrspiele sind gut, weil sie intensiv sind, Konzentration und Vertrauen stärken und etwas berühren, was ganz tief im Inneren des Hundes sitzt. Verhaltensprobleme auf Grund unzureichender Stimulation des Tieres können so verringert werden. Auch was Zeit und Raum angeht, sind Zerrspiele für den Besitzer außerordentlich effizient, und sie lassen sich als praktische Form der Belohnung im Obedience einsetzen.
Das Argument mit der Dominanz ist für mich persönlich nicht stichhaltig. Weder Hunde noch Wölfe stellen die Rangordnung

dadurch fest, dass sie jeweils ein Ende eines Gegenstands ergreifen und daran ziehen, um zu sehen, wer „gewinnt". Das kann man höchstens als kooperatives Verhalten bezeichnen. Wenn Sie mit einem Hund ein Zerrspiel spielen und er „gewinnt" – das heißt, Sie lassen los – so wird er eher versuchen, Sie wieder zum Spiel zu bewegen, als fortzulaufen und das Spielzeug zu hamstern. Wenn Hunde den Ort des Geschehens mit dem Spielzeug verlassen, liegt es häufig an simplen taktischen Fehlern des Besitzers. Rennt ein Hund weg, sobald er die Kontrolle über den Zerrgegenstand hat, ist es seitens des Besitzers unendlich viel intelligenter, heftig mit dem Hund zu spielen, als hinter ihm herzulaufen. Vermeiden Sie Wettkämpfe mit dem Hund, in denen es auf Schnelligkeit und Wendigkeit ankommt – Sie können nicht gewinnen. Psychologische Tricks sind da viel besser. Tun Sie so, als ob der Gegenstand Sie überhaupt nicht interessierte, dann wird er Ihnen gewöhnlich schnell zurückgebracht.

Bei allen Erhebungen, die ich durchgeführt habe, hat sich nie ein Zusammenhang zwischen normalen Zerrspielen und stärkerem Aggressionsverhalten herstellen lassen. Ich habe bestimmt Respekt, wenn jemand mit harten, gut überprüften Daten daherkommt; aber die ablehnende Einstellung gegenüber Zerrspielen scheint mir bisher ausschließlich darauf zu beruhen, dass sie, na ja, schlecht sein müssen, weil der Hund so wild danach ist. Es fällt dem Menschen schwer, das wahre Verhalten des Hundes zu erkennen.

Die Intensität, mit der sich Hunde auf Zerrspiele stürzen, ähnelt ihrer Begeisterung für Flyball, Coursing, Hüten, Wettbewerben im Freien oder in einem Schafpferch – lauter Aktivitäten, die das Raubtier im Hund ansprechen. Bei Zerrspielen spielt der Hund nicht gegen Sie, vielmehr arbeitet er mit Ihnen zusammen, um den Gegenstand gemeinsam mit Ihnen zu erlegen. Es heißt also nicht: Sie gegen den Hund. Es heißt: Sie und der Hund gegen den Zerrgegenstand. Schauen Sie sich einmal das Verhaltensmuster von Wölfen oder afrikanischen Wildhunden an, wenn sie große Beutetiere erlegen: Mehrere Rudelmitglieder stürzen sich gleichzeitig auf das Tier, eines zum Beispiel am Schwanz, ein anderes an der Kniesehne, ein weiteres an der Nase. Wie verrückt zerren sie daran. An die Rangordnung denken sie in dem Moment bestimmt nicht. Dieser Teil der Jagdsequenz sozial lebender Fleischfresser ist praktisch nicht vom Verhalten eines Hundes zu unterscheiden, der mit seinem Besitzer ein Zerrspiel spielt. An einem Plüschdinosaurier herumzuzerren, hat nichts mit Dominanz zu tun, sondern mit einem Mittagessen.

Bei zwei Hunden können Konkurrenz und auch Rangfolgeprobleme dazu führen, dass besonders heftig gezerrt wird – aber niemals so heftig wie beim gemeinsamen Erlegen eines Beutetiers. In Letzterem liegt der Ursprung des Verhaltens. Ich würde sogar so weit gehen zu sagen, dass die Rudelmitglieder dabei eine besondere Bindung erleben. Es ist eine intensive, freudige Erfahrung, die der Hund ganz eng mit Ihnen verknüpfen wird.

Nach diesen Vorbemerkungen ist es absolut entscheidend, bei Zerrspielen mit unseren Hunden die folgenden Regeln einzuführen.

Regeln für Zerrspiele

1) „Aus" auf Befehl

Verwenden Sie einen Befehl wie „Aus", „Gib her" oder „Lass los". Üben Sie mit dem Hund Dutzende Male den Tausch „Zerrgegenstand gegen Belohnung", und zwar in folgender Reihenfolge: 1) Sie geben den Befehl „Aus", 2) der Hund gibt den Gegenstand frei, 3) er bekommt als Belohnung ein Leckerchen aus Ihrer Tasche und 4) Sie geben den Befehl zur erneuten Aufnahme des Gegenstands. Nimmt der Hund den Gegenstand nicht gleich in den Fang, üben Sie den Tausch ja ohnehin, indem Sie dem Hund den Gegenstand geben (ihn direkt vor ihm auf den Boden legen) und ihn wieder zurücknehmen, die Belohnung geben und ihn dann tauschen. Bevor irgendetwas anderes geschieht, wollen wir, dass das „Geben" sehr gut sitzt.

Nimmt der Hund den Gegenstand auf und rennt damit weg, üben Sie den Tausch, ohne den Gegenstand völlig freizugeben, damit der

Hund die Erfahrung macht, dass ihm etwas fortgenommen wird, er eine Belohnung erhält und ihm der Gegenstand wieder präsentiert wird. Besitzergreifende Typen profitieren ganz außerordentlich von diesen Tauschübungen und von der Erfahrung, dass ein interaktives Spiel mit einem Gegenstand mehr Spaß macht, als diesen für sich allein zu haben.

Hält der Hund den Gegenstand fest und gibt ihn auch mit etwas Unterstützung nicht ab, versuchen Sie es, indem Sie ihn zuerst an dem Leckerchen riechen lassen, das er für das Abgeben gewinnen kann. Dies ist ganz sicher eher eine Bestechung (eine Belohnung bewirkt ein Verhalten) als eine Belohnung (ein Verhalten bewirkt eine Belohnung), bringt den Ball aber ins Rollen. Verstecken Sie nach einigen wenigen Übungen die Belohnung, sodass der Hund seinen Teil des Geschäfts vertrauensvoll zuerst erledigt. Gibt der Hund den Gegenstand nur zögerlich ab, werden Sie jeden Tausch belohnen, bis er 1) ohne zu zögern jedes Mal auf den ersten Befehl ausgibt und 2) das Zerrspiel kennt und Spaß daran hat. Schließlich wird die Wiederaufnahme zur Belohnung für das „Aus“ auf Befehl; geben Sie die zusätzlichen Leckerchen, um die Konzentration auf den Gegenstand zu entschärfen.

Hält der Hund trotz des Dufts gefriergetrockneter Leber in seiner Nase immer noch an dem Gegenstand fest, versuchen Sie Folgendes: Lassen Sie den Gegenstand mit einem abrupten angewiderten Gehabe los, drehen Sie sich schnell um und verschwinden Sie wie in einer dunklen Wolke. Nehmen Sie sich eine zweiminütige Auszeit und versuchen Sie es noch einmal. Ändert Ihr Hund seine Haltung danach nicht und sind Sie sicher, dass Sie ihm gewachsen sind (das ist eine wichtige Voraussetzung!), können Sie das „Aus“ erzwingen: Sagen Sie einmal „Aus“, ergreifen Sie den Gegenstand mit der einen Hand, mit der anderen drücken Sie die Lefzen des Hundes gegen seine Zähne. Gibt er den Gegenstand frei, sagen Sie „Danke“, geben ihm zur Belohnung ein Leckerchen und versuchen es nochmals. Gibt er diesmal auf Befehl aus, erhält er eine doppelte Belohnung, und Sie wiederholen das Ganze noch mehrere Male. Einige Hunde werden den Gegenstand vielleicht noch ein zweites

Mal festhalten – dann erzwingen Sie ein zweites „Aus“ –, aber es wird kaum einen geben, der es ein drittes Mal tut.
Eine Bestrafung wie diese ist nur eine vorübergehende Lösung, das dürfen Sie nicht vergessen. Früher oder später wird der Hund wieder nicht abgeben, wenn Sie nicht über Belohnungstraining ein freiwilliges „Aus“ einführen. Mit anderen Worten: Die über die Bestrafung erzielte vorübergehende Wirkung reicht für Sie aus, um den Fuß in die Tür zu kriegen und sodann einige Male das „Aus“ und das Wiederaufnehmen zu belohnen. Dabei geht es letzten Endes darum, dass der Hund die Sicherheit gewinnt, dass mit dem „Aus“ nicht die Welt untergeht, sondern er mit Futter und einem weiteren Wiederaufnehmen des Gegenstands belohnt wird. Um ihn dies zu lehren, müssen Sie das „Aus“ die ersten Male herbeiführen.
Ist das „Aus“ geübt und spielen Sie dann ein richtiges Zerrspiel, so führt jedes Verweigern des „Aus“ zum sofortigen Ende des Spiels. Meißeln Sie sich dieses Verhalten tief in Stein ein: Bricht der Hund eine (heilige) Regel, so ist das Spiel für ihn gelaufen. Kennt der Hund das Spiel, liebt er es und ist ganz versessen darauf, so ist das abrupte Ende die bei weitem effektivste Art, ihm klarzumachen, dass sein Verhalten vollkommen unakzeptabel ist.

2) Der Hund nimmt den Gegenstand erst (wieder) auf, wenn Sie es ihm sagen

Diese Regel verhindert, dass der Hund das Spiel nach eigenem Belieben einleitet. Die Regel während des Spielens einzuüben, ist die einfachste Art, sie zu etablieren. Geben Sie einen Befehl wie „Nimm das Seil“ oder „Mach ihn kalt“ und geben Sie dem Hund gleichzeitig das einzige hierfür bestimmte Spielzeug. Wenn das „Nimm“ sozusagen zwei Bestandteile hat (den Wortbefehl und die Präsentation dieses einen Gegenstands), ist das eine Versicherung gegen Fehlzündungen im täglichen Leben. Schließlich wollen Sie ja nicht, dass jemand, der unbedacht ein Zerrspielzeug aufnimmt, begeistert von Ihrem Hund angesprungen wird; und Sie wollen auch nicht, dass Ihr Hund einen anderen Gegenstand nimmt, den

Sie gerade in der Hand halten, weil er denkt, das sei eine Aufforderung.
Die Wahrscheinlichkeit, dass jemand den richtigen Gegenstand nimmt und aus Versehen auch noch sagt: „Mach ihn kalt“, ist recht gering. Nehmen Sie für diesen speziellen Zweck also dieses eine Spielzeug, und wirklich nur dieses eine. Es kann auch noch als Apportiergegenstand oder als Versteckobjekt Verwendung finden; nehmen Sie aber keine anderen Sachen als Zerrspielzeug. Beschränken Sie diese Aktivität auf ein einziges Objekt.
Spielen Sie wie gewohnt mit Ihrem Hund, wenn er die Einladung annimmt. Will er das Spielzeug wieder aufnehmen, bevor Sie es ihm gestattet haben, rügen Sie ihn, nehmen Sie eine Auszeit oder machen Sie mit ihm eine längere Zeit Gehorsamsübungen. Fordern Sie ihn anschließend zur erneuten Aufnahme auf. Ein solcher Regelverstoß kommt bei Zerrspielen außerordentlich häufig vor, kehren Sie ihn also nicht unter den Teppich. Beenden Sie das Spiel, wenn der Hund das Spielzeug aufnimmt, bevor er dazu aufgefordert wird, wenn er den Fehler also zweimal hintereinander macht. Das Durchbrechen von Regeln muss deutliche Konsequenzen haben, sonst sind Ihre Regeln unklar und somit wertlos.

3) Häufige Gehorsamsverweigerung

Zerrspiele gehören zu den großartigen Möglichkeiten der Belohnung beim Obedience-Training, die man immer wieder einsetzen kann. Zwischen Zerrspielen und Gehorsam hin und her zu wechseln ist nützlich, um den Hund ab und zu während des Spiels zu kontrollieren und Gehorsam zu verlangen, wenn er aufgeregt ist. Jede Einleitung des Zerrspiels bedeutet eine potenzielle Belohnung, die Sie einsetzen können, um eine besonders gute Reaktion auszuwählen, die er Ihnen während einer Pause im Obedience-Training zeigt. Der Hund wird sich sehr anstrengen, seinen Gehorsam zu verbessern, damit Sie das Spiel neu beginnen. Durch die wiederholte Verknüpfung werden die beiden Aktivitäten in seinem Kopf verschmelzen, sodass er letztlich das Obedience-Training lieben wird.

4) Keinerlei Toleranz gegenüber Unfällen

Ab und zu kommt der Hund bei der Aufnahme des Gegenstands oder der Korrektur versehentlich mit Ihrer Hand oder einem anderen Teil Ihres Körpers in Kontakt. Lassen Sie so etwas nicht unbemerkt. Schreien Sie „Aua!“, auch wenn er Sie nicht verletzt hat, und beenden Sie abrupt das Spiel. Hunde sind in der Lage, ihren Kiefer ganz exakt zu kontrollieren, wenn man ihnen dafür einen Grund gibt. Also erinnern Sie den Hund bei Ihren Spielen an die Empfindlichkeit der menschlichen Haut und die überaus große Notwendigkeit, seine Zähne jederzeit vom Menschen fern zu halten. Dadurch etablieren Sie diese Regel bei Ihrem Hund, während er in einem Erregungszustand ist, also in einem Moment, in dem seine Zähne besonders „locker“ sitzen.

Bricht der Hund keine Regeln, lassen Sie ihn so erregt sein, wie er will. Dazu gehören Schütteln, kräftiges Ziehen und Knurren. Sind die Regeln einmal etabliert, ist es nicht mehr nötig, sie ständig zu üben und zu testen. Geht etwas schief, liegt es daran, dass der Mensch bei der Durchsetzung der Regeln nachgelassen hat.

Neben den übereifrigen Hunden, mit denen unzählige Male das „Aus“ geübt und die Regel ständig überprüft werden muss, bis es zuverlässig klappt, finden wir Hunde, die nur schwer für das Spiel zu interessieren sind. Diese zögerlichen Hunde sind genauso wie die zögerlichen Apportierer typischerweise gehemmte, ängstliche Typen, die von Natur aus schüchtern sind oder früher für das Berühren oder Aufnehmen von Gegenständen bestraft wurden. Widerstrebend nehmen sie auf, halten und lassen nicht mehr los. Gehen Sie die einzelnen Schritte gesondert an, loben Sie enthusiastisch jede Bewegung in die richtige Richtung. In diesen Fällen funktioniert das Lob meist als ein Signal der Sicherheit. Es gibt dem Hund die Erlaubnis, aufzutauen und sich ohne Angst vor Vergeltungsmaßnahmen wie ein Hund zu verhalten. Hunde, die anfangs nur mit Widerwillen an einem Gegenstand gezerrt haben, können so geradezu umgedreht werden. Meggie war anfangs bei Zerrspielen recht zögerlich, jetzt aber stürzt sie sich auf den Gegenstand, als ob es der letzte Bison auf Erden wäre.

Zerlegen & Kauen

Früher wurde das Kauen bei Haushunden entweder als ein Stadium angesehen, das Welpen im Zahnwechsel durchmachten, oder als Zeichen für einen neurotischen, durchgedrehten Hund. Heute wissen wir es besser. Das Kauen ist eine normale Beschäftigung, die Hunden einerseits Spaß macht und andererseits ihre Kiefer und Zähne fit hält. Hunde stürzen sich auf Kauspielzeuge wie Menschen auf Spionagegeschichten oder einen spannenden Film. Das Problem liegt einfach in der Wahl des Kaugegenstands: Wir möchten, dass der Hund zwischen Kauspielzeugen für Hunde und allen anderen Dingen im Haushalt und im Universum unterscheidet. Uns fällt die Unterscheidung leicht, für den Hund ist sie aber überhaupt nicht klar. Vergessen wir nicht: Hunde haben keine Vorstellung davon, dass Dinge in unserem Haus zu etwas anderem geeignet sein könnten als zum Herumkauen. Auch haben sie keine Vorstellung von richtig und falsch, nur von sicher und gefährlich. Außerdem ist es ihnen ziemlich egal, was wir von ihren Handlungen halten, solange es keine Auswirkung auf sie hat.

Vor diesem Hintergrund wird klar, wie dringend notwendig es ist, den Hund auf ein Kauspielzeug süchtig zu machen. Unter keinen Umständen sollte ein Hund, wie alt und von welcher Rasse er auch sein mag, Zugang zu etwas anderem als zu seinen Kauspielzeugen haben, wenn er nicht aktiv überwacht wird, und ich meine wirklich aktiv. Damit verhindern wir das Herumexperimentieren, bei dem er letztlich vielleicht seine Vorliebe für Lederslipper oder Schaukelstühle herausfindet. Hat er nämlich einmal gemerkt, dass diese Dinge ziemlich tolle Kauspielzeuge sind, wird ihn die nachfolgende Bestrafung nur lehren, so lange mit dem Kauen zu warten, bis Sie fortgegangen sind. Dasselbe gilt für Rückschritte, die vorkommen können. Hat sich der Hund drei Monate oder drei Jahre perfekt verhalten, fängt dann aber an auszuprobieren, ob sich antike Tische nicht auch als Kauspielzeuge eignen, müssen Sie seinen Zugang hierzu so lange einschränken, bis er sich wieder auf seine

eigenen Spielzeuge konzentriert und durch einige Übungen die Erbstücke aus seinem Gedächtnis gestrichen hat.
Diese einfachen, klaren Schritte können Menschen häufig nicht gehen, weil sie mit ihrem ermüdenden „warumwarumwarum…" versuchen, in die Tiefen der Hundepsyche einzudringen, um herauszufinden, was denn wohl Großartiges dahinter steckt, dass ein Hund auf einem Stück Holz herumkaut. Damit lähmen sie sich selbst und verhindern eine wirksame Handlungsweise. Wie so oft beim Hundetraining ist das „Warum" ein nettes Gesprächsthema beim Kaffee, die Lösung aber bleibt dieselbe, ob sie nun beim Kaffee besprochen wurde oder nicht: das sofortige Handeln, um 1) geeignete Kauspielzeuge auf Lager zu haben und den Hund danach „süchtig" zu machen, 2) den Hund wegzusperren, wenn er nicht unter Überwachung steht, damit er keine Lust auf falsche Gegenstände entwickelt, und 3) nachdem diese Maßnahmen eine Weile durchgeführt wurden, dem Hund unter genauer Beobachtung (das heißt, während er noch eingesperrt ist) wieder den vollen Zugang zu verschiedenem Kauspielzeug zu ermöglichen und ihn umzulenken, sollte er falsch geraten haben. Dies erreichen Sie durch aktives Handeln: Sie bringen den Hund wiederholt dazu, dann einen Fehler zu machen, wenn Sie sicher in der Lage sind, ihn im ersten Moment dabei zu erwischen (indem Sie um die Ecke linsen) und ihn sofort auf seine eigenen Kauspielzeuge umzulenken.

Die Reihenfolge beim Kautraining

Die Reihenfolge der Ereignisse, die diesem Schritt vorangehen, ist von großer Bedeutung. Das Maßregeln des Hundes dafür, dass er einen Stuhl oder einen Schuh berührt hat, hätte eigentlich das „Fein, ich warte, bis du gegangen bist"-Syndrom hervorgebracht, wäre es allein eingeführt worden. Der Hund muss auf etwas herumkauen. Bevor Sie also das Kauen unterbrechen und es umlenken, müssen zulässige und attraktive Kaugegenstände etabliert worden sein. Das „Flüssigkeits-Modell" ist ein ganz ausgezeichnetes Mittel, dieses Konzept zu verstehen: Stellen Sie sich einmal vor, das gesamte Verhaltensrepertoire des Hundes sei Flüssigkeit und passe in ein Fass. Jeden Tag befinden sich darin soundsoviel Liter Flüssigkeit. Das Fass wird täglich in verschiedene Behälter entleert, die die Möglichkeiten des Hundes widerspiegeln, seine unterschiedlichen Verhaltensweisen auszuleben. Eine Möglichkeit heißt wahrscheinlich „kauen“ (andere vielleicht „jagen und fangen“, „den Postboten anbellen“ etc.). Verschließen Sie (durch Bestrafung) eine solche Ablaufmöglichkeit, bleibt Flüssigkeit im Behälter zurück und muss noch entleert werden. Vielleicht bellt oder jagt der Hund deshalb mehr; wahrscheinlicher aber fließt die Flüssigkeit doch in den „Kau“-Behälter, und zwar dann, wenn Sie nicht da sind, um das Verhalten zu stoppen. Nur wenn Sie vorher bereits einen anderen Behälter geöffnet haben (Herumkauen an Kauspielzeugen), hat Ihre Bestrafung die Chance, dass das „Möbel ankauen“ auf längere Zeit hin verschlossen bleibt.

Hunde müssen ihr natürliches Verhalten ausleben können! Sind Sie nicht in der Lage, dem Hund seine Grundbedürfnisse zu gestalten oder wollen Sie das nicht, so sollten Sie keinen Hund besitzen. Das natürliche Verhalten eines Hundes durch Bestrafung zu unterdrücken, ist heutzutage nicht mehr akzeptabel.

Die ganze Sache mit dem Herumkauen lässt sich auch noch auf eine andere Weise betrachten. Denken Sie doch einmal an die Unmengen von Dingen, die Ihr Hund nicht ankauen soll. Fällt Ihnen da etwas auf? Mit Ausnahme vielleicht eines halben Dutzends Sachen, die Ihrer Meinung nach als Kauspielzeug für den Hund geeignet sind, sind praktisch alle Dinge in der Welt verboten. Die Chance, dass der Hund jedes Mal das Richtige rät, ist astronomisch gering. Wirklich jede falsche Wahl zu bestrafen, ist weder durchführbar noch ratsam. Bei jeder Bestrafung sind Sie der/die Böse, und es wird immer wahrscheinlicher, dass der Hund seine tägliche Kauerei auf die Zeit Ihrer Abwesenheit verschiebt, damit er in Frieden sein normales Verhalten ausleben kann. Konzentrieren Sie Ihre Bemühungen lieber ganz darauf, dass der Hund in Ihrer Anwesenheit und auch während Ihrer Abwesenheit an seinen Kauspielzeugen herumkaut, indem Sie 1) die Kauspielzeuge richtig attraktiv und interessant machen, 2) dem Hund keine anderen

Wahlmöglichkeiten geben und 3) mit ihm zusammen unter Einbeziehung der Spielzeuge spielen.

Wie man am besten ein Spielzeug füllt

Manche Hund haben so ihre Vorlieben für das, was sie am liebsten in einem Kauspielzeug mögen, die meisten aber schwärmen für Rohhaut, Schweineohren und so weiter. Nachteilig bei all diesen Dingen ist, dass 1) nicht alle Hunde hinter ihnen her sind und 2) sie nicht sehr lange halten, Sie also ständig Nachschub für den Hund besorgen müssen. Zur Crème de la crème der Kauobjekte zählen hohle Knochen, Kongs und Buster Cubes. Hohle Knochen werden aus Rinderknochen hergestellt und in verschiedenen Varianten angeboten, wie geräuchert, sterilisiert oder bereits mit Knochenmark gefüllt. Was das Tolle an ihnen ist: Sie sind sicher, fast unzerstörbar und hohl. So können Sie Tag für Tag den Hohlraum mit einer neuen Leckerei für Ihren Hund füllen. Sind Sie beim Füllen sehr geschickt, wird es dem Hund zwar relativ leicht gelingen, an die Füllung an den beiden Enden zu kommen; je weiter er sich aber zur Mitte hin vorarbeitet, desto schwieriger wird es für ihn, die Leckerchen herauszufischen. Jede Minute, die er sich mit diesem Objekt beschäftigt, entleert seinen Kaubehälter an diesem Tag ein wenig mehr. Hurra!

Manche stopfen jeden Tag das gleiche Zeug (Dosenfutter und rohe Karotten) in den Knochen, und der Hund ist immer hellauf begeistert. Andere variieren den Inhalt, weil sie es so wollen oder aus reiner Notwendigkeit. Die meisten Hunde lieben etwas Abwechslung in ihrem Futter. Alles einigermaßen Nahrhafte ist in Ordnung, nur keine Schokolade, die kann für Hunde tödlich sein. Was immer geht, sind Käsewürfel, Streichkäse, Dosenfutter für Hunde oder Katzen, Erdnussbutter, ungewürzte Essensreste und normale Hundeleckerchen. Auch die hohlen Kongs lassen sich damit oder mit Hundekuchen unterschiedlicher Größe vollstopfen. Kleine Stückchen fallen leicht heraus, bei den mittelgroßen Stücken bedarf es schon einiger Anstrengungen, und die großen Stücke erfordern eine Menge Arbeit, bis sie herausgeholt sind. Als weitere Möglichkeit kann man das Futter des Hundes oder Teile davon auf einige Kongs verteilen, dabei hinten jeweils etwas Attraktiveres, wie ein Stück gefriergetrockneter Leber. Der Hund arbeitet sich durch das Trockenfutter vor bis zum Dessert.

Die nächste Generation sogenannter „Puzzle"-Spielzeuge sind die Buster-Cube-Würfel. Trockenfutter wird hineingegeben und dann durch Schütteln in die verschiedenen Abteilungen verteilt. Damit die einzelnen Stücke herausfallen, muss der Hund den Würfel umherrollen.

Kauseile und Rohhäute lassen sich übrigens verfeinern, indem man sie in Fleischbrühe taucht und anschließend trocknet.

Hunde lieben es, Dinge zu zerlegen, das heißt, sie auseinander zu ziehen und nicht einfach nur zu zernagen. Wenn Sie Ihren Hund mit zerlegbarem Spielzeug versorgen wollen, also mit Hundepuppen und Stofftieren, wird das auf die Dauer teuer. Wollen Sie ihm ab und zu mal ein Zerlegeobjekt zukommen lassen, wickeln Sie einen besonders leckeren Hundekuchen oder ein Stück Leber in einen alten sauberen Lappen. Knoten Sie diesen so fest wie möglich zu, damit das Leckerchen richtig schön verpackt ist. Geben Sie es dem Hund und schauen Sie sich ein Raubtier in Aktion an. Ich persönlich kann Hunde stundenlang beobachten, wenn sie etwas zerlegen.

Es gibt triftige Gründe, warum sich Hunde so viel wie möglich, wenn nicht alles, von ihrem Futter erarbeiten sollen, indem man dieses in Kongs, Knochen und Lappen stopft und sogar überall im Haus verteilt, damit der Hund erst mal Verstecken und Suchen spielen muss, bevor er das Spielzeug greifen und auspacken kann. Dass Sie Ihren Hund jemals überfordern, ist sehr unwahrscheinlich. Fast alle Hunde sind in ihrem täglichen Leben außerordentlich stark unterfordert. In der Schüssel frei verfügbares Futter widerspricht dem genetischen Erbe der Hunde. Der Drang zum Suchen, Hetzen, Beißen, Festhalten und Zerlegen wird am besten zur Futterzeit gestillt. Warum stellen Sie nicht jeder Mahlzeit einige Minuten Jagdspiel voran, auch wenn Sie es weiterhin vorziehen, das Futter in einer Schüssel anzubieten?

Viele Forschungsinstitute kritisieren mit Recht, dass die Umwelt der in Zoos gehaltenen Tiere wenig stimulierend ist. Die Erweiterung der Verhaltensmöglichkeiten durch die Bildung sozialer Gruppen und dadurch, dass die Tiere in Nachahmung ihrer natürlichen Umgebung für die Nahrungsaufnahme arbeiten müssen, hat die Lebensqualität vieler Tiere verbessert. Eigentlich dürften sich diese Institute nicht über die verarmte, keine Herausforderung bietende Umwelt hinwegsetzen, in der viele Haushunde leben müssen.

Organisierter Hundesport

Wollte man vor zehn oder zwanzig Jahren mit seinem Hund an einer organisierten und strukturierten Aktivität teilnehmen, war dies so ziemlich auf wettbewerbsmäßige Unterordnung, Fährtenarbeit und Schutzhundausbildung beschränkt. Bei der wettbewerbsmäßigen **Unterordnung** handelt es sich um eine stilisierte Version solcher Dinge wie „Bei Fuß", „Steh", „Komm", „Such meinen letzten Handschuh" etc. In den meisten Städten, in denen Hunde leben, gibt es einen oder mehrere Vereine, in denen Unterordnung angeboten wird.

Bei der **Schutzhundarbeit** wird das Polizeihundtraining in stilisierter Form nachgeahmt. Es umfasst Unterordnung, Fährtensuche und Schutzarbeit. Normalerweise wird die Schutzhundarbeit in Vereinen ausgeübt, ist aber in gewisser Weise auf die größeren Rassen beschränkt, wohingegen an der Unterordnung alle Hunde teilnehmen können. Bei der Schutzhundarbeit kann sich der Hund abreagieren, weil in den fortschrittlicheren Organisationen die Motivation häufig über Zerrspielzeuge erfolgt und dem Hund Fährtensuche und die eigentliche Schutzarbeit schrecklich viel Spaß machen, weil er das Raubtier in sich ausleben kann. Sowohl bei der Unterordnung als auch bei der Schutzhundarbeit ist das Training von Verein zu Verein unterschiedlich. Hüten Sie sich vor der alten Mentalität, die Sie an einem „Sie müssen mit Stachelhalsband zum Training kommen" erkennen. Bei den neuen Trainingsmethoden bedient man sich fast ausschließlich der positiven Bestärkung. Es gibt also keinen Grund, dem Hund weiterhin die Unterordnung mit Aversivmitteln einzuhämmern.

Die **Fährtensuche** kann unabhängig von der Schutzhundarbeit ausgeführt werden. Hier wird dem Hund beigebracht, der Spur des Fährtenlegers zu folgen. Das Ziel der Fährtenarbeit besteht nicht darin, dem Hund das Verfolgen der Spur beizubringen – das kann er ja bereits –, sondern ihn zu motivieren, auf der Spur des Fährtenlegers zu bleiben, Gegenstände anzuzeigen, die der Fährtenleger fallen gelassen hat, sowie zwischen dem Fährtenleger und anderen Menschen zu unterscheiden, die die Spur durchquert haben. Die Fähigkeit von Hunden, eine Spur zu verfolgen, ist wirklich erstaunlich. Erfahrene Fährtenhunde sind in der Lage, Ihren Weg sechs oder noch mehr Stunden, nachdem Sie durch ein Gebiet gegangen sind, Schritt für Schritt aufzuspüren, auch wenn Sie viele Wendungen eingebaut, eine Straße überquert, persönliche Gegenstände entlang des Weges fallen lassen haben und durch unterschiedliche Vegetation gegangen sind. Andere, frischere Spuren, die Ihre kreuzen, werden sie ignorieren. Ein Sport, der einen großen Zeitaufwand verlangt, aber wirklich befriedigend ist, wenn man Zeuge wird, wie Hunde ihre natürlichen Fähigkeiten einsetzen. Bei der Fährtenarbeit tendiert die Motivation zum Positiven hin: Ganz überwiegend wird heute über Futter und weniger über Gewalt trainiert, obwohl es immer noch Nischen gibt, in denen sich die Anhänger der Gewaltanwendung tummeln, da bin ich mir sicher.

Flyball ist ein Staffelrennen zwischen aus vier Hunden bestehenden Teams, die abwechselnd über vier Hürden springen, mit der Pfote einen Auslöser an der Flyball-Box, betätigen, einen Tennisball auffangen, der aus ihr herausgeflogen kommt, und dann mit dem Tennisball über die vier Hürden zu ihren Handlern zurückkehren. Sieger ist das Team, das die Läufe mit seinen vier Hunden zuerst erfolgreich beendet hat. Flyball ist eine Aktivität, die das Raubtier im Hund anspricht und extrem „süchtig“ macht; auch für den Zuschauer ist es ein aufregender Sport. Flyball steht in den USA unter der Aufsicht der North American Flyball Association, die die

Regeln aufstellt und offizielle Wettbewerbe veranstaltet. Anders als bei Obedience und Fährtensuche, die nur eingetragene reinrassige Hunde zulassen, stehen die offiziellen Flyball-Wettbewerbe allen Hunden, auch Mischlingen, offen. Viele nehmen nur so aus Spaß und zur Übung an Flyball, aber niemals an einem Wettbewerb teil. Heute bieten einige Obedience-Vereine Flyball-Kurse an, und die Zahl der Flyball-Vereine wächst mit dem Bekanntheitsgrad dieses Sports bei den Hundebesitzern.

Bei **Agility** haben wir einen Hindernisparcours für Hunde, der aus Sprüngen, Tunneln, Kletterwänden, Wippen und Slalomstangen besteht, die der Hund in der von seinem Handler vorgegebenen Reihenfolge absolvieren muss. Agility bereitet den Hunden viel Spaß, für den Trainer ist es gut, damit er das richtige Gefühl für das Timing entwickeln kann, und es fördert die Hund-Mensch-Beziehung. Da für den Parcours so viele Hindernisse erforderlich sind, wird der Sport noch nicht überall angeboten, er ist aber auf dem Vormarsch. Agility untersteht der United States Dog Agility Association, in Deutschland dem Deutschen Hundesportverband (dhv) in Lünen.

Beim **Coursing** hetzt der Hund hinter einer künstlichen Beute (dem „Hasen") her, die mit Hilfe einer mechanischen Vorrichtung vor ihm über ein großes freies Feld gezogen wird. Die Strecke wird im Voraus festgelegt. Die Hunde sind nacheinander dran und werden nach ihrer Geschwindigkeit, Wendigkeit, Leidenschaftlichkeit und der Ausführung beurteilt. Bei offiziellen Veranstaltungen ist Coursing zwar auf Sichtjäger beschränkt, ansonsten ist es aber auch für alle anderen Hunde offen. Einen Hund, der noch keinerlei Erfahrung darin hat, ins Coursing-Fieber fallen zu sehen, kann einem schon den Atem rauben. Die Konzentration und Intensität, mit der die Hunde ans Werk gehen, belehren jeden Besitzer, der noch am Raubtier in seinem Hund zweifelte, eines Besseren. Und bei denen, die regelmäßig Hundesport betreiben, gehört unter den vielen angebotenen Aktivitäten das Coursing zu den beliebtesten.

Das Sozialverhalten und seine Auswirkungen

Ein Grund dafür, dass wir eine so lang anhaltende und starke Beziehung zu Hunden haben, ist die Tatsache, dass Hunde ebenso wie wir Menschen starke soziale Bindungen eingehen. Die Hunde gehen jedoch noch einen Schritt weiter: Sie, die im Rudel jagen und ihre Jungen aufziehen, sind besonders daran interessiert, stets und immer bei ihrem sozialen Rudel zu bleiben. Der Trennung von den anderen Rudelmitgliedern folgen typische Verhaltensweisen, die dazu beitragen, dass sich das Rudel wieder vereint, nämlich: erhöhte Unruhe und verstärkte Erkundungstätigkeiten, die Vokalisierung einer Notlage und, sofern auch eine physische Trennung vorhanden ist, das Kratzen, Graben und Herumkauen am Zugang zu den übrigen Rudelmitgliedern. Diese genetische Programmierung führt in einer häuslichen Situation bei Abwesenheit des Besitzers zu Verhaltens-„Problemen“ wie Bellen, Winseln und Heulen, Zerstörung von Hab und Gut sowie – aufgrund des erhöhten Stressniveaus –, zu verstärktem Urinieren und Kotabsetzen.
Da überrascht dann die Übertreibung gewisser Verhaltensweisen – also z.B. das Zerkauen, wie wir es bei recht vielen Hunden vorfinden –, nicht: Häufig sehen sich die Hunde sozial isoliert. Hunde sind eine Gattung mit einem intensiven Sozialgeflecht. Über einen längeren Zeitraum allein gelassen zu werden – womöglich den ganzen Tag über, Tag für Tag, was in unserer Gesellschaft oft der Normalfall ist –, dafür sind Hunde genetisch nicht vorbereitet. Damit ist nicht gesagt, dass man seinen Hund nicht auf die Tolerierung von Zeiten des Alleinseins trainieren könnte. Dass so etwas nicht den ererbten Genen entspricht, bedeutet ganz einfach, dass es nicht von Natur aus kommt; vielmehr sind bewusste Schritte zu unternehmen, damit der Hund sicher allein bleiben kann.

So übt man das Alleinbleiben

Hier sind ein paar Dinge, die Sie tun können, um das Alleinbleiben bei Welpen, neu übernommenen Hunden (ohne große Probleme mit Trennungsangst) oder auch bei einem schon in Ihrem Haushalt lebenden Gefährten zu verbessern. Ist der Welpe oder ein erwachsener Hund neu in Ihrem Haushalt, so beginnen Sie sofort, schaffen Sie gleich von Beginn an normale Bedingungen. Man neigt dazu, ständig um einen Neuankömmling herum zu sein, weil er eben so neuartig und faszinierend ist und weil er sich zu Hause wohl und sicher fühlen soll. Sind Sie jedoch pausenlos verfügbar und überhäufen den Hund mit Ihrer Aufmerksamkeit, verhelfen Sie ihm zu einer schrecklichen Enttäuschung, wenn das alltägliche Leben wieder beginnt. Er wird sich dann der Leere des Alleinseins gegenübersehen. Lassen Sie also den kleinen Welpen oder den frisch übernommenen Hund gleich von Anfang an immer wieder für kurze Zeiträume allein. Wenn Sie das Dutzende Male geübt haben, wird er lernen, dass 1) Menschen nicht immer verfügbar sind, sie jedoch 2) wenn sie fortgehen, immer wieder kommen. Lassen Sie ihn mit gefüllten Kauspielzeugen in einem hundesicheren Bereich oder in einer gemütlichen Hundebox, sodass er gar nicht auf die Idee kommt, an etwas anderem herumzukauen. Und geben Sie ihm jeden Tag die Möglichkeit, seinen Beutetrieb auszuleben. Bringen, Zerren, Verstecken und Suchen sind die so genannten ersten Verteidigungslinien für alle Fälle.

Also gehen und kommen Sie, immer ohne große Begrüßungs- oder Abschiedszeremonien, sodass der Welpe oder erwachsene Hund gar nicht mehr so sehr auf das Weggehen und Zurückkommen achtet. Absolut normal ist es, dass Welpen und erwachsene Hunde ihrer Not mit Tönen Ausdruck verleihen, wenn sie allein gelassen werden, auch wenn es nur die kurzen Momente des Übens sind. Vergessen Sie nicht, sie sind darauf programmiert. Glücklicherweise lässt sich dieses Verhalten ändern. Durch Bestärken kann es sich verstärken, durch Nichtbestärken schwächt es sich ab und verschwindet. Dies bezeichnet man als Auslöschen. Eine Bestrafung wird das Verhalten vorübergehend abmildern, es aber selten auslöschen. In unserem Fall besteht die Bestärkung aus Ihrer Rückkehr. Sollte das Lärmmachen jemals, und sei es unbeabsichtigt, durch die Ankunft eines Menschen bestärkt werden, so verstärkt sich die Reaktion. Bei Hunden, die ihrer Not über die Stimme Ausdruck verleihen, ist folgende Regel zu beachten: Bevor Sie zu Ihrem Hund gehen, warten Sie, bis er eine Pause macht, egal was es kostet. Widerstehen Sie Gedanken wie „Was ist, wenn er mal muss?!" oder anderen Besorgnissen. Machen Sie sich eher Sorgen, wie sehr Ihr Eintreffen sein Verhalten ändern kann. Fragen Sie sich immer, welches Verhalten Sie bestärken wollen. Finden Sie den Lärm toll, reagieren Sie eben darauf. Sollte es nicht der Fall sein, so warten Sie, bis der Hund eine Pause einlegt, und gehen dann zu ihm hin, wie lange es auch dauern mag. Das bedeutet ja nicht, dass Sie den Bedürfnissen Ihres Hundes nicht nachkommen. Es heißt ganz einfach, dass Sie das Lärmmachen nicht noch besonders antrainieren.

Halten Sie sich in Ihren Äußerungen bei Ankunft und Fortgehen stets zurück. Das überwältigende „Hallo" und das langwierige „Auf Wiedersehen" mit Unmengen Knuddelei und Bitten („Sei bitte gaaanz brav, bis ich wiederkomme!") sind nicht nur nutzlos, sie bestärken auch noch mehr den Gegensatz zwischen Ihrem Zuhausesein (dem Glück) und Ihrer Abwesenheit (der Leere). Bedienen Sie sich jeder nur erdenklichen Strategie, um diesen Gegensatz abzumildern. Setzen Sie bei allen interaktiven Tätigkeiten mit Ihrem Hund viele Spielzeuge ein, auch bei der Begrüßungszeremonie (ein Bringen oder Zerren mit Spaß und Freude anstatt sich nur über den Hund zu ergießen). So etwas trägt dazu bei, die Abhängigkeit zu verringern. Nehmen Sie den Hund mit in die Welt nach draußen, wo er neue Dinge sieht, neue Töne hört und Erfahrungen macht, die er jeden Tag verarbeiten muss. Dadurch ist er geistig eher ausgelastet.

Müssen Sie den Hund den ganzen Tag allein lassen, so überlegen Sie, ob Sie jemanden engagieren können, der mittags mit ihm rausgeht und die Zeit des Alleinseins unterbricht. Acht oder zehn Stunden sind schon sehr lange, besonders, wenn Ihnen am Morgen vor der Arbeit nicht viel Zeit bleibt (Hund ausführen, ein schnelles Zerrspiel, rasch gefüttert und dann ignoriert).

Früher herrschte die Ansicht, Hunde benötigten hauptsächlich viel Platz, und das ideale Leben führten sie auf einem Bauernhof mit viel Platz zum Laufen. Heute wissen wir es besser: Hunde brauchen nicht viel Platz; sie brauchen viel Zeit. Stellt man den Hund vor die Wahl zwischen unserer Zeit und einem Hof, so wird sich praktisch jeder Hund dieser Erde dafür entscheiden, mehr Zeit mit anderen Lebewesen zu verbringen.

Fehler oder Missverständnisse dadurch zu vermeiden, dass man dem Hund das Zerkauen abgewöhnt, ist beim Antrainieren des Alleinbleibens nicht angesagt. Das gilt für alle Verhaltensprobleme: Korrigieren Sie ein Problem mit dem Zerkauen, wird der Hund in einen absolut hundesicheren Raum oder ein Gehege gebracht und bekommt, solange Sie ihn nicht überwachen können, nichts weiter als Kauspielzeuge. Geht es eher darum, dass er allein bleiben soll, sollte der Hund in eine Box kommen, wenn er nicht unter Beobachtung steht. Springt der Hund hoch, sollten Sie, bis Sie es ihm abgewöhnt haben, zwischen Ihren Trainings keine Besucher im Haus haben, oder Sie bringen den Hund in einen anderen Raum, wenn Sie Besuch erwarten.

Stellen Sie sich, wenn Sie ein neues Verhalten etablieren oder ein Ventil schaffen, vor, Sie schnitten mit einer Machete einen Weg durch einen dichten Dschungel: Je öfter Sie den Weg benutzen und dabei freischneiden, desto einfacher wird das Gehen. Stellen Sie sich umgekehrt das unerwünschte Verhalten oder Ventil, das Sie loswerden wollen, wie einen fest getretenen Pfad vor, den Sie verlassen möchten, damit er zuwächst: Jedes Mal, wenn Sie diesen Weg wieder gehen, bleibt er etwas länger frei und begehbar. Auch wenn der Hund bei einem unerwünschten Verhalten eins auf die Nase kriegt, hält er den alten Pfad sozusagen frei.

Probleme in ihrem Anfangsstadium anzugehen und nicht zu warten, bis aus ihnen ausgetretene Pfade geworden sind, ist eine gute Idee. Fängt Ihr „trainierter" Hund eines Tages plötzlich mit dem Zerkauen an, warten Sie nicht, bis er es das nächste Mal tut: Frischen Sie das Kautraining sofort auf. Es erstaunt mich immer wieder, wie Leute Wochen oder Monate warten können, bevor Sie das Kauproblem Ihres Hundes angehen, weil sie irgendeine Ausrede wie „Na ja, er tut es nicht jeden Tag" auf Lager haben.

Trennungsangst

Bei Hunden mit großen Verlassensängsten reicht es nicht aus, sie in eine Box oder einen sicheren Raum zu bringen. Sie stellen möglicherweise einen Rekord im Vokalisieren ihres Elends auf und ignorieren die Kauspielzeuge. Sie graben sich ihre Pfoten bei dem Versuch blutig, durch die Eingangstür zu gelangen. Ein ziemlich erbärmlicher Zustand, in dem sich der Hund da jeden Tag befindet. Auch wenn er Ihr Haus oder Ihre Wohnung nicht ruiniert oder die Nachbarn nicht mit seinem unaufhörlichen Geschrei belästigt, so ist es doch angesagt, seine Angst zu mildern. Der Begriff Trennungsangst ist im Übrigen überstrapaziert, er wird häufig zur Erklärung jeglichen Zerkauens oder Bellens in Verbindung mit der Abwesenheit des Besitzers herangezogen. In Wahrheit bilden die echten Fälle von Trennungsangst die Minderheit. Die Mehrheit der Kauer und Beller sind Hunde, die eben Hunde sind und sich, wenn Sie aus dem Haus sind, wie Hunde verhalten. In solchen Fällen geht es einfach darum, Kauen zu trainieren oder Bellen auszulöschen, indem man, wie oben beschrieben, nicht darauf reagiert. Außerdem brauchen die meisten dieser Hunde größere Herausforderungen in ihrem täglichen Leben, zum Beispiel in Form von Beutespielen.

Sie sollten unter keinen Umständen versuchen, das während Ihrer Abwesenheit Stunden oder Minuten zuvor erfolgte Zerkauen oder Lärmmachen zu bestrafen. Ist schon eine zeitlich korrekt eingesetzte Bestrafung eine schlüpfrige Angelegenheit, so bedeutet für einen Hund eine zu späte Bestrafung eine Misshandlung. Eine zu späte Bestrafung bei einem ohnehin ängstlichen Hund bringt seine restliche Gehirnmasse durcheinander. In solchen Fällen wird die Angst des Hundes durch die vorhersehbare Bestrafung weiter bestärkt. Jetzt gibt es für ihn zwei Gründe, sich aufzuregen: Er ist ungern allein (eine genetische Programmierung, die er nicht kontrollieren kann), und er wird bei der Rückkehr seines Besitzers angegriffen (eine Aggression des Menschen, die er nicht kontrollieren kann). Da wundert es nicht, dass so viele Hunde an ihrem Geist erkranken. Sind Sie sicher, dass Ihr Hund eine starke Angst empfindet, wenn er allein gelassen wird, so besteht hier die Behandlung der Wahl aus einer systematischen Desensibilisierung.

Die systematische Desensibilisierung

Es handelt sich um die gleiche Technik, wie sie bei Menschen mit übergroßer Angst vor Spinnen oder dem Fliegen angewandt wird. Zuerst lernt der Klient sich zu entspannen, dann wird der Angst machende Reiz in der Stärke, in der er ihn ohne Angst ertragen kann, eingeführt, während der Klient die Entspannungsübungen macht. Anschließend wird der Reiz allmählich in dem Maß verstärkt, wie der Klient mit ihm umgehen kann, wobei immer auf Erfolg gebaut wird. Einer, der bei Spinnen panisch reagiert, wird anfangs vielleicht nur Abbildungen von Spinnen in einem Abstand von zehn Metern aushalten, mit behutsam und allmählich gesteigerter Schwierigkeit aber in der Lage sein, am Ende sogar die sprichwörtliche Tarantel auf seinem Arm zu tolerieren. Das Gleiche kann man bei Hunden mit einer Phobie oder mit Trennungsangst tun. Normalerweise lässt sich dieses Programm aber nicht so weit führen wie bei Phobien eines Menschen, da es fast unmöglich ist, die Zeit zwischen den Desensibilisierungsstunden von übermäßig starken Reizen freizuhalten. Mit anderen Worten: Die Notwendigkeit, den Hund allein zu lassen, untergräbt das Trainingsprogramm. Kann es der Besitzer während der Behandlungszeit arrangieren, dass der Hund nicht allein bleiben muss, so lässt sich die Prozedur bis zum Schluss durchführen.

Eine weitere Möglichkeit, wie sich das Problem mit dem Alleinbleiben zwischen den Trainingssitzungen lösen lässt, besteht in der Verwendung eines Sicherheitssignals wie dem Radio. Das Radio wird für den Hund zu einem Signal, das ihm sagt, dass nun eine kurze Phase der Abwesenheit ohne Angst ansteht. Nicht das Radio an sich ist es, das den Hund entspannt, sondern der zuverlässige Zusammenhang mit einem erträglichen Maß an Alleinsein. Das zu verstehen, ist wichtig. Dieser Effekt kann schnell dadurch dezimiert werden, dass man das Radio anstellt und den Hund länger allein lässt, als er ertragen kann. Radios werden häufig ohne vorangegangene Desensibilisierung eingesetzt, was normalerweise nichts bringt. Denn wenn der Besitzer das Radio anstellt, um die Gegenwart von Menschen nachzuahmen oder „um dem Hund Gesellschaft zu leisten“, verliert es sofort seine Kraft, die es einmal hatte, um Abwesenheitsphasen ohne Angst einzuläuten. Dies ist ein klassisches Beispiel dafür, wie man die Herstellung eines Werkzeugs mit seiner Verwendung verwechselt. Ungeübte Besitzer versuchen ständig, Werkzeuge zu benutzen, die sie zuvor nicht hergestellt haben. Stellen Sie also das Radio immer beim Üben an. Gehen Sie wirklich fort und fügen Ihrem Hund Kummer zu, dann lassen Sie es aus.

Beginnen Sie bei den Übungen mit einem „Sitz“ oder „Platz bleib“ und Belohnung. Vergrößern Sie dann allmählich die Entfernung zwischen sich und dem Hund, geben für jede neue Strecke Distanz ohne Angst eine große Belohnung oder lösen das „Bleib“ auf (ab Seite 228 wird ausführlich beschrieben, wie man Befehle wie das „Bleib“ trainiert). Wiederholen Sie dies mehrere Male in derselben Entfernung, geben aber nicht jedes Mal eine Belohnung. Erst dann vergrößern Sie die Distanz. Bestrafen Sie den Hund nicht, wenn er das „Bleib“ aufgelöst hat, geben Sie ihm eher ein Signal für „Keine Belohnung“ wie „Oh! Zu schade!“. Bei ängstlichen Hunden sollte das „Bleib“ unter keinen Umständen mit aversiven Mitteln (z.B. einer Bestrafung beim Auflösen des „Bleib“) trainiert werden. Sonst kann der Hund nur verlieren: Er bekommt Angst oder wird bestraft. Trainieren Sie in kurzen Abschnitten von höchstens fünf bis zehn Minuten. Bricht der Hund zusammen, gehen Sie zu dem zurück, was er erfolgreich tun konnte, wiederholen Sie dies ein- oder zweimal, bevor Sie die Sitzung beenden. Schließen Sie mit einem positiven Erlebnis ab.

Sie werden nach allerkürzester Zeit in der Lage sein, den Raum kurz zu verlassen, während der Hund im „Bleib“ ist. Wenn Sie an diesem Punkt angekommen sind, lassen Sie den Hund im „Bleib“, während Sie Ihre Schlüssel holen und zur Eingangstür gehen. Schließen Sie die Tür hinter sich und warten Sie einige Sekunden draußen. Üben Sie das Hinein- und Hinausgehen, wobei Sie allmählich die Zeit draußen verlängern. Die Betonung liegt auf „allmählich“. Abrupte Sprünge im Schwierigkeitsgrad sind dafür berühmt, dass sie Desensibilisierungsprogramme sprengen.

Hilfsmittel beim Trainieren des Alleinbleibens

Es gibt ein paar Dinge am Rande, die der Sache dienlich sind. Üben Sie, während Sie zu Hause sind, eine Art halber Abwesenheit, indem Sie den Hund über unterschiedlich lange Zeiträume in verschiedene Zimmer sperren, damit er Ihnen nicht wie ein Schatten folgen kann. Verstärken Sie die regelmäßigen, nachdrücklichen Übungen, die Stimulierung des Beuteverhaltens und die Spaziergänge, so dass der Hund jeden Tag immer wieder etwas Neues sieht, hört und Erfahrungen macht, die er verarbeiten muss.
Sie können die Tendenz des Hundes, Bellen als Strategie einzusetzen, sogar insgesamt mindern. Bringen Sie den Hund hinter eine Absperrung wie zum Beispiel ein Kindergitter oder einen Zaun, so dass er Sie sehen, aber nicht zu Ihnen gelangen kann. Zeigen Sie sich sehr aufgeregt, wedeln Sie mit einem interessanten Gegenstand, einer Futterbelohnung oder einem neuen Spielzeug, außerhalb seiner Reichweite hin und her und fordern Sie ihn zu dem Versuch auf, zu Ihnen zu kommen. Bellt der Hund, schmettern Sie das mit einem Signal für „Keine Belohnung“ ab oder maßregeln Sie ihn. Wiederholen Sie diese Prozedur so lange, bis er vorübergehend das Bellen als Strategie eingestellt hat. Dass sich seine Strategie geändert hat, erkennen Sie zuerst daran, dass er etwas anderes tut: Er legt sich hin und schmollt. Macht er das länger als nur ein paar Sekunden, markieren Sie dieses Verhalten mit einem Signal für Belohnung, gehen Sie zu ihm hinein und ködern Sie ihn mit einem Leckerchen. Gehen Sie wieder bis außerhalb seiner Reichweite zurück und wiederholen Sie das Ganze. (Dies ist übrigens die Technik der Wahl, um dem Hund das Bellen auf Befehl beizubringen. Anstatt ihm ein Signal für das Nichtbellen zu geben, wenn er bellt, geben Sie ihm das Signal für eine Belohnung. Geschieht das regelmäßig, so bringen Sie sein Bellen unter Signalkontrolle und sind sofort die Frustration los.)

Hat der Hund verstanden und weigert sich zu bellen, wird es Zeit, den Aufbau zu verändern. Da Hunde nicht sehr gut generalisieren, sind Veränderungen der Umgebung zur Festigung jeglicher Übung notwendig. Versuchen Sie, ihn anzubinden, und üben Sie dann das Gleiche. Probieren Sie es in einem anderen Raum. Probieren Sie es, indem Sie sich selbst in einen Schrank oder hinter eine Tür stellen. Erwischen Sie immer das erste Bellen und geben Sie ein Signal für „Keine Belohnung", belohnen Sie die andere Strategie. Kennt der Hund das Spiel dann recht gut, üben Sie, wenn Sie vor und er hinter der Tür im Haus ist. Das tun Sie aber erst, nachdem Sie mehrere Übungseinheiten lang im Haus vor bzw. hinter einer Zimmertür geübt haben. Vergessen Sie nicht, dass damit nur das Bellverhalten angegangen wird und nicht notwendigerweise die Angst, die dahinter steckt. Führen Sie diese Übungen nur in Verbindung mit der Desensibilisierung für das Alleinbleiben durch.

Dass ein Hund Sie überall im Haus wie ein Schatten verfolgt, ist ganz normal und nicht unbedingt ein Zeichen für unerträgliche Angst. Viele Menschen meinen, nur ihr Hund oder nur ängstliche Hunde würden ihnen überall im Haus nachfolgen, auch ins Badezimmer. Meine Untersuchungen haben allerdings ergeben, dass sich die meisten Hunde so verhalten.

Es gibt in letzter Zeit einen positiven Trend, nämlich den der Haushalte mit zwei Hunden. Seien Sie gewarnt: Zwei Hunde kosten Sie doppelt so viel Futter, Medikamente und Zubehör. Auch gibt es doppelt so viel Haare im Haus und auf Ihrer Kleidung, doppelt so viel Zeit und Geld für Bürsten und Training, ganz zu schweigen von der Möglichkeit, dass zwei Hunde Gras und Galle auf den Teppichboden erbrechen und sich die Zahl der Augen, die Ihnen ins Badezimmer folgen, verdoppelt. Bei zwei Hunden ist die Bindung zueinander häufig stärker als zu irgendjemandem sonst, besonders dann, wenn es sich um Wurfgeschwister handelt. Wollen Sie diese Bindung verringern, werden Sie ganz bewusst mit jedem Einzelnen allein Zeit verbringen müssen.

Was die Lebensqualität der Hunde angeht, so ist die Situation für sie viel besser, sofern beide Hunde auf ihre eigene Spezies sozialisiert sind. Denn sie sind niemals allein. Für einen Großteil ihres hundlichen Verhaltens haben sie einen Spielgenossen. Sie haben die Gelegenheit, ihr Kommunikations- und Interaktionsmuster als Hunde in größerem Umfang zu entwickeln. Ihr tägliches Leben ist viel komplexer: Auch die unausweichlichen Konflikte und Enttäuschungen, die dadurch entstehen, dass man einer von zwei Hunden und eben nicht der einzige Hund ist, helfen in dem nicht enden wollenden Krieg gegen die Unterstimulation.

Ich schlage keineswegs vor, zur Behebung bestehender Verhaltensprobleme einen zweiten Hund anzuschaffen. So einfach ist das Leben nicht. Es kann sein, dass die Auswirkungen gleich null sind. Es verschiebt sich nur das Ungleichgewicht zu Ihren Gunsten und verbessert die Lebensqualität Ihres Hundes. Fragen Sie Menschen mit zwei Hunden! Die meisten werden Ihnen erzählen, dass ihre Hunde die ganze Zeit zusammen sind und heftig „jeden Tag“ miteinander spielen. Ich wundere mich oft, wohin denn all diese Energie bei einzeln gehaltenen Hunden geht.

Sozialisierung, Konfliktlösung, Angst und Aggression

Aggressives Verhalten bei Haushunden ist ein Problem, das schon längst hätte thematisiert werden sollen. Hunde, die beißen, werden unglaublich stigmatisiert, als ob sie charakterliche Defekte hätten und sich qualitativ von Hunden, die niemals gebissen haben, unterschieden. Das tun sie nicht. Es gibt keine zwei Sorten Hunde: nette, die niemals beißen würden, und weniger nette, die es tun. Beißen ist ein natürliches, normales Hundeverhalten. Deshalb ist es so weit verbreitet. Mit Beißen und Drohgebärden (ganz einfach Hinweisen auf eine Beißabsicht) regeln Hunde größere und kleinere Streitigkeiten und verteidigen sich in Situationen, die sie als bedrohlich empfinden und vor denen sie nicht fliehen können oder wollen. Hunde schreiben keine Leserbriefe, sie kennen weder üble Nachrede noch In-den-Rücken-fallen, Schuldgefühle, demokratische Institutionen oder Prozessanwälte, wohl aber Knurren, Zähnefletschen, Schnappen und Beißen.

Aggressives Verhalten lässt in der Hundewelt keine Beziehungen zerbrechen. Es wird alles spielerisch geregelt. Leider verändert die Aggression häufig die Hund-Mensch-Beziehung. Üblicherweise richten wir beißende Hunde hin. Und das genau ist das Missverständnis, das Aufeinanderprallen der unterschiedlichen Kulturen. Die Domestizierung des Hundes hat die Sozialisierung vereinfacht, sie gibt jedoch keine Garantie gegen antisoziales Verhalten. Hundebisse können außerordentlich große Schäden verursachen, schwere Angriffe sogar tödlich ausgehen. Deswegen und wegen des so Normalen dieses Verhaltens muss das Beißverhalten offener und aktiver angesprochen werden.

Was das Beißpotenzial der eigenen Hunde angeht, so stecken Hundebesitzer ihren Kopf besonders gern in den Sand. Niemals sind sie dem mit einem aktiven Anti-Aggressions-Training begegnet. Die meisten würden der Aussage zustimmen: „Mein Hund beißt nur dann, wenn er extrem provoziert wird.“ Besonders schwierig bei der ganzen Sache ist, dass beinahe alle Besitzer von Hunden, die anscheinend „ohne Provokation“ schwere Beißereien anstiften, noch am Tag oder sogar in der Minute vor der ersten Beißerei glaubten, ihr Hund sei sicher. Alle Hunde müssen als potenzielle Beißer angesehen werden.

Hunde ahnen nicht, dass sie in eine Kultur adoptiert worden sind, in der Beißen als Vertrauensbruch und schweres Vergehen gilt. Unglaublich wenig wird aktiv und bewusst zur Verringerung der Wahrscheinlichkeit des Beißens getan. Dies wird dem „guten Charakter“ oder dem Züchten eines „guten Temperaments“ überlassen. Man scheint zu glauben, bei einer ordentlichen Genetik sollte eine aktive Beißprophylaxe nicht mehr notwendig sein. Das ist ein riesiger Trugschluss. Bei einer normalen Hundegenetik sollte ein Hund mit einem auf „beiß oder flieh“ ausgerichteten Programm herauskommen, der sowohl für die Lösung von Konflikten als auch zur Vergrößerung der Distanz zwischen ihm und allem, was ihm Schrecken einjagt, geeignet ist. Wie die meisten anderen Tiere, so sind sich auch Hunde der sozialen Distanz außerordentlich bewusst und manipulieren sie ständig. Dafür stehen ihnen nur zwei Möglichkeiten zur Verfügung: Entweder entfernen sie sich selbst, oder sie bringen den anderen dazu, sich zu entfernen, also Plan A oder Plan B. Den anderen dazu zu bringen, sich fort zu bewegen, das ist die Funktion der Aggression.

Welchen Plan der einzelne Hund zuerst verfolgt (Drohen oder Fortlaufen), wird durch seine genetische Disposition und seine Lernerfahrung bestimmt. Hunde tun das, womit sie in der Vergangenheit Erfolg hatten. Auch werden sie, wenn Plan A nicht funktioniert, ohne Zögern auf Plan B umschalten. In die Ecke gedrängte Hunde schalten auf Drohgebärden um. Verschreckte, knurrende Hunde und auf jemanden zustürzende Hunde werden sich, geht man weiter auf sie zu, herumdrehen und fortlaufen. Wird im Kopf eines Hundes der Alarm „Distanz vergrößern“ ausgelöst, ist dies eine Sache großer Dringlichkeit. Die genetische Disposition macht einfach den einen oder den anderen Plan wahrscheinlicher. Sie beeinflusst zuallererst, wie sehr der Hund verschreckt wird, aber ebenso und gleichermaßen auch alle anderen Dinge, zum Beispiel, wie gut er sozialisiert ist. So sind viele Schutzhundrassen schon genetisch auf eine schwierigere Sozialisierung ausgelegt. Plan A lautet bei ihnen: Drohverhalten. Denkt man darüber nach, so ist dies auch logisch. Was taugt ein Schutzhund, dessen Plan A aus Drohverhalten besteht, der aber niemandem einen Schrecken einjagt? Oder einer, der eher jemanden verschreckt, aber fortläuft, wenn er selbst erschreckt wird? Der Mensch muss sich ernsthaft mit den anscheinend harmlosen Ereignissen und Zusammenhängen auseinander setzen, die bei Haushunden Drohungen hervorrufen.

Beißen als normales Verhalten zu akzeptieren, würde eine fundamentale Verschiebung unserer Sicht auf unsere Haushunde erfordern. Wir könnten ab heute, und das würde sich möglicherweise auszahlen, die Zahl und die Schwere der Hundebisse mindern, indem wir dem Problem ins Auge sehen: Hunde sind Tiere, und Tiere beißen. Zur Risikominimierung müssten routinemäßig und umfassend vorbeugende Maßnahmen getroffen werden. Es gibt Dinge, deren Sicherheit wir als selbstverständlich ansehen: Bücher, Kissen, Hüte, Blumen. Hierfür haben wir kein Sicherheitsprogramm. Es gibt aber auch Dinge, die potenziell Gefahren in sich bergen – sie sind nur dann sicher, wenn man sie mit Wissen und Sorgfalt handhabt oder nutzt: Küchenmesser, Steckdosen, Schwimmbäder, Kettensägen, Streichhölzer, Reinigungsmittel. Hunde stecken wir in die Kategorie „sicher“, obwohl sie in die Kategorie „gefährlich“ gehören. Viele denken, Hunde seien nur dann gefährlich, wenn man sie richtig bedrängt, so wie ein Kissen nur dann gefährlich ist, wenn man damit jemanden erstickt. Solange man bei Hunden nicht aktiv interveniert und sie in eine andere Richtung lenkt, sind sie gefährlich, so wie andere Tiere auch. Hundebisse sind bei Kindern der häufigste Grund für entstellende Verletzungen.

Beißen

Beißt ein Hund, so wird er gebrandmarkt, häufig getötet. Das Ansehen von Hunden im allgemeinen bleibt davon allerdings relativ unberührt, weil dem einzelnen Beißer die Schuld gegeben und er als von der Norm abweichend abgestempelt wird. Aus der Perspektive des Hundes würde eher die Verringerung der sozialen Distanz zwischen ihm und jedem, an den er nicht gewöhnt oder auf den er nicht sozialisiert ist, ein abweichendes Verhalten bedeuten. Warum also kommen Hundebisse nicht täglich vor? Sie kommen täglich vor, das einmal vorab. Die Beißstatistik in westlichen Ländern ist entsprechend. Und dabei handelt es sich nur um die offiziellen Zahlen. Eine viel größere Zahl von Vorfällen geht gar nicht erst in die Statistik ein. Bei vielen Hunden wird zudem die besondere Kombination von einen Biss verursachenden Elementen nie erreicht, aber das ist bloß ein glücklicher Zufall. Zwischen ihrem Temperament und dem Temperament des Beißers nebenan gibt es weder einen Unterschied in der Qualität noch notwendigerweise in der Quantität.

So wie es für die Hunde an sich klar ist, dass das Spielzeugkauen in Ordnung ist, so ist es nicht klar, dass man niemanden bedrohen oder beißen soll, der schreckhaft ist oder zu nahe kommt bzw. versucht, an wichtige Ressourcen zu kommen, die in des anderen Besitz sind. Offensichtlich besteht die mentale Hürde von Menschen darin, zu akzeptieren, dass der Hund entscheidet, was ihm Angst einflößt oder bedrohlich erscheint. Dies rein aus menschlicher Sicht zu betrachten, ist gefährlich. Wir Menschen sollten uns damit auseinandersetzen, sonst bleiben wir an dem ermüdenden Refrain „Ich verstehe das nicht, plötzlich und ohne jegliche Vorwarnung oder Provokation ...“ hängen.

Ein wichtiges Element des Aufeinanderprallens der Kulturen von Hund und Mensch besteht also in der unterschiedlichen Vorstellung dessen, was Drohung bedeutet. Verschiedene Verhaltensweisen, die wir Menschen nicht als provozierend oder sogar als freundlich ansehen, sind nämlich der Grund Nummer eins, der

Haushunde zum Beißen herausfordert: sich einem Hund mit der ausgestreckten Hand nähern oder nach ihm greifen. Wir stecken tief in dem Glauben fest, die hinter dieser Geste stehende freundliche Absicht werde von allen Hunden gelesen und verstanden. In diesem Glauben werden wir von Hunden bestärkt, die das Betatschen und Anfassen tolerieren. Sicherlich freuen sich einige Hunde richtig, wenn sie von Menschen betatscht werden, und fordern sie geradewegs dazu auf. Dagegen halten es viele andere Hunde kaum aus oder zeigen richtiggehend Widerwillen. Für einen auf Männer nicht sozialisierten Hund ist bereits die Anwesenheit eines Mannes eine reine Provokation. Bissen, und das ist wichtig, liegt selten etwas zu Grunde, was schief gelaufen ist, eine Misshandlung oder ein Trauma zum Beispiel, sondern meistens ein Versäumnis: Es wurde nicht genug getan, um den Hund auf das Leben in der Umgebung der Menschen vorzubereiten. Zum Abbau von Angstreaktionen muss die Desensibilisierung des Hundes gegenüber dem Menschen, dem Sich-nähern und Anfassen, also aktiv betrieben werden. Hunde, die Menschen beißen oder Angst vor ihnen haben, verhalten sich gewöhnlich völlig normal. Um die für die meisten Besitzer nicht erkennbaren Gründe zu verstehen, warum Hunde beißen, ist zuerst die Bedeutung der Sozialisierung zu ergründen.

Sozialisierung: Was ist das eigentlich?

Sozialisierung bezeichnet die Gewöhnung an Elemente der Umwelt, indem man diesen ausgesetzt wird. Die Distanz zwischen sich selbst und irgendetwas Ungewöhnlichem zu vergrößern und sich dann mit äußerster Vorsicht wieder anzunähern, bedeutet vor einem natürlichen Hintergrund höchste Anpassung, weil nämlich ungewöhnliche Dinge potenziell sehr schlecht sind. (Für das Überleben sind sie sicherlich nicht notwendig, weil man bis jetzt ohne sie ausgekommen ist.) Tiere achten sehr auf soziale Distanz. Wir auch, wenn wir darüber nachdenken. Wir ertragen es, wenn in einem überfüllten Aufzug jemand direkt neben uns steht, würden aber in Angst und Schrecken versetzt, stünde dieselbe Person in einem ansonsten leeren Aufzug genauso nah neben uns. In einem Lebensmittelladen kann jemand auf uns zugehen und sich direkt hinter uns in die Schlange stellen, tut er aber dasselbe, wenn wir unser Auto auf der Straße waschen, sieht die Sache ganz anders aus. Auch kann uns, wie den Tieren, eine Berührung unheimlich sein.

Bei den Tieren wirkt die Neugier der Angst entgegen, doch ist sie gewöhnlich weniger stark ausgeprägt. Eine übermäßige Neugier könnte letztlich zu einer Gefährdung und damit zu einem Fortpflanzungsnachteil führen, auch wenn sie zur Erkundung von Neuem in gewissem Maße vielleicht vorteilhaft wäre (insbesondere bei Raubtieren). Diese Neugier lässt sich in den Genen eben nicht weitergeben, wenn man tot oder verletzt ist. Was würden Sie zum Beispiel von einem im Wald frei lebenden und von Ihnen in die Enge getriebenen Tier halten, das nicht vor Ihnen flieht und kein aggressives Verhalten zeigt? Halten Sie es für ein „nettes" Tier oder denken Sie nicht eher, es sei krank? Das Vermeiden von Neuem ist sozusagen die Standardausstattung der Tiere und ziemlich selbstverständlich. Und hämmern Sie sich das in Ihr Gehirn: Hunde sind Tiere.

Da es nicht sinnvoll ist, sich fortwährend vor Felsbrocken, Bäumen und Vogelgesang zu fürchten, sind die Tiere mit einem Mechanismus ausgestattet, der sicherstellt, dass sie sich an normale Dinge in ihrer Umgebung gewöhnen. Dies ist die Sozialisierungsphase, eine begrenzte Zeit, in der junge Tiere viel weniger ängstlich sind und sich neuen Dingen viel eher nähern und diese untersuchen. Auch erwachsene Tiere gewöhnen sich an neue Dinge. Es dauert nur einfach länger. Das Fenster der Sozialisierung kann jedoch nicht für immer offen bleiben. Sonst würden alle Tiere im Wald auf uns zutraben. Durch natürliche Selektion hat sich jede Tiergattung eine durchschnittliche Zeit zur Assimilierung und Akzeptanz der Dinge in ihrer Umgebung angeeignet. Nach dieser Zeit müssen die Tiere durch die Mechanismen Flucht oder Aggression die Distanz zu allem, worauf sie nicht sozialisiert wurden, vergrößern. Auch gibt es eine Klausel: „Verwende es oder verliere es!“: Tiere bekommen immer mehr Angst vor Dingen, die sie in der kritischen Phase vielleicht kennen gelernt haben, danach aber zu selten wieder sehen.

Der Druck, das wird hier klar, geht immer in Richtung der verstärkten Angst und Meidung, niemals in die andere. Damit sich Tiere tolerant verhalten, muss auf sie ständig künstlicher Druck ausgeübt werden. Dieser ist in der Sozialisierungsphase zu etablieren und anschließend mit Sorgfalt aufrechtzuerhalten. Sobald in diesem System eine Schwachstelle auftritt, tendiert das Tier eher wieder zu Flucht/Kampf hin. Der Definition nach ist die Sozialisierungsphase – sei sie nun einen Tag oder mehrere Monate lang – das, was für die spezielle Gattung in der Umgebung, in der sie sich entwickelt hat, gut funktioniert. Bei Haushunden schließt sich das Fenster der Sozialisierung je nach Rasse und individueller Ausstattung im Alter von drei bis fünf Monaten, wobei sich in den meisten Fällen die leichte Gewöhnung an Neues im Alter von ungefähr viereinhalb Monaten erschöpft hat.

Dies bedeutet also: Wird ein Welpe nicht ausreichend Männern mit Bärten ausgesetzt, bevor die Sozialisierungsuhr abgelaufen ist, erhöht sich die Gefahr von Angstreaktionen und Aggressionen des erwachsenen Hundes gegenüber Bartträgern. Dies ist insbesondere deswegen knifflig, weil Hunde außerordentlich gut unterscheiden können und eine angemessene Sozialisierung auf Frauen und sechs Jahre alte Kinder die Generalisierung auf Männer oder zwei Jahre alte Kinder nicht unbedingt garantiert. Bevor sich das Fenster also schließt, empfiehlt es sich – insbesondere bei sensiblen, reaktiven Rassen und Individuen –, über die normale Sozialisierung hinauszugehen. Dies bedeutet, den Welpen mit einem möglichst breiten sozialen Spektrum bekannt zu machen, also mit Menschen unterschiedlicher Altersgruppen, Geschlechts, Größe, Figur, Hautfarbe und Gangart. Die Erfahrungen sollten positiv sein (Spiel, Leckerchen, nichts Beunruhigendes) und ganz unterschiedliche Berührungen und Bewegungen durch Menschen beinhalten. Außerdem gilt es, den Welpen mit allem bekannt zu machen, was ihm in seinem späteren Leben womöglich begegnen wird, zum Beispiel Autofahrten, Untersuchungen durch den Tierarzt, Katzen, Straßenverkehr, Fußballspiele, Aufzüge und spitze Stöcke.

Eine intensive Sozialisierung

Eine intensive Sozialisierung bietet zwei Vorteile. Einer ist ganz offensichtlich: Je mehr der Welpe sozialisiert wird, desto weniger Dinge werden dabei ausgelassen. Der zweite Vorteil ist von breiterer Wirkung: Je öfter sich der Welpe neuartigen Situationen gegenübersieht, in denen er sich anfangs zögerlich oder ängstlich und verschreckt verhält, dann darüber wegkommt und sich daran gewöhnt (wie es Welpen so gut gelingt), desto stärker entwickelt sich die eigentliche Stabilität. Das Vertrauen des Welpen wächst insgesamt. Je mehr Erfahrungen der Hund in seiner Welpenzeit macht, auf die er später zurückgreifen kann, desto unverwüstlicher wird sein Charakter. Der sanfte Stress durch regelmäßig auftretendes Neues im frühen Lebensalter ist wie eine Impfung. So können auch einzelne, während der Sozialisierung ausgelassene Elemente von einem erwachsenen Hund besser toleriert werden, vorausgesetzt, er wurde als Welpe wirklich sorgfältig sozialisiert und hat sich ein dickes Fell zugelegt. Der passive Ansatz („Nimm den Welpen in ein paar Einkaufszentren mit, dann wird es sich schon geben") ist für einzelne Tiere nicht angebracht. Vielmehr sollte auf ein systematisches, kontinuierliches und nicht „überfallartiges" Programm abgezielt werden. Damit erhalten wir letztlich nicht nur einen Hund, bei dem weniger die Gefahr von Angstverhalten und Beißen besteht, er wird als erwachsenes Tier auch in viel geringerem Ausmaß chronischem Stress ausgesetzt sein.

Der Welpe mit den vielen aktiv-positiven Erfahrungen wird sich als erwachsener Hund einer Herausforderung gegenüber wahrscheinlich weniger schreckhaft zeigen als der Hund mit lediglich neutralen Erfahrungen. Warum verbessern Sie also nicht Ihre Chancen auf einen Hund mit einem entspannten, selbstsicheren, soliden Temperament, indem Sie aktiv die Zahl der stark positiven Erfahrungen erhöhen? Das ist so, als wenn man Geld auf die Bank trüge.

(Macht der Welpe beim ersten Versuch, ihn einer Situation auszusetzen, eine negative Erfahrung, kann sich daraus eine richtige Phobie entwickeln, auch dies ist zu bedenken.) Warum sollte man sich mit einem Hund begnügen, der schreiende Kleinkinder oder Teenager auf Inline-Skates mehr oder weniger gewöhnt ist, wenn man einen haben kann, der sie aktiv mag?
Allein schon mit der Handfütterung ist ein solches Polster bei der Sozialisierung auf verschiedene Kategorien von Menschen zu erreichen. Anstatt den jungen Welpen einfach so mit kleinen Kindern zusammen zu lassen, sollte er von ihnen mit schmackhaften Leckerchen gefüttert werden. Jedes Leckerchen erhöht auf der „Bank" den Kontostand für Kinder. Spielen Menschen mit einem Welpen, der an sie gewöhnt werden soll, sein Lieblingsspiel, ist das bei ganz auf Spielzeug und Bälle versessenen Hunden eine weitere geeignete Methode.

Die Hitliste für eine Sozialisierung

Kategorie	Neutral	Positiv
Frauen	trifft sie im Flur	wird aus der Hand gefüttert
Männer	kommen ins Haus	wird aus der Hand gefüttert
Teenager	sieht sie auf der Strasse	wird aus der Hand gefüttert
Kinder	wird von ihnen im Park gestreichelt	wird aus der Hand gefüttert
Kleinkinder	kommen ins Haus	wird aus der Hand gefüttert (unter Aufsicht)
Babys	sieht sie auf der Straße	wird belohnt, wenn er an ihnen schnüffelt
Hüte	sieht sie auf Fußgängern	wird aus der Hand gefüttert
seltsamer Gang	sieht Betrunkene im Park	wird von Clowns aus der Hand gefüttert
Menschen aller Rassen	sieht sie gelegentlich	wird aus der Hand gefüttert
Menschenmengen	geht mit auf Veranstaltungen	erhält von den Leuten Leckerchen
Uniformen	trifft den Postboten	wird aus der Hand gefüttert

Kategorie	Neutral	Positiv
Fahrräder	sieht sie auf der Straße	Leckerchen vom Besitzer
Verkehr	läuft in der Nähe entlang	läuft in der Nähe entlang zu einem lustigen Ort
Autofahrten	um den Wohnblock herum	zu einem lustigen Ort
Katzen/Vieh	sieht und beschnüffelt sie	Leckerchen vom Besitzer
andere Hunde	trifft auf sie und begrüßt sie	spielt unangeleint mit ihnen

Diese Liste ist nicht allumfassend. Mit der Sozialisierung kann man es nie übertreiben. Sie zahlt sich enorm aus. Häufig denke ich, Hundebesitzer, die die Sozialisierung am liebsten dem Zufall überlassen, sollten mal Familien mit einem Beißer oder einen Hund mit erstklassigen Phobien vor harmlosen Dingen in ihrer Umgebung kennenlernen, wobei die Welpen noch in Ordnung schienen. Zwar reagierten sie gut auf das, worauf sie sozialisiert wurden, doch reichte dies entweder in der Menge oder in der Bandbreite nicht aus. Die gemachten Erfahrungen waren neutral, selten positiv. Menschen haben die Hunde wohl gesehen, aber nicht aus der Nähe. Sie begegneten Frauen, aber kaum Männern. Sie sahen viele Menschen, wurden von ihnen aber nie angefasst. Irgendetwas fehlte. Die Sozialisierung bei einem erwachsenen Hund auszubügeln, ist ein langwieriges, arbeitsaufwendiges Unterfangen, falls es überhaupt gelingt. Wegen des offenen Fensters in der Sozialisierungsphase ist es unendlich viel einfacher, mit Welpen daran zu arbeiten. Haben Sie einen Welpen, dann beißen Sie in den sauren Apfel und sozialisieren ihn jetzt! Die aufgewandte Mühe zahlt sich tausendfach aus, besonders bei Hunden mit einem höheren genetischen Risiko. Bei einem Hund wie einem Kuvasz, einem von sich aus schreckhafteren Tier, ist es richtiggehend kriminell, sich nicht massiv anzustrengen. Ausreden wie „bei Fremden zurückhaltend“ oder „braucht eine Weile, um sich mit Menschen anzufreunden“, „toll in der Familie“ oder „beschützt“ bedeuten nur eines: Der Hund ist nicht ausreichend sozialisiert. Punkt, aus.

Es gibt keine Entschuldigung dafür, dass Hunde gefühlsmäßig verkrüppelt heranwachsen und Gefahr laufen exekutiert zu werden, nachdem sie jemanden gebissen haben, nur weil Sie von ihren schwachsinnigen Besitzern nicht sozialisiert wurden. Seit Jahren stehen die Informationen zur Verfügung. Hundebesitzer kleben immer noch an dem Mythos, allein die Gene seien für das Temperament verantwortlich und Beißen sei ein stark abnormes Verhalten. Trotz aller Informationen darüber, wie man Hundebisse vermeiden kann, sind sie weiterhin an der Tagesordnung. Das ist eine Schande. Vielleicht gibt es irgendwann ein Feedback: Die vernichtenden Ergebnisse unzureichender Sozialisierung eines Hundes treten zu spät auf, als dass sie das Verhalten der Besitzer ändern könnten. Eine intensive Sozialisierung ist die einzig gescheite Investition, die Sie einem Hund angedeihen lassen können.

Eine Fallgeschichte zur Sozialisierung

Die Familie Campbell besteht aus Mutter, Vater und drei Kindern im Alter von 17, 15 und elf Jahren. Ihren zehn Jahre alten kranken Schäferhund mussten sie vor kurzem einschläfern lassen. Mit diesem hatte immer ein weiterer, siebenjähriger Schäferhund gelebt, und so kauften die Campbells wenige Monate nach dem Tod ihres alten Hundes einen neuen Schäferhundwelpen. Der Welpe Bruce war lebhaft und von Natur aus sehr unterwürfig, er kam mit dem anderen Hund gut zurecht und fügte sich leicht in die Familie ein. Diesen Welpen großzuziehen war viel einfacher als bei den anderen, weil es der Familie finanziell nun besser ging; sie besaß etwas außerhalb ein Haus mit einem umzäunten Garten, in dem die Hunde spielen konnten, die Kinder waren inzwischen älter und in der Lage, mehr Verantwortung zu übernehmen, was das Füttern, Training und Aufräumen anging. Als Bruce im Alter von acht Monaten ein sechsjähriges Mädchen biss, das zu Besuch kam und ihn streicheln wollte, war die Familie geschockt.

Diese Geschichte ist so alltäglich, dass ich schreien könnte. Die Besitzer haben Erfahrung mit Schäferhunden. Ihre ersten beiden Hunde haben niemals gebissen, nie jemanden bedroht. Einer war Fremden gegenüber zurückhaltend, zog sich aber einfach zurück, wenn sich jemand näherte, und hatte niemals in seinem Leben das

Gefühl, er sei nun so in die Enge gedrängt, dass er auf Plan B umschalten müsse: das Beißen. Die Campbells hatten den neuen Welpen vom selben Züchter gekauft und konnten sich nicht erklären, warum Bruce gebissen hatte, hatten sie ihn doch auf dieselbe Art und Weise großgezogen.

Was sie nicht erkannten, war die Tatsache, dass sie bei den ersten beiden Hunden aus mehreren Gründen keine aktive Sozialisierung betrieben hatten. Die Hunde wurden damals in einem Haushalt mit kleinen Kindern aufgezogen, wodurch wenigstens die Grundlagen gelegt worden waren. Die Familie lebte damals in einer Wohnung, sodass die Hunde regelmäßig ausgeführt werden und sich dabei mit dem Anblick und den Tönen einer geschäftigen Stadt auseinandersetzen mussten. Und der Schäferhund, der Fremde mied, war einfach eine Zeitbombe, die nie hochging.

Bruce widerfuhr dieselbe passive Sozialisierung, allerdings mit einigen Unterschieden. Zu seiner Welpenzeit waren die Kinder der Familie älter, sodass ihm die Kleinkinder, die er gelegentlich sah, wie Außerirdische vom Planeten Mars erschienen. Im Hof konnte er herumtollen und sich lösen, und weil das praktischer war, als ihn an der Leine spazieren zu führen, wurde er um die regelmäßigen Spaziergänge gebracht. Keine Spaziergänge bedeutete: kein Kontakt zu anderen Menschen.

Seine Reaktion auf das erschreckt werden war eher eine Drohung als eine Flucht, wie bei ihrem früheren Schäferhund, auch wenn die Motive bei beiden gleich waren: die Distanz zwischen ihm und dem Kind, das ihn zu berühren versuchte, zu vergrößern.

Die Campbells haben, und es ist wichtig, das zu verstehen, nicht bei den ersten beiden Hunden gute Arbeit geleistet und beim dritten Hund versagt. Vielmehr haben sie keinen ihrer Hunde aktiv sozialisiert, sind aber mit den ersten beiden zurechtgekommen. Ihr furchtsamer Schäferhund wäre wahrscheinlich auch zu Drohgebärden übergegangen (Plan B), wenn Flucht bei Fremden nicht mehr möglich gewesen wäre. Es ist halt niemals passiert. Die Besitzer haben nie begriffen, was sie falsch gemacht hatten, bis unvermeidlich eine ihrer Zeitbomben explodierte.

Viele Leute ziehen Zeitbomben groß, die auf Grund einer Kombination aus passiver Sozialisierung, geringer Provokation und der individuellen Reaktion (Plan A = Flucht) ihr ganzes Leben nicht explodieren oder beißen. Generationen von Hundebesitzern spielen weiterhin unwissentlich dieses Glücksspiel. Eine intensive Sozialisierung verbessert ihre Chancen gewaltig, auch wenn sie keine Garantie gegen das Beißen bietet.

Die Sozialisierung kann also von neutralen in positive Erfahrungen und von passiven in aktive aufgewertet werden. Möglichst vielerlei Menschen und Sachen aktiv herauszusuchen ist viel besser, als zu hoffen, es werde schon durch irgendwelche Erfahrungen, die im täglichen Leben des Welpen zufällig auftreten, genügend abgedeckt. Dies ist besonders für Welpen mit höherem Risiko wichtig, nämlich: Welpen bestimmter Rassen (insbesondere der Hütehundrassen); Welpen, die bereits als zurückhaltend, furchtsam, reaktiv oder sensibel wahrgenommen wurden; Welpen aus Würfen, die nicht bei Menschen geboren oder aufgezogen wurden (das heißt in Zwingern, Scheunen etc. geborene Welpen); Welpen, deren Besitzer in ländlichen Gebieten oder ruhigen Vororten leben; Welpen, deren Besitzer einen Hinterhof haben; Welpen, die in einem Haushalt aufgezogen wurden, in dem mehrere Hunde leben (einschließlich Ausstellern von Hunden) sowie Welpen großer oder furchterregend aussehender Rassen, die von Fremden gemieden werden.

Welpenschulen

Eine wunderbare Neuerung sind gute Welpenschulen. Zwar wurde auch früher schon Welpenunterricht angeboten, doch unterschied sich dieser kaum von der traditionellen Unterordnung mit Ruck und Lob und schadete häufig mehr als er nutzte, besonders bei Welpen. Dies war vielleicht der Grund, warum Tierärzte und andere Menschen, die viel mit Tieren zu tun hatten, mahnten, man solle mit dem offiziellen Training warten, bis ein Hund mindestens sechs Monate alt ist. Welpen könnten dem „Training“ nicht standhalten. Wegbereitende Welpentrainer wie Dr. Ian Dunbar stellten das alles mit sanften, verblüffend wirksamen, welpenfreundlichen Methoden auf den Kopf, die Gehorsam lehren und gleichzeitig das Temperament sowie den Grad an Sozialisierung verbessern. Mit der richtigen Methode können junge Welpen fast alles lernen. Es ist eine tragisch vergebene Chance, wenn erst beim heranwachsenden Hund mit der Ausbildung begonnen wird. Welpenprägestunden gehört die Zukunft.

Dass sofort gleichaltrige Spielkameraden für den sich entwickelnden Welpen zur Verfügung stehen, ist ein weiterer Vorteil solcher Stunden. Sobald der Welpe in die Schule kommt, ist das Problem der Sozialisierung von Hund zu Hund praktisch hinfällig. Dabei gehen wir davon aus, dass es sich um richtige Welpenprägestunden handelt, die auf geimpfte Welpen im Alter von bis zu 18 Wochen beschränkt sind, und nicht um als „Welpen"-Stunden verkleidete Unterordnung. In einer guten Welpenstunde sollte positive Bestärkung als Motivation eingesetzt werden, und nicht die eine oder andere Art „Trainingshalsband". Auch sollten die Welpen regelmäßig miteinander spielen können. Neben dem Erlernen des Sozialrepertoires der Hunde untereinander bildet das Spiel ein Forum für den Erwerb der Beißhemmung.

Beißhemmung

Hunde sind Tiere, die töten, Kadaver auseinanderreißen und mit ihren Kiefern Knochen zermalmen können. Dabei sind sie hochsoziale Wesen. Wenn sie also mit solchen Waffen mit anderen zusammenleben, so brauchen sie irgendetwas, was verhindert, dass sie sich bei Auseinandersetzungen ernsthaft verletzen. Hier kommt die Ritualisierung zum Zuge. Die Beißhemmung ist bei einer ritualisierten Aggression ein ganz wichtiger Bestandteil. Hunde sind nicht mit einem weichen Fang geboren, aber in der Lage, die Fähigkeit des weichen Beißens zu entwickeln, soweit die Bedingungen hierfür stimmen. Und die Bedingungen stimmen bei reichlich Rückmeldung über die Beißstärke.

Damit Welpen ausreichend Rückmeldung über die Stärke ihres Bisses bekommen, sind sie von der Natur mit nadelspitzen Zähnchen ausgestattet worden. Bei ihrer sozialen Interaktion können und sollen normale Welpen immer wieder spielerisch beißen.
Spielen ist ein außerordentlich interessantes Verhalten. Es beinhaltet Wiederholung, Bindung, Gelegenheiten zur Rückmeldung und reinen Spaß. Hundebesitzer äußern sich besorgt über die Tatsache, dass Welpen recht früh in ihrem Leben aus ihrem Wurf herausgelöst und häufig in ein relatives soziales Vakuum verpflanzt werden. Darf der Welpe seinen Besitzer nicht spielerisch beißen, verschlimmert sich die Sache noch. Wird dem Welpen das Beißen zu früh untersagt, bedeutet dies, dass er nicht laufend Rückmeldungen über die Stärke seines Kiefers erhält. Er wächst mit einem harten Fang auf. Welch fahrlässiger Verzicht auf diese wichtige Barriere gegen Hundebisse!
Damit der Welpe Informationen über seine Stärke bekommt, wird der kluge Besitzer ihn bis zu einem gewissen Maße beißen lassen. Er wird Welpen, die nicht spielbeißen, sogar aktiv dazu ermutigen, damit sie einen weichen Fang entwickeln können. Lassen Sie den Welpen anfangs etwas härter beißen. Lassen Sie ihn Ihre Hand laut „zermahlen“ und kontrollieren Sie den Druck. Welpenzähne sind zwar spitz, die Kiefer aber unterentwickelt, also werden Sie es schon aushalten können. Sobald der Welpe zu fest zubeißt, schreien Sie laut „Autsch!“, so als ob Sie viel stärker verletzt wären, als Sie es in Wirklichkeit sind. Schauen Sie den Welpen an, als ob er ein kleiner Mörder wäre, und verlassen Sie für ein oder zwei Minuten den Raum. Diese Auszeit ist eine klare Folge der Spielverweigerung, das „Autsch!“ der konditionierte Reiz. Viele Welpen wissen von Natur aus, was der Schrei bedeutet, daher funktioniert das System noch besser. Kehren Sie nach ein bis zwei Minuten zurück und fangen Sie wieder an zu spielen. Vielleicht ist der Welpe zeitweise etwas umsichtiger, vielleicht aber auch nicht. Stellen Sie sich darauf ein, dass Sie diese Prozedur immer wieder durchführen müssen, damit sich ein Trend herausbildet. Wenn er zu fest beißt, das lernt der Welpe, spielt er nur noch mit sich selbst.

Wegen der Generalisierung sollten mehrere Personen nach denselben Regeln mit dem Hund umgehen. Davon ausgenommen sind kleine Kinder. Kleine Kinder und Welpen sind eine außerordentlich gefährliche Kombination. Kinder machen um einen Hund herum alles falsch: Sie schreien, geraten in helle Aufregung, bewegen sich viel, fallen hin und reagieren auf eine für den Welpen lustige Art und Weise, wenn sie von ihm gebissen werden. In ihrem Verhalten ähneln sie verwundeten Tieren und erwecken im Hund das Verhaltensrepertoire eines Raubtiers. Kinder sind nicht gut geeignet, leicht erregbaren Welpen zu lehren, was ein weicher Fang ist. Überhaupt sollten sich kleine Kinder nur unter wachsamer Aufsicht eines Erwachsenen bei Welpen und gut sozialisierten erwachsenen Hunden aufhalten. Was immer Kinder tun, ihr Handeln sollte sorgfältig beobachtet werden. Kommt ein Welpe auf Touren, müssen sich die Kinder entfernen, sodass der Erwachsene mit dem Welpen die entsprechenden Übungen machen oder seine Energie umlenken kann. Kleinen Kindern sollte niemals, wirklich niemals erlaubt werden, sich fremden Hunden zu nähern. Kinder und Hunde als wunderbare Spielgefährten – ein schwülstiger und hochgefährlicher Mythos.

Zeigt der Welpe über einige Zeit eine etwas bessere Selbstkontrolle, können Sie anfangen, auf noch moderatere Bisse hinzuarbeiten. Da der Welpe Ihnen nicht folgen kann, wenn Sie ein Anfangskriterium zu hoch ansetzen, sollte das Training stufenweise aufgebaut werden. Der Welpe muss in der Lage sein, die Aufgabe zu erfüllen, die Sie ihm stellen. Kleine beißwütige Welpen können lernen, sich mit festen Bissen zurückzuhalten, und sie tun dies auch. Sie sind aber einfach nicht in der Lage, sich schon ganz früh bei allem oder fast allem zurückzuhalten (es sei denn, Sie bringen sie mit harten Strafen dazu.) Also bringen Sie dem Welpen Selbstkontrolle in verdaulichen Brocken bei. Knabbert er schließlich nur noch mit sehr wenig Druck an Ihnen, dann können Sie ihn einen Befehl für „Nicht berühren" lehren und ihn auf geeignete Objekte umlenken, in die er hineinbeißen kann, wie zum Beispiel seine Spielzeuge. Jetzt weiß er, dass er Menschen überhaupt nicht beißen darf, und

Sie haben diesen so ungemein wichtigen Nebeneffekt einer erworbenen Beißhemmung erzielt.
Auch bei erwachsenen Hunden muss die Beißhemmung laufend überprüft und aufgefrischt werden. Dies wird am besten dadurch erreicht, dass man den Hund aus der Hand füttert, was ja ohnehin häufig geschieht, wenn Sie beim Training über Futter belohnen. Anstatt die Futterstückchen aus Ihrer flachen Hand fressen zu lassen, halten Sie sie einfach zwischen den Fingern. Spüren Sie die Schneidezähne, rufen Sie laut „Autsch!“ und halten die Belohnung zurück. Wie ausgezeichnet das Verhalten, das Sie belohnen möchten, auch ist – geben Sie die Belohnung nur dann frei, wenn der Hund seinen Kiefer wirklich vorsichtig einsetzt und Sie an Ihren Fingern keinerlei Druck verspüren. Hunde brauchen diese konstanten Erinnerungen, damit sie nicht einrosten.
Putzen Sie Ihrem Hund regelmäßig die Zähne, ist dies eine andere Möglichkeit, ihn daran zu erinnern, dass er weich und sanft mit dem Fang umgeht. Ohnehin ist regelmäßige Zahnpflege eine gute Sache, verschafft dem Hund einen frischen Atem und belagfreie Zähne, und heutzutage sind tolle wohlschmeckende Zahnpasten für Hunde auf dem Markt.
Zerr- und Fangspiele tragen ebenfalls dazu bei, die Beißhemmung zu verfeinern. Greift der Hund falsch zu und beißt oder kneift er Sie anstelle des Spielzeugs, dann schreien Sie jedes Mal vor Schmerzen laut auf und beenden das Spiel.

Ängstliche Welpen

Am liebsten hätten wir einen Welpen, der schwanzwedelnd und selbstsicher auf alle Menschen zugeht und freudig erregt spielbeißt. Das ist ein Welpe, der die Distanz aktiv zu verringern sucht, statt zu fliehen oder zu beißen, um die soziale Distanz zu vergrößern. Was das Temperament angeht, so stehen nicht Angst und Aggression an den beiden entgegengesetzten Enden des Spektrums, mit dem Normalmaß in der Mitte. Vielmehr haben wir am einen Ende ein entspanntes, selbstsicheres und stark sozialisiertes Verhalten und am

anderen die Münze mit den beiden Seiten Angst und Aggression. Angst und Aggression sind sozusagen zwei Ausdrucksformen für einen Mangel an Vertrauen, weil es sich nur um zweierlei Strategien mit demselben Ziel handelt: nämlich den Angst einflößenden Reiz so weit wie möglich von sich fern zu halten.
Hunde schalten bereitwillig auf eine andere Strategie um, wenn sie mit ihrer normalen nicht weiterkommen. Das Gegenteil eines ängstlichen Hundes ist ein entspannter, selbstsicherer Hund. Und das Gegenteil eines aggressiven Hundes ist, Sie haben es erraten, ein entspannter und selbstsicherer Hund. Das ist der Grund, warum mangelndes Vertrauen eines Welpen höchst kritisch ist. Der Wettlauf beginnt, sobald wir merken, dass ein Welpe nicht aus sich herausgeht. Was können wir etablieren, bevor die Phase der Sozialisierung zu Ende ist?
Wenn schon Welpen, die gegenüber Fremden keine ängstliche Zurückhaltung zeigen, von der Sozialisierung profitieren, wie viel dringender ist ein Einschreiten bei denen, die sich in der Gegenwart von Fremden unwohl fühlen. Gegenstand unserer massiven Bemühungen sollte das sein, wovor der Welpe anscheinend Angst hat oder was er anknurrt, damit er sich diesem gegenüber sehr wohl und sicher fühlt. Ziel ist ein Welpe, der von sich aus näher kommt und Kontakt sucht. Das Sozialisieren furchtsamer, unsicherer oder misstrauischer Welpen ist einfacher, als man denkt, wenn man nur langsam genug vorgeht. Haben wir es mit einem furchtsamen oder ungeselligen Welpen zu tun, so muss, und das ist wichtig, das Tempo von ihm vorgegeben werden. Der Mensch muss für sich das Hilfsmittel oder den entspannten eigenen Zustand herausfinden, der ihn davon abhält, den Welpen zwangsweise sozialisieren zu wollen, wozu er leicht neigt.
Wenn wir mit einem furchtsamen Welpen (oder unzureichend sozialisierten erwachsenen Hund oder Beißer) arbeiten, dann sollte unbedingt der Welpe entscheiden, ob er sich nähert und wie schnell. Will er einige Minuten oder auch eine halbe Stunde auf Distanz bleiben, muss das respektiert werden. Wenn er dazu gedrängt oder gar gezwungen wird, mit Menschen oder Dingen

Kontakt aufzunehmen, die ihm Angst einflößen („Sei doch nicht albern, kuschle dich in Onkel Roberts Schoß") , verschlimmert sich die bestehende Angst nur noch. Der Welpe hat jemanden für ein bisschen gefährlich gehalten. Der erzwungene Kontakt ruft eine starke Angstreaktion hervor, die der Welpe mit der Person oder Sache verknüpft, die Sie ihm als freundlich darzustellen versuchen. Damit bestätigen Sie sein Misstrauen nur noch. Kein guter Schachzug. Viel besser verbleibt die unheimliche Person oder Sache ruhig an ihrem Ort, und der Welpe nähert sich in seinem eigenen Tempo. Stellen Sie sich doch einmal vor, Sie wären an einen Stuhl gebunden und es käme jemand mit einem Schweißgerät auf Sie zu. Wenn man dann sagte: „Da, da, es ist in Ordnung, es ist wirklich in Oooordnung" – wäre es wirklich in Ordnung? Für Sie wäre es nur in Ordnung, wenn Sie sich frei bewegen könnten und freien Zugriff auf das Schweißgerät hätten. Legte dann jemand Geld neben das Gerät, könnten Sie sich vielleicht mit großer Vorsicht heranschleichen und es wegnehmen und sich in Gegenwart des Angst einflößenden Reizes etwas wohler fühlen. Vielleicht würden Sie sich am Ende auch noch trauen, etwas zu schweißen.
Bei der Desensibilisierung furchtsamer Welpen ist es nicht anders. Die Entscheidung des Welpen muss respektiert werden. Wann immer er von sich aus das Risiko eingeht, sich einer ihm unheimlichen Sache zu nähern und es überlebt oder, noch besser, eine positive Erfahrung dabei macht, bekommt seine Selbstsicherheit starken Auftrieb. Dabei ist die Verwendung schmackhafter Köder enorm hilfreich. So könnte eine fremde Person Zeitung lesen ohne sich zu bewegen, und um sie herum sind überall Fleischwurstscheibchen verteilt. Wenn sich der Welpe irgendwann sicher genug fühlt, sich zu nähern, wird das mit einer Scheibe Fleischwurst belohnt. Die Wahrscheinlichkeit zukünftiger Annäherungen wird allmählich größer. Schließlich gibt es keine Vorbehalte mehr. Sich bewegende Menschen, sich nähernde Menschen, Menschen, die streicheln können in möglichst vielen Variationen allmählich hinzugenommen werden, immer unter Respektierung der Entscheidung des Welpen.

Dieser Ansatz wird als „passives Training“ bezeichnet, weil Ihre Gegenwart oder Ihr Einschreiten nicht mehr erforderlich ist, sobald Sie die unheimliche Person oder Sache sozusagen installiert und den Köder ausgelegt haben. Gehen Sie Ihren Dingen nach, während der Welpe sich selbst trainiert. Dabei geht der Prozess langsam vonstatten. Geben Sie nicht auf oder schwenken auf etwas Kontraproduktives um (indem Sie den Welpen zum Beispiel unter Druck setzen), wenn Sie mit scheuen Wesen arbeiten.

Welpentests

Welpentests sind bei Hundemenschen ein extrem populäres Thema. Zahlreiche offizielle Tests geben vor, objektiv feste Eigenschaften wie Dominanz, Beutetrieb, Ängstlichkeit und Umgänglichkeit messen zu können. Leider haben sich hinsichtlich der Zuverlässigkeit solcher Tests einige schwer wiegende Zweifel ergeben. So besteht ein Haar in der Suppe darin, dass sich die vermutete Unveränderlichkeit des „Temperaments“ als fraglich, wenn nicht gar als falsch erwiesen hat. Das Temperament von Hunden lässt sich überraschenderweise plastisch bilden, bis hin zu scheinbar so grundlegenden Eigenschaften wie Dominanz oder, noch wichtiger, Aufgeschlossenheit eines Welpen, bis zum Schließen des Fensters der Sozialisierung. Es gibt keine Daten aus den Welpentests, die mit dem messbaren Verhalten erwachsener Hunde zwingend korrelieren. Außerdem unterscheiden sich die Ergebnisse solcher Tests bei jedem Welpen von einem Tag zum anderen und von einem Prüfer zum nächsten. Kontaktlatenztests („Wie lange dauert es, bis der Welpe direkt auf eine Person zugeht, nachdem er den Raum betreten hat?“) sind ein solches Beispiel: Welpen, die langsam oder überhaupt nicht auf die Person zugehen, können mit ein paar belohnten Versuchen voll begeistert werden. Wie feststehend ist also der Charakterzug, den der Test zu messen vorgibt?
Den meisten dieser Tests gelingt es nicht, an die zu Grunde liegenden Charakterzüge heranzukommen, so wie sie es zu tun vorgeben. Es werden zum Beispiel sechs Welpen eines Wurfs einzeln auf ihre

Reaktionen gegenüber einem neuen Reiz (einem sich plötzlich öffnenden Regenschirm) getestet. Nehmen wir an, die Welpen eins und zwei lassen sich nicht im Geringsten beeindrucken; sie wedeln und untersuchen den Regenschirm. Die Welpen drei und vier bekommen erst Angst und gehen dann auf Untersuchungstour. Die Welpen fünf und sechs haben Angst und beginnen bis zum Ende der Testzeit nicht mit der Untersuchung des Gegenstands. Was haben wir über das Temperament dieser Welpen erfahren? Der Standardinterpretation nach wären die Welpen eins und zwei sehr stabil, die Welpen drei und vier ein wenig ängstlich, die Welpen fünf und sechs ganz sicher ängstlich. In Wahrheit haben wir über die Welpen eins und zwei nichts erfahren, die Welpen drei und vier haben reagiert, sich jedoch wieder ausgezeichnet gefangen, die Welpen fünf und sechs haben reagiert und sich wieder etwas gefangen. Die Welpen eins und zwei wurden noch gar nicht getestet. Vergessen Sie nicht: In diesem Test soll die Reaktion eines Hundes gegenüber etwas, das ihm Angst einflößt, ermittelt werden, nicht seine Einstellung gegenüber einem Regenschutz. Bevor man also die Reaktion der Welpen eins und zwei bei einem Angst erregenden Reiz sehen kann, muss erst einmal ein solcher Reiz vorhanden sein. Dass die Welpen eins und zwei keine Angst vor Regenschirmen haben, ist das Einzige, was man über sie aus dem Test ableiten kann. Ihre Reaktion gegenüber etwas, das sie beunruhigt, kennen wir nicht. Vielleicht reagieren sie wie die Welpen drei und vier, vielleicht auch wie die Nummer fünf oder sechs oder noch schlimmer. Das Ergebnis ist offen.

Noch interessanter ist die Tatsache, dass sowohl die Reaktion als auch die Anpassung der Welpen an die neue Situation durch frühe Erfahrungen verändert werden kann. Nehmen wir die Welpen fünf und sechs und sozialisieren wir sie richtig gut; ihr Verhalten wird dann sicherer sein als das der Welpen drei und vier, sofern diese in ein unqualifiziertes neues Zuhause kommen. Auch für die Besitzer der Welpen eins und zwei bestehen Gefahrenpotenziale, weil diese Welpen dadurch, dass sie zu keinen Reaktionen neigen, so unerschütterlich wie Felsen zu sein scheinen. Nicht reagierende Welpen oder Welpen, die Reaktionen nur sehr selektiv zeigen, erhalten weniger häufig die Gelegenheit, Anpassungsfähigkeit zu entwickeln; auch wird ihrer Sozialisierung nicht viel Beachtung geschenkt, weil sie es anscheinend nicht nötig haben. Dies ist ein großer Fehler. Erinnern wir uns an den doppelten Vorteil der Sozialisierung: Es geht nicht nur darum, die Anzahl der Dinge im Universum zu verringern, vor der der Welpe Angst haben könnte, sondern ihn immer wieder die Erfahrung machen zu lassen, dass er über ein anfängliches Angstgefühl hinwegkommt. Sich immer wieder zu fangen, immer wieder auf die Beine kommen zu können – das so genannte Bounce Back –, ist einer der wertvollsten Charakterzüge, die man einem Hund beibringen kann. Flatterige oder reizbare Temperamente sind solche, die nicht vergessen können oder leichter Phobien erwerben. Die Chancen, dass ein Hund so wird, mindern sich stark, wenn das Bounce Back zu einem frühen Zeitpunkt entwickelt ist, und das unabhängig davon, ob der fragliche Hund stark (recht leicht zu verängstigen) oder nicht stark (weniger oft verängstigt) reagiert.

Sozialisierung von Hund zu Hund

Wenn man darüber nachdenkt, ist die Sozialisierung von Hund zu Hund ein lächerliches Problem. Wie weit wären Hunde als Gattung wohl gekommen, hätten sie sich gegenseitig hingemetzelt. Um dies zu verhindern, werden ausgeklügelte Verhaltensmuster vererbt, die allerdings nur zum Tragen kommen können, sofern wir einen Raum vorsehen, in dem sich das innerartliche soziale Repertoire entwickeln kann. Da viele Besitzer nur Verwirrung stiften, ist das „sofern" von großer Bedeutung. Von Natur aus müssen Hunde miteinander in Kontakt treten, um das wichtige Ritual des gegenseitigen Beschnüffelns ausführen zu können. Sie wollen unbedingt wissen, wer der andere Hund ist (bekannt oder unbekannt, Geschlecht, Stand der Fortpflanzungsbereitschaft etc.), zeigen, wenn nötig, Beschwichtigungsgesten, rempeln auch mal um die Rangfolge oder nehmen mit einem bekannten Tier wieder Kontakt auf. All dies lässt sich auf Distanz nicht bewerkstelligen. Der Drang, mit dem Hunde zu anderen Hunden ziehen oder sich sonstwie bemerkbar machen (also motiviert und animiert sind), beunruhigt viele Besitzer oder irritiert sie. Sie bestrafen das Verhalten oder verbieten den Kontakt mit anderen Hunden. Das bringt den Hund mit seiner sozialen Vitalität in einen argen Rückstand, der schließlich zu einem ungeschliffenen Sozialverhalten führt, sollte jemals Kontakt mit einem anderen Hund entstehen. Den sozial verkümmerten und unerfahrenen Hund überkommt es dann sozusagen zu stark, die Prophezeiungen des Besitzers erfüllen sich, also wird in Zukunft der Kontakt mit anderen Hunden noch nachdrücklicher vermieden, der Kreis ist geschlossen. Fazit: Soziale Fähigkeiten entwickeln sich durch wiederholte Gewöhnung und verschlechtern sich durch Isolation.

Die Dinge werden noch schlimmer, wenn der andere Hund ähnlich gehalten wird, sodass dann zwei aufgebrachte, sozial unbedarfte Tiere aufeinander treffen. Auch verstärken Besitzer häufig die Spannung zwischen den Hunden dadurch, dass sie verkrampft die Leine fassen, um die bereits frustrierten Hunde voneinander fern zu halten. An der Leine benehmen sich Hunde im allgemeinen viel aggressiver als frei. Teilweise liegt das daran, dass durch die Leine zwischen Mensch und Hund eine Übertragung der Spannung wie über einen Telegrafendraht hin und her erfolgt. Mir scheint, die Hunde wissen ganz genau, daß ihre Möglichkeiten, die soziale Distanz zu beeinflussen, an der Leine begrenzt sind. Tatsächlich erfahren sie eine Frustration dadurch, dass sie nicht auf andere zugehen können, sich nicht entfernen können oder in eine Ecke gedrängt werden. Diese Frustration trägt auch zu der verstärkt auftretenden Aggression von Hunden bei, die angekettet sind oder sich am Zaun entlang Kämpfe liefern. Angekettete Hunde sehen häufig Dinge, denen sie sich gern nähern würden, woran sie aber wiederholt gehindert werden, weil sie vorher am Ende ihrer Kette angekommen sind. Ein über traditionellen Gehorsam ausgebildeter Hund verbindet die Leine außerdem stark mit der Wahrscheinlichkeit einer Bestrafung durch Leinenkorrektur.

Nach Ansicht vieler Hundeleute wird ein Territorium durch das Anketten und Einzäunen zu gut definiert und führt dadurch zu dem enormen Anstieg an Aggressionsverhalten. Ich persönlich kann diese Begründung nicht gelten lassen, allenfalls als einen Faktor unter mehreren. Bei Hunden, die vor Menschen oder anderen Hunden Angst haben oder sich ihnen gegenüber aggressiv verhalten, schafft gewöhnlich eine Sozialisierung Abhilfe, keine verschwommenere Territorialabgrenzung.
Ein gut sozialisierter Hund wird bellen, wenn er einen anderen Hund erblickt, und dann alle normalen Handlungen abspulen: Er wird den Neuankömmling aufgeregt beschnüffeln und begrüßen und hoffentlich Beschwichtigungsgesten anbieten. Ein unzureichend sozialisierter Hund wird bellen und dann zurückbleiben, knurren, sich irgendwo ins Haus zurückziehen und verstecken – oder zwischen Nähern und Meiden hin und her schwanken und dabei wahrscheinlich die ganze Zeit weiterbellen.
Diese so genannten Zaunkämpfer behandeln wir am besten, indem wir sie unangeleint und ohne Schranken zu den anderen Hunden lassen, vorausgesetzt deren Fang ist nicht ultra-hart. Angesichts der langen Zeit, die sich die Hunde zuvor durch den Zaun hindurch bedroht haben, erwarten die Besitzer normalerweise ein Blutbad. Nach einer kleinen Rempelei oder Balgerei verläuft das Ganze jedoch fast immer im Sande, sofern die Hunde nicht völlig unsozialisiert sind oder keinerlei Beißhemmung haben. Viele werden richtige Spielkameraden. Selbstverständlich und vor allem sollte ein Hund möglichst wenig Frustrationen durch Absperrungen erfahren, also weder angekettet sein noch endlos lange im eingezäunten Hof bleiben müssen. Auch sollten Hunde, die als Nachbarn leben, regelmäßig miteinander Kontakt haben und spielen können.
Ein angeleinter Hund ist deshalb frustriert, weil er davon abgehalten wird, sich dem anderen mit der ihm eigenen Geschwindigkeit zu nähern. Die Leine verhindert andererseits, dass der Hund die Distanz so schnell vergrößern kann, wie er es vielleicht gern tun würde. Die Fluchtoption ist unterbunden, also schaltet der Hund

auf Plan B um: die Zurschaustellung von Aggression. Dabei bricht das Schlimmste aus dem Hund heraus, der Teufelskreis nimmt seinen Anfang. Mehrere solcher Erfahrungen, mögen sie noch so gering sein, und der Hund weiß, dass er sich an der Leine nicht nach freiem Belieben bewegen kann. Also ist er auf Anhieb gleich mal angespannter. Der Besitzer ist ebenfalls gereizt und bestraft vielleicht auch noch. Der Anblick eines anderen Hundes auf der Straße ist der Auslöser für all diese Dummheiten. All der Stress und die Bestrafung – nur weil ein Hund ein anderes Mitglied seiner Gattung erblickt hat. Welch ein Jammer!

Schlecht sozialisierte Hunde verhalten sich in Gegenwart anderer Hunde nicht unbedingt ängstlich. Sie sind wohl an anderen Hunden interessiert, in ihrem sozialen Verhalten aber außerordentlich ungeschliffen. Was ihr Sozialverhalten angeht, so treten Welpen und erwachsene Hunde auf zwei Gebieten besonders leicht ins Fettnäpfchen: Ihr Begrüßungs- und Beschwichtigungsverhalten ist zu übertrieben und tollpatschig; oder ihr Verhalten, mit dem sie die Rangordnung klären, ist zu übertrieben und tollpatschig. Mangels Erfahrung nähern sie sich zu energisch. Das Verhalten dieser sozialen Trampel wird am besten durch häufigen Umgang mit gut sozialisierten erwachsenen Hunden korrigiert, mit Hunden also, die ihrerseits regelmäßig mit einer Vielzahl unterschiedlicher Hunde Kontakt haben. Sie werden einerseits grobes Verhalten nicht lange tolerieren, andererseits aber auch keinem Welpen oder begeisterten, unerfahrenen Junghund etwas antun, wenn sie ihn in seine Schranken weisen.

Tragischerweise halten die Besitzer ihre naiven Hunde meist von anderen Hunden fern, weil ihnen das Verhalten zu grob und die sich ergebenden Raufereien zu Besorgnis erregend erscheinen. Damit werden ihre Hunde nie die so wertvollen sozialen Lektionen lernen, ihr Verhalten kann sich niemals bessern. Das ist der Teufelskreis, den ich oben bereits erwähnt habe. Beißen Sie also in den sauren Apfel und lassen Sie dem doofen Teenager von stabilen, gut sozialisierten erwachsenen Hunden den Kopf zurechtrücken. Ohne Übung können grobe Beschwichtigungs- und Rangordnungs-

gesten nicht verfeinert werden. Die Interaktion erfahrener Hunde zu beobachten, ist wirklich faszinierend: Blasiert, subtil, cool und regelrecht übertrieben sind sie in ihren Begrüßungen, Rangordnungsmanövern und Beschwichtigungen.
Bei chronischen Drangsalierern und Kämpfern bietet sich an, die Abwesenheit des Kämpfens zu formen. Das heißt, der Hund wird außer für das Kämpfen für praktisch alles belohnt, was er in Gegenwart anderer Hunde tut. Diese Technik ist deswegen so wirksam, weil der Hund zum ersten Mal in seinem Leben angesichts anderer Hunde positiv bestärkt und nicht bestraft wird. Hunde kämpfen nicht ständig, wenn sich andere Hunde in ihrer Nähe befinden, also gibt es immer wieder Reaktionen, die belohnt werden können, auch wenn es nur erste Anfänge sind. Damit wird das Kämpfen ganz eng mit der Bestrafung assoziiert. Und tatsächlich besteht bei Hundekämpfen die einzige, wahre Rolle der Bestrafung darin, durch die vorübergehende Unterdrückung des Kämpfens sozusagen Reaktionen zu erkaufen, die belohnt werden können. Damit kommt, was das veränderte Verhalten gegenüber anderen Hunden angeht, der Ball ins Rollen. Denken Sie daran, Bestrafung an sich ist ziemlich nutzlos und gefährlich. Sie gewinnen damit höchstens Zeit zum Eintrainieren eines alternativen Verhaltens.
Achten Sie im Fall der Belohnung mit Futter darauf, ob es zu einer verstärkten Objektbewachung zwischen den Hunden kommt. Dem Effekt der Futterkonkurrenz können Sie geschickterweise begegnen, indem Sie den Hund Folgendes lehren:

1) Die nahe Gegenwart des anderen Hundes verbessert seine Chance auf Belohnung.
2) Jede auf den anderen Hund gerichtete Aggression verjagt das Futter („Zu schade!“).
3) Bei einem Leckerchen für den anderen Hund liegt auch ein Leckerchen für ihn selbst in der Luft.

Wird die Kampfneigung durch Futterneid ständig verschärft, müssen Sie eventuell auf einen weniger „heißen“ Motivator umschalten, also zum Beispiel auf Lob.

Das Ziel bei solchen Hunden ist, eine erste Freundschaft mit einem anderen Hund zu schließen. Zur Resozialisierung kämpferisch eingestellter Tiere sind außerordentlich gut sozialisierte, geschickte, freundliche, kastrierte erwachsene Hunde mit einem sprichwörtlich dicken Fell auszuwählen. Sie sind in der Lage, dem idiotischen Verhalten des Kämpfers standzuhalten, und es ist gut möglich, dass sie ihn allmählich zu einer Kameradschaft verführen können, sofern sie dazu eine angemessene Chance bekommen. Leinen Sie die Hunde ab, bringen Sie sie in einer öden, langweiligen Umgebung zusammen und beobachten Sie sie von der Seitenlinie aus. Loben oder belohnen Sie positive Interaktionen oder verhalten sich passiv, je nachdem, was Ihnen am hilfreichsten scheint.
Bei allem bisher Gesagten wird davon ausgegangen, dass der Hund andere nicht ernstlich verletzt. Das heißt, auch wenn er mit schrecklich viel Getöse kämpft und es so aussieht, als ob er töten wollte, verursacht er doch keine schweren Verletzungen, die vom Tierarzt versorgt werden müssten. Schickt ein Hund jedoch seine Gegner regelmäßig zum Nähen zum Tierarzt, so hat er eine schlechte Beißhemmung, und die Prognose ist weniger rosig.
Der in jüngster Zeit in den USA aufkommende „Knurr-Unterricht" ist eine interessante Neuerung, die dazu beitragen soll, aggressive Hunde zu resozialisieren. Um Bissverletzungen zu vermeiden, tragen anfangs alle Hunde Maulkörbe (auch die Hunde mit ausreichend weichem Fang bekommen einen Maulkorb an, damit für alle die Voraussetzungen gleich sind). Es werden einfache Obedience-Übungen durchgeführt, die Spaß machen und belohnt werden. Auf diese Obedience-Teile folgen Zeiten für den freien Umgang miteinander, in denen die dann nicht angeleinten Hunde ihre sozialen Fähigkeiten verbessern und gelegentlich sogar lernen können zu spielen. Mit der Zeit und bei sorgfältiger Handhabung sind viele Hunde in der Lage, ohne Maulkorb am Unterricht teilzunehmen und mit anderen normaler und friedlicher umzugehen.
Bei Aggressionen gegenüber anderen Rüden ist häufig eine Kastration hilfreich, nicht so sehr wegen der hormonellen Gehirnwäsche, sondern wegen des weniger bedrohlichen Geruchs für andere

Rüden. Sie hilft, die Spirale der positiven Rückmeldung zu umgehen, in die zwei Rüden oft hineingeraten.

Übungen für Welpen

Neben der Sozialisierung gibt es für Welpen weitere Übungen von großer Wichtigkeit. Dazu gehören Übungen mit der Futterschüssel, Objekttausch, Platzierungskommandos und Anfassübungen. Sind Hunde sich selbst überlassen, so werden sehr viele von ihnen später Ressourcen bewachen (Futter, Objekte, Plätze und den Besitzer); auch werden sie in der täglichen Routine schwer zu beeinflussen sein. Das liegt nicht daran, dass sie besonders stur, reizbar oder gemein wären, sie sind einfach ganz normale Tiere. Deshalb sind besonders für alle Welpen diese vorbeugenden Übungen wichtig.

Bleiben Sie in der Nähe, während Ihr Welpe frisst. Setzen Sie sich auf den Fußboden neben ihn, streicheln Sie ihn und greifen Sie mit den Händen in die Futterschüssel. Durch wiederholte Erfahrung muss der Welpe lernen, dass Ihre Gegenwart in der Nähe seines Futters keine Bedrohung darstellt. Geben Sie ihm mehrere Mahlzeiten in kleinen Raten, damit ihm Ihre Hand in seiner Schüssel gute Nachrichten signalisiert: Es gibt eine weitere Portion. Üben Sie, die Schüssel mittendrin wegzunehmen und die Mahlzeit mit etwas Schmackhafterem aufzupeppen, zum Beispiel mit einem Löffel Dosenfutter, Hüttenkäse oder einem Stück gefriergetrockneter Leber. Gehen Sie zu Ihrem Hund hin, während er frisst, und lassen Sie einen schönen Leckerbissen in die Schüssel fallen. Der Welpe soll lernen, mit dem Hinstellen oder Wegnehmen seiner Schüssel zuverlässig kalkulierbar etwas Gutes zu verbinden. Das wirkt seiner natürlichen Neigung entgegen, das Futter zu bewachen. In einer natürlichen Umgebung wäre das eifrige Bewachen knapper Ressourcen wie Futter sehr sinnvoll, weshalb darauf auch selektiert würde. Trotz Hunderter Generationen künstlicher Auswahl und reichlicher Mengen Trockenfutter zeigt sich dieses Verhalten nur allzu häufig bei unseren Haushunden.

Lassen Sie viele andere Menschen die Übungen mit der Futterschüssel ausführen, damit der Welpe generalisiert, sein Futter nicht zu bewachen. Diese Art Übungen baut das Selbstvertrauen des Hundes auf. Jegliches Bewachen von Ressourcen entstammt der Unsicherheit und Paranoia. Der Hund handelt in der Annahme, es gehe um eine Frage von Leben oder Tod, wenn sich jemand seinem Kauknochen oder der Schüssel voller Trockenfutter nähert. Sie lehren ihn nun, dass es sich nicht um eine Katastrophe handelt – sondern sogar um etwas Angenehmes.

Langsamer und vorsichtiger ist ein bereits bestehendes Problem anzugehen, wenn also nicht präventiv mit einem Welpen gearbeitet wurde, oder mit einem erwachsenen Hund, der seine Ressourcen nicht bewacht. Ein weicher Fang ist die Vorbedingung für die Arbeit mit einem Gegenstände bewachenden Hund. Ist dies noch nicht gegeben, muss zuerst daran gearbeitet werden. Machen Sie mit dem Hund viele Übungen zur Verbesserung der Beißhemmung: aus der Hand füttern; Zerrspiele mit einem übertriebenen Schmerzensschrei beenden, sobald der Hund zufällig (wie leicht auch immer) mit der Hand in Berührung kommt; Zähne putzen und allgemein mit der Hand in den Fang greifen, um dem Hund reichlich Rückmeldung über den Druck der Kiefer zu geben. (Machen Sie die Futterschüsselübung mit einem bereits Besitz ergreifenden erwachsenen Hund, dann ziehen Sie dicke Handschuhe über oder legen dem Hund einen Maulkorb an, wie er üblicherweise beim Hundefriseur verwendet wird, bis Sie sich seines Verhaltens absolut sicher sind.)

Eine Rangfolge der Schwierigkeiten aufzustellen, ist ein guter Ausgangspunkt. Die folgenden Übungen eignen sich für einen Hund, der sein Futter bewacht:

1) Sie nähern sich der leeren Schüssel und dem Hund, tun ein wenig Futter in die Schüssel, ziehen sich zurück und wiederholen dies zehnmal.
2) Nähern Sie sich der leeren Schüssel und dem Hund, nehmen die Schüssel weg, tun etwas Futter hinein, stellen die Schüssel wieder hin, ziehen sich zurück und wiederholen dies zehnmal.

3) Setzen Sie sich neben die Schüssel und den Hund; legen Sie eine Hand auf die Schüssel und geben das Futter mit der anderen Hand in kleinen Raten.
4) Setzen Sie sich neben den Hund und die Schüssel; bleiben Sie mit der einen Hand an der Schüssel, streicheln Sie den Hund und sprechen mit ihm, während er seine normale Ration verputzt; geben Sie mit der anderen Hand gelegentlich etwas besonders Leckeres hinzu.
5) Setzen Sie sich neben die Schüssel, während der Hund sein Trockenfutter frisst, nehmen die Hand von der Schüssel und geben etwas besonders Leckeres hinzu.
6) Nähern Sie sich dem Hund und der Schüssel, während der Hund frisst, geben etwas besonders Leckeres hinzu, ziehen sich zurück und wiederholen Sie dies zehnmal.
7) Nähern Sie sich dem Hund und der Schüssel, während der Hund frisst, nehmen die Schüssel weg, fügen ein Leckerchen hinzu, stellen die Schüssel wieder hin, ziehen sich dann zurück, wiederholen dies zehnmal.
8) Lassen Sie eine andere Person die Übungen von vorn beginnen.

Zeigt der Hund zu irgendeinem Zeitpunkt wieder das alte Verhalten (knurren, steif werden, erstarren), gehen Sie zu einer einfacheren Übung zurück und setzen die Übungen etwas langsamer fort, bis Sie wieder bei der Übung angelangt sind, bei der es zuvor ein Problem gegeben hat. Geht es zum Beispiel mit den Übungen 1 bis 5 gut, fängt der Hund aber an zu knurren, wenn Sie sich ihm nähern, während er frisst (Übung 6), fügen Sie die folgenden Schritte ein:
5a) Wiederholen Sie die Übungen 1 und 2 ein paar Mal mehr, um den Hund sozusagen einzustimmen. 5b) Nähern Sie sich dem gerade fressenden Hund bis auf eine bestimmte Entfernung, zum Beispiel bis auf einen Meter, und werfen Sie das Hühnchen oder die Leber in die Schüssel; ziehen Sie sich zurück und wiederholen die Übung; verringern Sie dabei allmählich die Distanz, bis Sie die Schüssel berühren können. 5c) Warten Sie, bis der Hund sein Mahl

gerade beendet hat und die Schüssel ausleckt; nähern Sie sich dann mit dem „Dessert".

Versuchen Sie es jetzt noch einmal mit Übung 6.

Vielleicht geht es bei Übung 5 los, wenn Sie Ihre Hand zum ersten Mal von der Schüssel nehmen. Aus der Sicht des Hundes unterscheidet sich diese Übung sehr von den vorhergehenden. Die ganze Zeit eine Hand auf der Schüssel zu halten, bedeutet Teilen des Futters. Mit dem Wegnehmen Ihrer Hand geben Sie auch den Besitzanspruch aufs Futter auf. Vielleicht müssen Sie bei einem Futter bewachenden Hund Ihre Hand ganz allmählich von der Schüssel wegnehmen, wollen Sie es mit der Übung 5 versuchen. Tun Sie, was immer einen Versuch erfolgreich macht, um dem Hund zu beweisen, dass Sie für ihn keine Bedrohung darstellen und er sich entspannen kann. Begeben Sie sich in die Hand eines qualifizierten Hundetrainers oder eines Verhaltenstherapeuten, wenn Sie an irgendeiner Stelle nicht mehr weiterkommen, sich bei solchen Übungen irgendwie nicht sicher fühlen oder Ihr Hund ein aufbrausender Bewacher oder ein gefährlicher Beißer ist.

Objekttausch

Bewachen Hunde ein Objekt, so handelt es sich meist um Knochen, wichtige Kauspielzeuge oder verbotene Gegenstände wie Plastikverpackungen, Papiertaschentücher, gestohlene Wäschestücke und auf dem Boden liegenden Abfall. Einige dieser Hunde sind in ihrem Bewachen recht zwanghaft, wohl ein genetisch ererbter Reflex. Bei anderen scheint das Bewachen nicht nur dadurch ausgelöst zu werden, dass die Hamburger-Verpackung an sich so interessant ist. Vielmehr steigert sich ihr Wert noch außerordentlich durch Ihr deutliches Interesse, sie dem Hund wegzunehmen. So wie ich es sehe, sind Sie hier als Besitzer in einer Zwickmühle. Entweder ignorieren Sie den Hund und lassen ihn alles aufnehmen, sogar allen möglichen Abfall verschlingen, den er auf dem Boden findet, oder Sie erhöhen den Wert der Sache, indem Sie daran großes Interesse zeigen und sie ihm wegnehmen wollen.

Als ultimative Lösung für alle Objekt bewachenden Hunde bereitet man sich auf problematische Situationen vor und spielt sie durch. Billionen von Objekttauschübungen muss Ihr Hund als Vorbereitung auf den Tag X absolviert haben, an dem er etwas wirklich Gefährliches erwischt, das Sie ihm ganz schnell aus dem Fang nehmen müssen. Entspannt und mit Selbstvertrauen wird er den Gegenstand herausgeben. Angespannt und unsicher wird er es nicht tun. Fangen Sie schon bei Ihrem Welpen mit diesen Übungen an, dann sind Sie im Spiel immer einen Schritt voraus. Wie bei der Sozialisierung gilt auch hier: Je früher Sie beginnen, desto besser. So sieht die Grundübung für einen Objekttausch aus:

1) Geben Sie dem Hund ein Objekt (zu Beginn des Trainings wird es etwas sein, was er wahrscheinlich nicht bewachen wird, später können Sie dann „heiße“ Objekte einsetzen).
2) Sagen Sie „Gib her“ oder „Danke“.
3) Nehmen Sie ihm das Objekt weg.
4) Geben Sie ihm aus Ihrer Tasche ein schmackhaftes Leckerchen.
5) Geben Sie ihm das Objekt zurück und wiederholen Sie die Übung.

Machen Sie die Übung ungefähr fünfmal hintereinander und entfernen Sie sich danach. Versuchen Sie, ein paar Mal am Tag jeweils fünf Wiederholungen mit jeweils anderen Objekten auszuführen, sodass sich folgender Trend herausschält: Wenn Menschen Dinge wegnehmen, dann ist das für den Hund eine sehr gute Sache. Sind die Tauschübungen nach einiger Zeit erfolgreich etabliert (mehrere Tage mit jeweils einigen wenigen Übungssequenzen), können Sie auch damit anfangen, Kauspielzeuge wegzunehmen, von denen der Welpe spontan Besitz ergriffen hat. Denken Sie immer an den Wert des Gegenstands, den Sie fortnehmen. Erhöhen Sie bei „heißen“ (vom Hund hoch geschätzten) Objekten auch entsprechend den Wert der Belohnung, die er im Tausch als Überraschung bekommt. Für den Tausch gegen die raffiniertesten Objekte sollten Sie sich besondere Leckereien vorbehalten, wie zum Beispiel ein Stückchen Geflügel vom letzten Essen oder einen Brocken alten

Cheddar-Käse. Diese seltenen Belohnungen werden wirklich Eindruck machen.

So sieht die typische Reihenfolge bei einer solchen Übung aus:

1) Tauschen Sie gegen nicht begehrte Objekte (zwei Tage lang mehrere Male jeweils fünf Übungen).
2) Tauschen Sie gegen etwas stärker begehrte Objekte (zwei Tage lang mehrere Male jeweils fünf Übungen).
3) Tauschen Sie heiß begehrte Objekte gegen besondere Leckereien (zwei bis drei Tage lang mehrere Male jeweils fünf Übungen).
4) Tauschen Sie gegen Objekte, die der Hund spontan in Besitz genommen hat (mehrere Male hintereinander, dann überlassen Sie dem Hund das Objekt, falls es sich nicht um einen verbotenen Gegenstand handelt; geben Sie dann beim letzten Versuch eine besondere Belohnung und ersetzen Sie das Objekt durch ein Kauspielzeug).
5) Tauschen Sie gegen heiß begehrte Objekte, die der Hund spontan in Besitz genommen hat (mehrere Male hintereinander gegen besondere Belohnung; geben Sie dann beim letzten Versuch eine besondere Belohnung und ersetzen Sie das Objekt durch ein Kauspielzeug).
6) Auffrischen des Gelernten: gelegentliche „Kaltversuche", wenn der Hund ein Objekt hat (eine Wiederholung mit Belohnung, dann das Spielzeug zurückgeben oder das verbotene Objekt durch ein Kauspielzeug ersetzen).

Fahren Sie erst dann mit der nächsten Übung in der Reihe fort, wenn der Hund die Übung, an der Sie gerade mit ihm arbeiten, gut bewältigt. Der Hund sollte zu nichts Zugang bekommen, das über das Niveau hinausgeht, an dem Sie gerade arbeiten. Sonst werden Sie beide gewiss einen Fehlschlag erleiden. Befindet sich der Hund also zum Beispiel auf der Stufe 4, gewähren Sie ihm keinen Zugriff zu „heißen" Objekten, ehe Sie bereit sind, mit Stufe 5 zu beginnen. Bevor Sie nicht krabbeln und gehen können, wird es Ihnen auch nicht gelingen, zu rennen. Bei der Übung 5 müssen Sie eventuell ein heißes Objekt ganz bewusst herumliegen lassen, damit der

Hund davon „spontan“ Besitz ergreifen kann. Das Drama mit dem Bewachen von Taschentüchern oder fettiger Plastikverpackung vorab einzustudieren ist viel besser, als dann handeln zu müssen, wenn Sie nicht darauf vorbereitet sind.

Eine ausreichende Wiederholung der Objekttauschübungen führt zu einem Hund, der ganz begierig darauf wartet, dass ihm Sachen weggenommen werden. Neben der Bestärkung durch die Futterbelohnung erhält der Hund eine wichtige Information: Wenn Menschen Dinge fortnehmen, geben sie sie häufig auch wieder zurück. Deshalb ist das Ganze keine große Sache. In der Hundewelt ist Tauschen ziemlich unbekannt. Regt sich Ihr Hund wegen solcher Tauschgeschäfte nicht mehr auf, vergessen Sie nicht, sein Verhalten gelegentlich mit Kaltversuchen zu testen: Sie gehen auf den Hund zu, wenn er gerade mitten am Kauen ist, nehmen ihm sein Spielzeug weg, werfen ihm als Überraschung eine Belohnung hin und lassen ihn dann weiter kauen. Ein entspanntes Freigeben kann sich allmählich ins Gegenteil verkehren, wenn es nicht gelegentlich in Erinnerung gerufen wird. Das ist bei allen Verhaltensweisen so.

Falls Sie mit einem Hund arbeiten, der sich nicht auf Tauschgeschäfte einlassen will, seien Sie besonders vorsichtig und machen Sie mit ihm vorab Übungen, die seinen Fang weicher machen; verwenden Sie Schutzhandschuhe, gepolsterte Kleidung oder Maulkörbe. Lassen Sie Kinder auf jeden Fall aus dem Spiel. Leben allerdings Kinder mit im Haus, müssen sie mit dem Hund üben, aber nur und ausschließlich unter der Voraussetzung, dass

1) der Hund Kinder mag,
2) er einen gut etablierten weichen Fang hat oder bei allen Übungen einen Maulkorb trägt,
3) alle erwachsenen Mitglieder des Haushalts bereits die ganze Übungsreihe absolviert haben,
4) die von den Kindern ausgeführten Übungen stets und ständig von einem Erwachsenen überwacht werden.

Dies gilt für alle Desensibilisierungsübungen (Futterschüssel, Platzierungsbefehle und Anfassübungen), nicht nur für das Bewachen von Objekten. Bewacht Ihr Hund Objekte, was Sie mit diesen Übungen unter Kontrolle bringen und halten können, und leben bei Ihnen zu Hause keine Kinder, so besteht immer noch die Gefahr, dass Ihr Hund Gegenstände vor Kindern bewacht. Hunde generalisieren nicht besonders gut. Ist Ihr Hund auf Kinder nicht schrecklich gut sozialisiert, besteht in der Tat eine gute Chance, dass Ihr Hund, der niemals etwas vor Ihnen bewacht hat, dies gegenüber Fremden und insbesondere Kindern doch tut. Sind Sie ein Hundebesitzer, der die Dinge einfach so laufen lässt, so sollten Sie Ihren Kopf wieder aus dem Sand ziehen, bevor Ihr Hund ein Kind beißt, das bei Ihnen zu Besuch ist. Einen Hund zu besitzen, bedeutet sowohl gegenüber dem Hund als auch der Allgemeinheit eine enorme Verantwortung. Beginnen Sie die Übungen mit Ihrem Hund auf jeden Fall, solange er noch jung ist. Mit Welpen kann man diese Übung mit allen möglichen Gegenständen durchführen, zum Beispiel mit dem Fressnapf, mit Kauknochen, begehrten Kauspielzeugen und den allgegenwärtigen Papiertaschentüchern. Machen Sie ein Spiel daraus.

Lehren Sie Ihren Hund das Apportieren, ein außerordentlich schlauer Zug in Ihrem Kampf gegen das Bewachen von Objekten. Abgesehen davon, dass es sich um sinnvolles Training handelt und sich der Hund ausleben kann, ist der Einsatz bewachter Objekte als Apportiergegenstände ein starkes Mittel der Gegenkonditionierung, mit dem Sie den Bewachungsmechanismus über den Haufen werfen können. Für Mensch und Hund mindert das einfache Spielen mit den „heißen" Dingen gleichermaßen die Spannung. Setzen Sie die ersten Male Ihre Hand mit großer Vorsicht ein. Zuerst sollte der Hund nicht bewachte Gegenstände mit Begeisterung und gut konditioniert apportieren. Wenn Sie in den Apportierspielen zum ersten Mal bewachte Gegenstände verwenden, bleiben Sie, egal was geschieht, wie angewachsen auf Ihrem Stuhl sitzen, damit Sie nicht in den alten Trott verfallen und selbst starkes Interesse an dem Gegenstand zeigen, indem Sie hinter dem Hund herjagen. Tun Sie gelangweilt und schwer zu kriegen, so wie Sie es mit dem normalen Apportierspielzeug des Hundes auch tun würden. Nehmen Sie sichere Sachen, damit Sie sich entspannen und üben können. Ermutigen Sie den Hund, Ihnen belohnenswerte Gegenstände zu bringen. Setzen Sie, wenn nötig, den Schwierigkeitsgrad herab. Seien Sie zum Beispiel darauf gefasst, zu clicken und zu belohnen, sobald sich der Hund zu Ihnen dreht oder Schritte in Ihre Richtung macht, nachdem er den Gegenstand aufgenommen hat. Feiern Sie jeden Schritt mit großer Begeisterung und einer besonders großen und besonders guten Futterbelohnung. Läuft es dann besser, erhöhen Sie allmählich die Anforderungen. Die Erwartung, aus Ihrem fanatischen Objektbewacher mit ausreichender Übung einen Hund zu machen, der vormals heiß begehrte Gegenstände freudig aufnimmt und in Ihren Schoß apportiert, ist nicht zu hoch gesteckt. Das nennt man Vertrauen.

Platzierungsbefehle gegen das Verteidigen von Liegeplätzen

Klassisch ist die Situation mit einem Hund, der aufs Bett springt und dann niemanden mehr hineinlässt. Oder mit dem Hund, der sich auf dem Sofa lang ausstreckt und Sie anknurrt oder nach Ihnen schnappt, wenn Sie ihm befehlen, das Sofa zu verlassen, oder ihn bitten, ein wenig zu rücken. Die Lösung für dieses Problem sind Kommandos, die den Hund veranlassen, sich von einem Ort zu einem anderen zu bewegen, wann immer Sie es von ihm verlangen. Die Kommandos werden durch positive Bestärkung konditioniert – idealerweise bevor die ersten Probleme auftreten. Denn, das kann man vorab schon sagen, ein gewisser Prozentsatz der Hunde wird eines Tages seinen Platz aktiv verteidigen.
Außerdem ist es praktisch, wenn sich der Hund ohne großes Drücken und Ziehen von allein bewegt. Die in diesem Zusammenhang verwendeten typischen Befehle lauten: „Ins Körbchen“, „Aus dem Bett“ „Ins Auto“, „Runter vom Sofa“, „Aus der Küche“, „Auf den Frisiertisch“, etc. Machen Sie daraus einfach eine weitere Clicker-Übung, eben ein Spiel. Geben Sie zuerst den Befehl und bringen den Hund dann dazu, das Verhalten zu zeigen. Dabei ist jede Form

des Nachhelfens gestattet; sogar das Locken mit Futter. Führt der Hund dann den Befehl aus, lassen Sie allmählich die Hilfen weg, wie bei allen Obedience-Übungen.
So üben Sie zum Beispiel das „Runter vom Sofa“: Fordern Sie den Hund auf, aufs Sofa zu springen. Sie müssen schon recht geschickt sein, ihn immer wieder nach oben zu bekommen, weil Sie ja viele Gelegenheiten brauchen, um das Herunterspringen zu üben. Klopfen Sie nach dem „Aufs Sofa“ auf das Kissen und geben aufmunternde Laute von sich. Springt der Hund hoch, loben Sie ihn und bringen sein Fell ein wenig durcheinander. Behalten Sie sich die schweren Geschütze, die Futterbelohnung, für den schwierigeren Teil vor, nämlich ihn vom Sofa herunterzubekommen. Fordern Sie ihn nun auf, runterzugehen und helfen Sie ihm anfangs dabei („Runter vom Sofa“, klopfen Sie auf den Boden, schnippen mit den Fingern, klatschen in die Hände, machen lockende Geräusche). Geht er runter, clicken und belohnen Sie und fordern ihn auf, wieder auf das Sofa zu springen, um das Ganze noch einmal zu wiederholen. Oder schicken Sie ihn aufs Sofa und lassen ihn sich dort hinlegen – das simuliert noch besser die Situation, wie sie im Alltag entsteht. Haut er nicht ab, helfen Sie etwas stärker nach: Entfernen Sie sich etwas weiter vom Sofa und locken ihn dabei so verführerisch, wie Sie nur können. Als letztes Mittel werden Sie Futter einsetzen, um eine belohnenswerte Reaktion zu bewirken. Mussten Sie ihn mit Futter vom Sofa locken, wiederholen Sie es noch ein paar Mal und stecken das Futter dann für den Rest der Übungsstunde in die Hosentasche.
Führen Sie mehrere solcher Übungsstunden durch und machen dann die Kaltversuche. Ein Kaltversuch ist die einmalige Wiederholung einer Übung, die den Hund am besten unerwartet trifft. Damit soll, sozusagen wie im richtigen Leben, seine Reaktion auf einen Befehl getestet werden. Den größten Gewinn erzielen Sie bei diesen Kaltversuchen, wenn Sie mit unterschiedlichen Belohnungen arbeiten. Das zu tun ist ganz natürlich, denn viele der stärksten Belohnungen können innerhalb offizieller Trainingsstunden nicht so einfach verwendet werden. Spaziergänge sind hier ein gutes Bei-

spiel. Anders als die Belohnung mit Futter oder Zerr-/Apportierspielen, die innerhalb einer Trainingsstunde häufig wiederholt werden können, ist das Ritual „mit dem Hund spazieren gehen" ein starkes und bestärkendes einzelnes Ereignis, das höchstens einige wenige Male am Tag eintritt. Versuchen Sie doch, seine bestärkende Wirkung zu nutzen, indem Sie ihm ein „Runter vom Sofa" vorangehen lassen. So wird der Spaziergang zur perfekten Belohnung für einen Kaltversuch. Warten Sie, bis es sich der Hund auf dem Sofa richtig gemütlich gemacht hat, und beachten Sie dann diese Reihenfolge:

1) Befehl „Runter vom Sofa",
2) der Hund gehorcht,
3) Click und „Wollen wir spazieren gehen?" und
4) gehen Sie jetzt mit ihm los.

Kommt der Hund dem Befehl nicht nach, ist es ganz besonders wichtig, ihn nicht mit der Ankündigung des Spaziergangs zu bestechen und so nachzuhelfen. Welten liegen zwischen dem „Wollen wir spazieren gehen?", nachdem das Sofa frei gemacht wurde und dem Vorschlagen eines Spaziergangs, solange der Hund noch auf dem Sofa liegt, weil er den Befehl nicht ausgeführt hat. Der angebotene Spaziergang soll eine Belohnung für den Gehorsam sein, kein Locken. Eine einmalige Belohnung, wie zum Beispiel ein Spaziergang, eignet sich nicht als Hilfestellung, wie dies bei der Futterbelohnung der Fall ist. Bevor Hunde lernen, auf einem Fleck zu verharren, lernen sie meist recht schnell, für eine Bestechung stur zu bleiben, in diesem Fall für einen Spaziergang. Verwenden Sie also keinerlei Lockmittel mehr, wenn der Hund nach den ersten Trainingsstunden mit Befehl – Hilfe – Reaktion – Belohnung auf Befehl – Reaktion – Belohnung mit den wiederholbaren Belohnungen umgestellt ist: Erst muss er genau seinen Teil des Geschäfts erfüllen, dann Sie. Denken Sie daran: Ihr Ziel ist schließlich ein System variabler Bestärkung.

Bewacht der Hund seinen Platz gegen eine bestimmte Person, so muss diese einen Teil der Arbeit übernehmen. Handelt es sich dabei um ein Kind oder jemanden, der sich in Gegenwart des Hundes unsicher fühlt, dann sehen Sie zu, dass der Hund einen weichen Fang hat, und treffen Sie die normalen Vorsichtsmaßnahmen (Handschuhe, gepolsterte Kleidung, Maulkorb, Überwachung). Ziehen Sie bei einem wirklich schwierigen Problem einen kompetenten Verhaltenstherapeuten oder Trainer hinzu, besonders wenn Kinder mit im Spiel sind. Ich möchte auch noch einmal betonen, wie außerordentlich wertvoll diese Übungen bei Welpen sind, also bevor sich ein Problem entwickelt hat. Trainieren Sie mit ihnen das „Rein ins Bett – raus aus dem Bett", „Rein ins Auto – raus aus dem Auto", „Rein ins Körbchen – raus aus dem Körbchen". Bei Hunden, die als Jungtiere gelernt haben, dass Gehorsam Spaß macht, besteht viel weniger Gefahr einer Aggression gegenüber Mitgliedern der Familie.

Hunde müssen sich anfassen lassen

Im Laufe ihres Lebens müssen sich Hunde aus zahlreichen Gründen anfassen lassen, zum Beispiel bei der tierärztlichen Untersuchung, um gebürstet, körperlich festgehalten und von den unterschiedlichsten Menschen begrapscht und getätschelt zu werden. Die meisten Hunde sind nicht von Natur aus voll entspannt und bereit, das Angefasstwerden zu tolerieren. Ihrem Hund schon als formbarem kleinem Welpen beizubringen, sich freudig auf die unterschiedlichste Art und Weise so berühren zu lassen, wie es ihm im Laufe seines Lebens häufig widerfahren wird, ist wohl einer der größten Gefallen, die Sie ihm tun können. Alle, Sie selbst, Ihre Freunde, Familienangehörigen und die Klassenkameraden Ihrer Kinder, können die wichtigsten Situationen simulieren, in denen Hunde angefasst werden, und die entspannte Hinnahme mit Belohnung durch Futter oder Spiel verknüpfen.

Beginnen Sie mit der Körperpflege und der grundlegenden körperlichen Untersuchung. Breiten Sie als erste gute Übung alle Utensilien aus (Bürste, Kamm, Zahnbürste, Zahnpasta, Krallenzange, Schere usw.), lassen Sie den Hund herankommen und diese Dinge untersuchen. Betätigen Sie den Clicker, während er dies tut, und geben ihm als ersten guten Eindruck eine überdurchschnittlich starke Belohnung. Üben Sie anschließend, den Hund festzuhalten und untersuchen Sie mit Ihren Händen alle Teile seines Körpers. Geben Sie ihm nach jeder Teiluntersuchung ein Leckerchen. Schauen Sie in das eine Ohr, Leckerchen. Schauen Sie in das andere Ohr, Leckerchen. Streichen Sie mit Ihrem Finger über das Zahnfleisch, Leckerchen. Üben Sie, seinen Fang sanft zu öffnen und einen Finger auf seine Zunge zulegen. Toleriert er das, drücken Sie jedes Mal die Zunge etwas fester nach unten und geben dann ein Leckerchen. Kämpft er dagegen an, gehen Sie einen Schritt zurück und tun etwas weniger Aufdringliches. Machen Sie um die Belohnung immer ein Brimborium, damit er freiwillig und gern mitarbeitet. Folgt er nicht, sagen Sie einfach „Schade!" und halten die Belohnung zurück. Fühlen Sie seine Luftröhre ab, Leckerchen. Streichen Sie jedes Bein ab, gehen zwischen die Zehen und drücken gegen jede Kralle. Geben Sie nach jedem Druck ein Leckerchen. Viele erwachsene Hunde lassen sich nicht gern an den Beinen anfassen, was das unausweichliche Ergebnis des Krallenschneidens mit Gewalt ist. Sie hatten nicht die Möglichkeit, sich durch die frühe Verknüpfung mit Belohnung allmählich an die Körperpflege zu gewöhnen und sie zu genießen. Tasten Sie den Bauch des Hundes ab und streichen den Körper bis zum Rutenende aus. Untersuchen Sie bei jeder nachfolgenden Übungsstunde ein wenig mehr, bevor Sie eine Belohnung geben. Am Schluss gibt es für eine komplette Untersuchung als Belohnung ein Leckerchen oder ein Spiel. Hunde können lernen, Spaß daran zu haben, angefasst und massiert zu werden.

Spielen Sie das Doktorspiel häufig mit dem Hund und üben Sie auch die Körperpflege. Am Anfang wird das Verhältnis zwischen Belohnung und Bürsten hoch sein: einmal bürsten, ein Leckerchen; dann zweimal bürsten, ein Leckerchen; anschließen viermal und so weiter. Nach wenigen kurzen Übungsstunden werden Sie einen Hund haben, den Sie für ein Leckerchen am Ende richtig ordentlich von Kopf bis Kralle durchbürsten können. Lässt sich der Hund bei der

Simulierung einer tierärztlichen Untersuchung ohne weiteres an Beinen und Krallen anfassen, fangen Sie an, die Krallen mit der Krallenschere zu berühren. Eine Berührung, ein Leckerchen. Machen Sie das so lange, bis der Hund ganz entspannt ist. Dann gibt es für zwei oder mehr Berührungen ein Leckerchen. Halten Sie die Pfote in der einen Hand und tun Sie so, als ob Sie mit der Krallenschere in der anderen Hand die Kralle schneiden wollten. Die Schere berührt die Kralle noch nicht, die Bewegung wird lediglich in der Luft ausgeführt. Der Hund macht aber schon einmal die Erfahrung, dass er festgehalten wird und er das Geräusch der Krallenschere hört. Geben Sie so lange pro Kralle eine Belohnung, bis der Hund entspannt ist. Bei einem energiegeladenen Hund können Sie diese Prozedur üben, wenn er müde ist. Lässt Sie der Hund für eine einzige Belohnung freudig alle seine Krallen „in der Luft schneiden“, versuchen Sie es ein Mal richtig. Schneiden Sie nur ganz wenig ab, damit Sie nicht Gefahr laufen, das sehr empfindliche Leben zu treffen. Ziel dieser Übung ist nicht, dem Hund die Krallen zu schneiden, sondern ihn so vorzubereiten, dass er sich sein Leben lang leicht die Krallen schneiden lässt. Haben Sie also Geduld. Ein winziges Stückchen abschneiden, eine große Belohnung. Beenden Sie die Stunde mit einem kurzen Spiel. Es ist eine gute Idee, die Körperpflege schon in den Jugendtagen als Vorbote für Dinge einzuführen, die beim Hund auf der Belohnungsleiter sehr weit oben stehen, wie Beutespiele, Spaziergänge oder Mahlzeiten.

Gehen Sie etwas langsamer vor und desensibilisieren Sie über diese Prozedur etwas sorgfältiger, wenn sich der Hund während der Körperpflege- und Untersuchungsstunden widerwillig oder verängstigt zeigt. Häufig haben Hunde Angst, wenn Menschen ihnen in die Ohren schauen, an ihren Beinen und dem Fang herumhantieren und an ihrem Fell ziehen (so als ob man eine verfilzte Matte entwirren würde). Investieren Sie Zeit darin, den Welpen mit all diesen Vorgängen vertraut zu machen. Es lohnt sich gewiss.

Was außerdem geübt werden sollte: den Hund auf Furcht erregende Weise zu betatschen, auf ihm herumzuklopfen, ihn zu umarmen und sich über ihn zu beugen. Machen Sie daraus ein Spiel.

Beginnen Sie damit, ihn langsam und sanft zu berühren. Eine Berührung und anschließend eine Belohnung. Fassen Sie dann schneller zu, schneller und fester, machen Sie schließlich einen Notgriff, halten Sie ihn im Schwitzkasten und belohnen jeden erfolgreichen Versuch. Tun Sie Dinge, die zweijährige Kinder tun: Packen Sie den Hund an den Ohren und ziehen Sie daran – Belohnung. Fassen Sie an die Rute und ziehen Sie daran – Belohnung. Eine besondere Herausforderung ist es, ins Fell zu greifen: Üben Sie das sehr oft und belohnen reichlich mit Futter. Betatschen Sie den Hund so, wie es Kinder tun: patsch, patsch, patsch. Beugen Sie sich wie ein Monster über ihn und geben ihm dann ein Leckerchen. Tun Sie so, als ob er ein gebrochenes Bein hätte, und heben Sie ihn ins Auto. Grenzen setzt nur Ihre eigene Fantasie. Was werden Menschen mit Ihrem Hund im Laufe seines Lebens alles tun? Ist der Hund entspannt und hat er jede Minute an diesen Spielen Spaß, dann holen Sie sich Fremde und Kinder und lassen Sie diese unter Ihrer strikten Aufsicht solche Dinge tun. Lassen Sie die Kinder Belohnungen geben, die stärker sind als die, die Sie normalerweise verwenden, damit sie einen positiven Eindruck auf den Hund machen können.

Soll Ihr Hund regelmäßig zum Hundefriseur, so lohnt es, dort ein paar Besuche zu machen, bevor er das erste Mal bleiben muss, um gepflegt zu werden. (Bevor Sie mit Ihrem Welpen an einen Ort gehen, den viele Hunde frequentieren, wie zum Beispiel zum Hundefriseur, lassen Sie sich vom Tierarzt sozusagen grünes Licht geben, dass Ihr Welpe ausreichend geimpft ist.) Führen Sie den Welpen hinein, heben Sie ihn auf den Tisch und lassen Sie ihm vom Hundefriseur eine Handvoll Leckerchen geben oder mit ihm einige Minuten im Pflegeraum Hol- oder Zerrspiele spielen. Üben Sie, den Kleinen aus dem Käfig herauszuholen und wieder hineinzusetzen. Lassen Sie den Hund ein wenig auf Erkundung gehen und kehren dann mit ihm nach Hause zurück. Ähnliche Besuche können Sie dem Tierarzt abstatten, einfach Besuche, die Spaß bereiten und einen starken, positiven Eindruck hinterlassen. Versuchen Sie, möglichst einen Tierarzt oder Hundefriseur zu finden,

der liebenswürdig und bereit ist, sich etwas Zeit zu nehmen und Ihren Welpen aus der Hand zu füttern. Und dann suchen Sie sich noch eine gute Welpenschule und melden sich an.
Gibt es schon ein Problem mit dem Anfassen, dann führen Sie dieselben Übungen durch und konzentrieren sich auf das jeweilige Problem, aber:

1) gehen Sie langsamer und in kleineren Schritten vor,
2) machen Sie, falls notwendig, den Fang weicher,
3) schützen Sie sich mit Handschuhen, dicker Kleidung und einem Maulkorb,
4) vermeiden Sie es, das Problem auf einem Niveau anzugehen, das der Hund noch nicht erreicht hat.
5) Ist das Problem schwieriger Natur, begeben Sie sich in die Hand eines qualifizierten Trainers oder Verhaltenstherapeuten.

Die Resozialisierung angstaggressiver Hunde

Wie jedes andere Verhalten auch kann Aggression durch etwas ausgelöst werden und wird häufig durch ihre Folgen gesteuert. Aggression wird zum Beispiel ausgelöst durch die Einleitung von etwas, das Schmerz verursacht; die Nähe von etwas, vor dem der Hund Angst hat; ein Sich-nähern, wenn der Hund im Besitz einer Ressource ist; jedes sich schnell zurückziehende Objekt. Auch wenn das Jagen und Beißen äußerlich der Aggression ähneln mag, zeigt ein Hund, der hinter einem Eichhörnchen herjagt und es beisst oder hinter einem Ball oder einem kreischenden Kind herläuft – das wissen Sie bereits –, mit diesem Beuteverhalten (Nahrungserwerb), etwas ganz anderes als das, was Thema dieses Abschnitts ist: die Angstaggression. Erinnern Sie sich? Es gibt nur zwei Arten eines aggressiven Verhaltens, auf die jemals selektiert wurde: der Nahrungserwerb und das persönliche Überleben. Sich auf andere Anlässe einzulassen, würde eine Verschwendung wertvoller Energie eines jeden Organismus bedeuten.
Zur persönlichen Überlebensstrategie zähle ich die Lösung von Konflikten insgesamt. Sollen Haushunde in die menschliche

Umgebung integriert werden, betrachtet man Kämpfe unter Rüden um das Recht der Fortpflanzung und alle Konflikte, bei denen es um Ressourcen geht (Kabbeleien der Löwen am Kadaver, Territorialverteidigung, das Bewachen von Kleenex-Tüchern durch unsere Haushunde), am besten als eine Sache des persönlichen Überlebens (oder möglichst vieler Nachkommen, worum es beim persönlichen Überleben ohnehin nur geht) und weniger durch die Brille von Etikettierungen wie „Dominanz", „Territorialverhalten" oder einer (echten oder eingebildeten) Veranlagung einer Rasse oder eines Individuums.

Es könnte schon sein, dass sich der eine oder andere Hund auf eine Weise verhält, die sich als „territorial" beschreiben ließe, wenn er zum Beispiel den Postboten beißt; dass einige Rassen oder einzelne Hunde schwieriger im Umgang mit Kindern zu sein scheinen als andere; oder dass ein Hund, der seinen Menschen nicht ins Bett lässt, diesem gegenüber eine vermeintlich höhere Rangstellung demonstriert. Doch aus diesen Etikettierungen sind ganz einfach keine besonders nutzbringenden Modelle oder Ansätze für eine Verhaltensänderung hervorgegangen. Und wenn es überhaupt ein normales Hundeverhalten gibt, das unbedingt geändert werden muss, dann sind es solche Dinge.

Modelle müssen danach beurteilt werden, wie nützlich sie sind, und nicht wie intuitiv. Viele vorhandene Modelle und Einstufungen der Aggression haben sich als außerordentlich komplizierte Etikettierungen erwiesen, die anscheinend auf der Philosophie beruhen: „Wenn du sie mit dem Verstand nicht verblüffen kannst, verwirre sie." Wie auch immer ein Modell für die Aggression bei Haushunden aussieht – es ist nur nutzbringend, wenn sich daraus effektive Behandlungs- und Präventionsmaßnahmen ableiten lassen.

Die Aggression ist auch stark durch ihre Folgen beeinflusst. Haben sich in der Vergangenheit Drohgebärden und Beißen als erfolgreich erwiesen, um Menschen auf Distanz zu halten, so können Sie Geld darauf verwetten, dass der Hund diese Strategie auch in Zukunft einsetzen wird. Stellen wir uns einmal vor, Ihr Hund findet den Postboten schaurig und bellt oder knurrt jeden Tag so lange, bis der „Unhold“ wieder gegangen ist. Anzunehmen, der Hund verhalte sich territorial, führt noch zu keiner wirksamen Behandlung; es lädt nur zu folgendem Schluss ein: „Oh, er ist territorial! Pass auf, dass er sich keinem Besucher nähern kann.“ Damit haben Sie dasselbe Problem, aber mit einer Etikettierung.

Wenn Sie dagegen annehmen, dem Hund sei die Gegenwart des Postboten unbehaglich und er schlage ihn durch sein Gebell scheinbar tagtäglich erfolgreich in die Flucht, so öffnet das viele Türen für eine mögliche Intervention. Sie können den Postboten mehrere Male kurz hereinbitten, damit er dem Hund ein Leckerchen aus der Hand füttern kann. Sie können auch mit jemanden verabreden, dass er sich wie ein Postbote anzieht und dann ein oder zwei friedensstiftende Stunden mit ihm durchziehen, in denen der „Postbote“ jedes Mal so lange stehen bleibt und nicht weicht, bis der Hund auf Befehl ruhig ist. Bei den ersten paar Versuchen wird das ein wenig dauern. Der Hund wird für sein Schweigen und dadurch belohnt, dass er den „Postboten“ damit zum Rückzug veranlasst. So können Sie durch Belohnen jeden Tag ein anderes Verhalten trainieren. Das Eintreffen des Postboten kann ein Signal für den Hund werden, in die Küche zu laufen und sich ganz nah vor die Dose mit den Hundekuchen zu setzen. Oder Sie bringen dem Hund bei, so lange in der Diele „Platz-Bleib“ zu machen, bis Sie ihm als Belohnung den Befehl geben, die Post zu holen. Ändern Sie die Szene immer wieder, sodass sie für den Hund nicht vorhersehbar ist.

Ebenso ist es bei einem Hund, der seinen Platz verteidigt, ein wenig spät, um über eine genetische Veranlagung zu jammern oder die Wahl der von Ihnen ausgesuchten Rasse in Frage zu stellen. Ihr Hund knurrt Sie gerade an. Sein Vertrauen für die Situation aufzubauen, in der man sich ihm nähert, wenn er sich gerade häuslich niedergelassen hat, und die entsprechenden Platzierungskommandos zu üben, ist die Handlungsweise, die am meisten Erfolg verspricht. Ein gegenüber Fremden ängstlicher, knurrender oder „reservierter“ Hund ist kein „selektiver“, „loyaler“ oder „guter Wachhund“, so tragisch es klingen mag. Er ist unzureichend sozialisiert, Punkt. Unzureichend sozialisierte Hunde sind nicht nur gefährlich, sie stehen auch unter ständigem Stress. Harmlose Dinge, wie Besucher bei Ihnen zu Hause, sehen sie als Bedrohung an. So zu sein macht keinen Spaß. Chronischer Stress beeinträchtigt außerdem die Gesundheit des Hundes.

Das Modell der Beißschwelle

Ein Modell zur Bestimmung der Aggression bei Haushunden, das den Weg zu wirksamen Behandlungs- und Präventionsstrategien öffnet, ist das der Beißschwelle. Alle Hunde haben eine Schwelle, ab der sie beißen werden. Diese Art Sollbruchstelle gibt es bei Ihnen und bei mir auch. Es gibt einen Grad der Provokation, ab dem Sie oder ich in die Luft gehen und sich aggressiv verhalten werden, vermutlich in Form eines aufgebrachten und beleidigenden Wortschwalls. Wahrscheinlich gibt es auch einen Punkt, an dem Sie oder ich handgreiflich werden, obwohl uns unser ganzes Leben lang beigebracht wurde, das nicht zu tun, und wir wissen, dass es ungesetzlich ist. Sicher, es gibt auch Menschen, die durch nichts dazu gebracht werden können, körperliche Gewalt einzusetzen, auch nicht dadurch, dass man einem Baby ein Messer vor die Nase hält oder dass sie selbst körperlich angegriffen werden. Diese Menschen bilden aber eine verschwindend kleine Minderheit. Außerdem gibt es natürlich Menschen, die anscheinend nie böse werden, aber schließlich Probleme bekommen wie Depressionen oder eine psychosomatische Krankheit. Absolute Friedfertigkeit ist nicht Maßstab für das, was wir als „normales" menschliches Verhalten bezeichnen, das ist hier der Punkt. Zweifelsohne gibt es Hunde, die sich niemals verteidigen würden, wie sehr man sie auch misshandelte; aber das sind keine normalen Tiere. Walt Disney will uns jedoch glauben lassen, der absolute Pazifismus sei bei Hunden die Norm; Ausnahmen gebe es nur bei extremer Provokation oder wenn es um die „Verteidigung des Herrn und Meisters" gehe. Zu behaupten, nette Hund beißen nicht und bösartige Hunde beißen, ist, als ob man sagte, nette Leute streiten oder ärgern sich nie, wohl aber bösartige Menschen.

„Normale" Hunde haben eine Beißschwelle. Sie verfügen auch über Schwellen für andere Stufen des Drohens, wie knurren, Zähne fletschen und schnappen (in die Luft beißen). Auch bei Hunden gibt es Dinge, die ihnen auf den Wecker gehen und die wir als Risikofaktoren bezeichnen. Zu den typischen Risikofaktoren zählen: Kategorien von Menschen, auf die der Hund nicht sozialisiert ist, Hände bzw. Berührungen, sich nähern, die Gegenwart der Futterschüssel oder anderer bewachter Ressourcen sowie jeglicher diskriminative Reiz (wie ein Zughalsband oder ein Riemen, mit dem der Hund geschlagen wird). Das Auftreten eines dieser Risikofaktoren kann schon Drohgebärden oder Beißen auslösen, je nachdem, wie stark der Reiz und wie hoch die Schwelle des einzelnen Tieres ist. Kommen mehrere Faktoren zusammen, verursacht das gewöhnlich eine höhere Stufe der Bedrohung. Dies steckt häufig dahinter, wenn Hunde, die sich vorher noch nie aggressiv verhalten haben, plötzlich „ohne Provokation" oder „ohne Grund" beißen. Eine neuartige Kombination solcher Risikofaktoren reizt den Hund viel stärker als die Einzelfaktoren, die ihn, für sich allein genommen, bisher überhaupt nicht zugesetzt haben.
Für jeden Hund lässt sich unter Berücksichtigung seiner Vorgeschichte versuchsweise ein Profil erstellen. Nehmen wir zum Beispiel rein hypothetisch den Hund Zaphod, der sich in Gegenwart fremder Männer nicht wohl fühlt. Dass er erstarrt, wenn sich jemand seiner Futterschüssel nähert, ist ein weiterer wichtiger Risikofaktor bei ihm. Auch hat der Besitzer festgestellt, dass der Hund nachts ein klein wenig sensibler zu sein scheint als tagsüber und sich nicht völlig entspannen kann, wenn sich eine Person oder Hände nähern. Die beiden letzten Punkte sind bis zu einem gewissen Grad in den Profilen der meisten Hunde zu finden.

Eines Tages beißt Zaphod einen Mann, der auf ihn zugeht, um ihn zu streicheln. Der Besitzer ist völlig am Boden zerstört, weil Zaphod vorher noch nie jemanden gebissen oder auch nur angeknurrt hat und er aus der Sicht des Besitzers bei dieser Gelegenheit nicht provoziert wurde. Aus dem Profil ergibt sich aber, dass in Zaphod eine

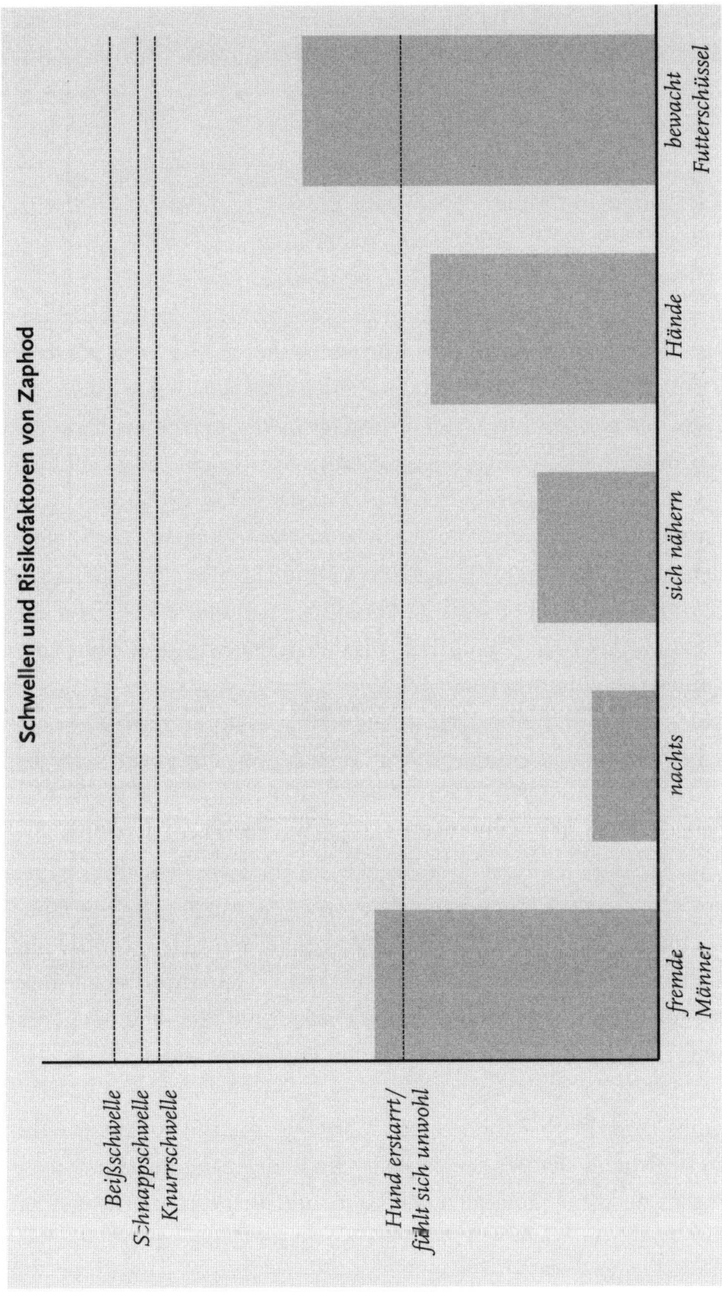
Schwellen und Risikofaktoren von Zaphod
Beißschwelle
Schnappschwelle
Knurrschwelle
Hund erstarrt/ fühlt sich unwohl
fremde Männer
nachts
sich nähern
Hände
bewacht Futterschüssel

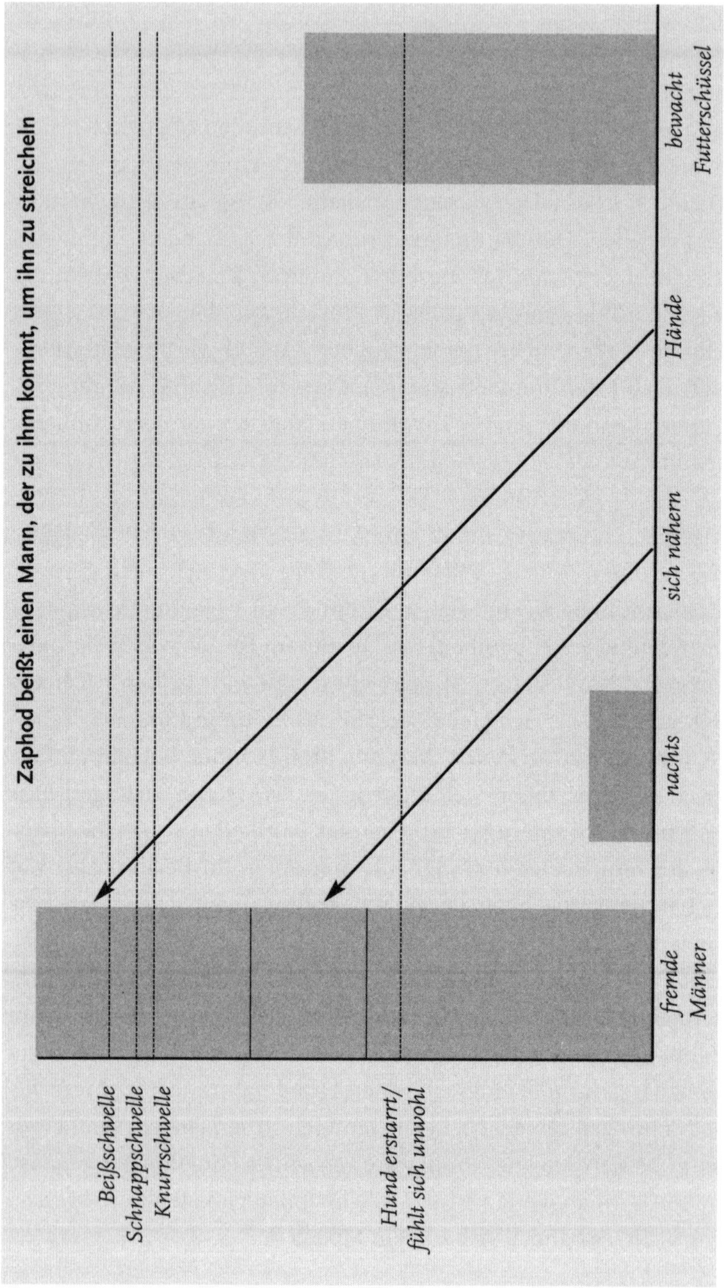
Zaphod beißt einen Mann, der zu ihm kommt, um ihn zu streicheln
Beißschwelle
Schnappschwelle
Knurrschwelle
Hund erstarrt/
fühlt sich unwohl
fremde
Männer
nachts
sich nähern
Hände
bewacht
Futterschüssel

Zeitbombe tickte, die leider hochgegangen ist. Bei Hunden, bei denen die Schwellen für das Knurren, Schnappen und Beißen so eng beieinander liegen wie bei Zaphod, finden wir dieses „plötzlich und ohne Warnung" häufig. Bei solchen Hunden kann ein Reiz, der Knurren auslöst, es bis zur Beißschwelle hinauf schaffen.
Dennoch ist es falsch zu sagen, es hätte nie irgendwelche Warnungen gegeben. Die Warnungen sind immer vorhanden, nämlich in der Form, dass sich der Hund in Gegenwart all dieser Dinge unbehaglich fühlt. Sein Besitzer ist einfach auf den Mythos „Nette Hunde beißen nicht" hereingefallen. Zaphod würde wahrscheinlich auch jeden fremden Mann beißen, der sich ihm während der Futteraufnahme näherte. Im Übrigen ist er immer noch ein netter Hund.

Maggie, ein anderer Hund, knurrt zwar Kinder an, hat aber noch nie zu ihnen Kontakt aufgenommen. Sie lässt sich nicht gern die Krallen schneiden und hat in ihrem Profil viele andere kleinere, aber deutliche Zeitbomben. Fatal in diesem Fall ist jedoch die Überzeugung des Besitzers, Maggie würde „niemals beißen". Schließlich habe sie, als sich eines Tages ein Kind ihrem Körbchen näherte, immer „nur" geknurrt. Maggies Profil können Sie entnehmen, dass es nicht mehr viel braucht, bis sie einen richtigen Biss anbringt. Und sofern ihr Fang hart ist, würde der Biss in die Statistik der verunstalteten Kinder aufgenommen. Ihr Besitzer aber war sicher, sie würde „niemals beißen", sofern sie nicht sehr stark provoziert würde. Die Punkte in Maggies Profil bedeuten für sie jedoch eine Provokation. Da die Schwellen für das Beißen und Schnappen sehr eng beieinander liegen, wird man sie wahrscheinlich nie beim Schnappen beobachten können. Es könnte im Übrigen sehr gut sein, dass im Profil eines einzelnen Hundes eine oder mehrere dieser Schwellen fehlen. Nicht alle Hunde warnen längere Zeit, bevor sie zubeißen. Maggies Profil wäre von seiner Funktion her genauso nützlich, wenn die Linie für das Schnappen ganz fehlte. Vergessen wir nicht, es handelt sich um ein Modell.

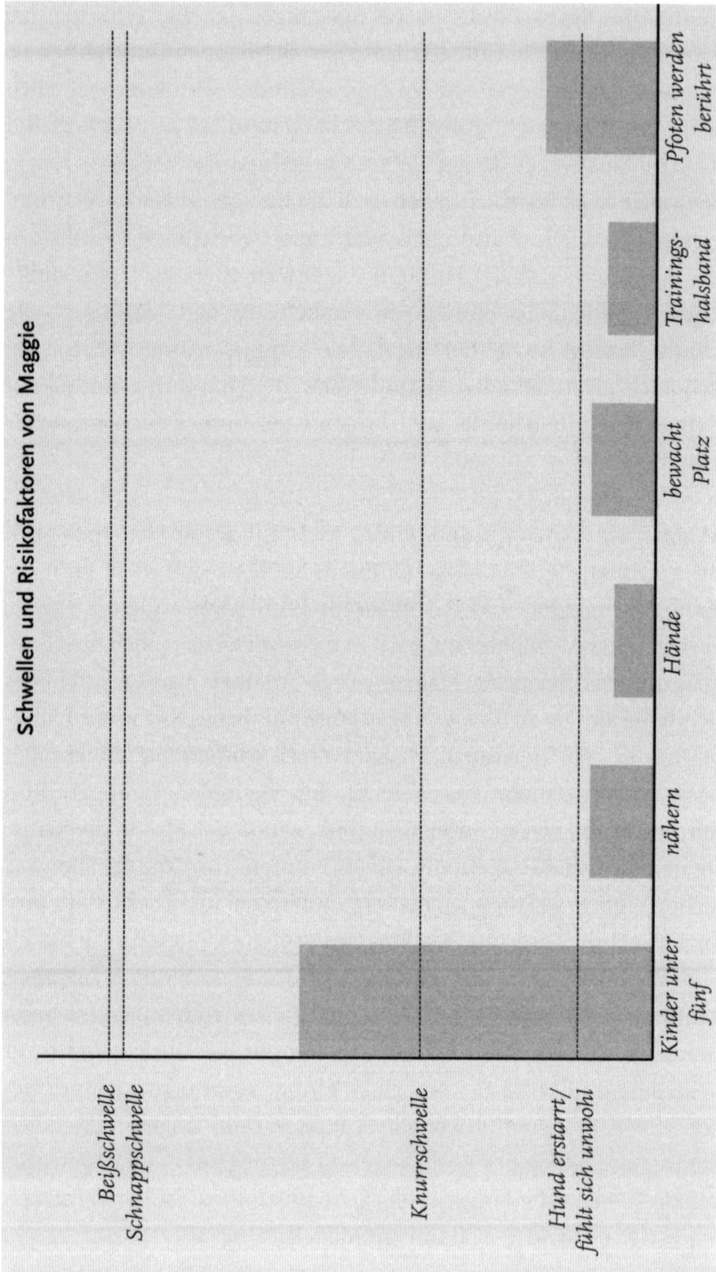
Schwellen und Risikofaktoren von Maggie
Beißschwelle
Schnappschwelle
Knurrschwelle
Hund erstarrt/
fühlt sich unwohl
Kinder unter
fünf
nähern
Hände
bewacht
Platz
Trainings-
halsband
Pfoten werden
berührt

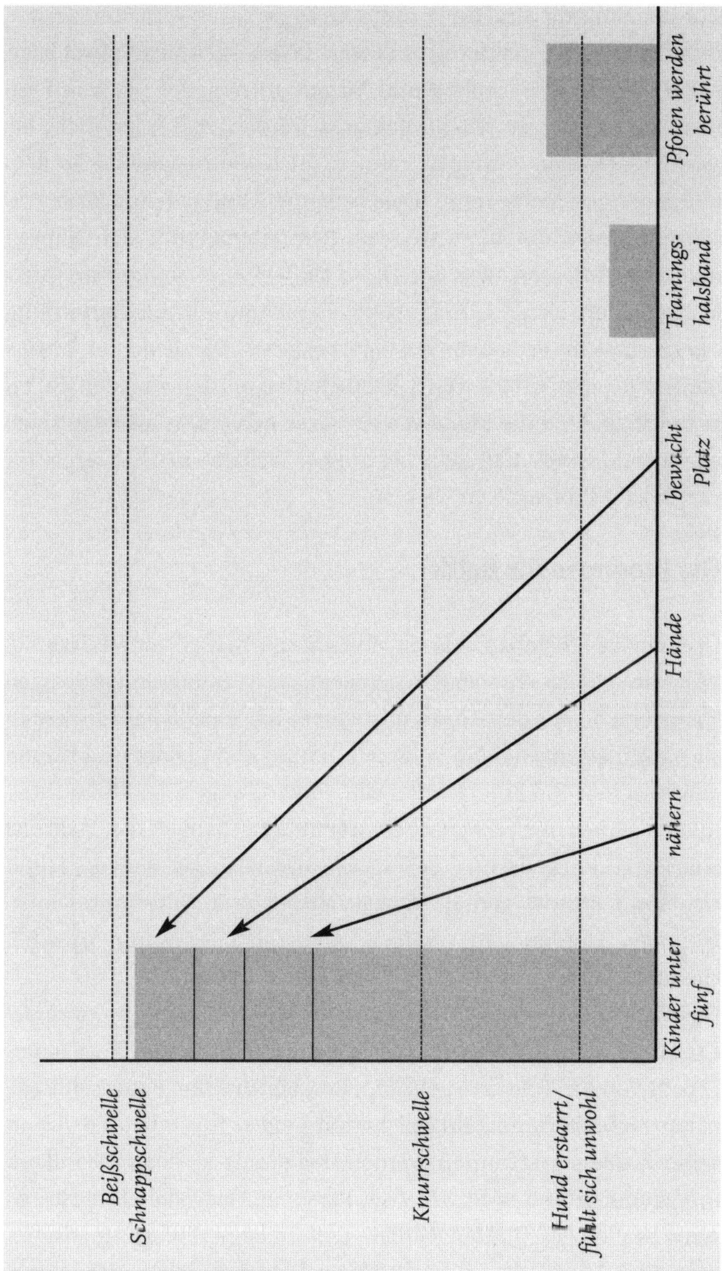
Beißschwelle
Schnappschwelle
Knurrschwelle
Hund erstarrt/
fühlt sich unwohl
Kinder unter
fünf
nähern
Hände
bewacht
Platz
Trainings-
halsband
Pfoten werden
berührt

Zur Behandlung von Hunden, die ein aggressives Verhalten zeigen, müssen alle Risikofaktoren in Einzelteile zerlegt und getrennt bearbeitet werden. Bei Zaphod und Maggie muss jeder Block auf ein möglichst niedriges Niveau gebracht werden, damit sie nicht bis zur Beißschwelle ansteigen können, auch wenn viele Blöcke übereinander geschichtet sind. Dies bedeutet: Übungen zur Resozialisierung, gegen das Bewachen von Ressourcen, zum sich Nähern und zum Anfassen. Was der Hund als Welpe versäumt hat, muss jetzt etabliert werden. Auch muss der Hund die Beißhemmung erlernen, wenn er keinen weichen Fang hat. Das bedeutet langsame, mühevolle Arbeit, führt letztlich aber in den meisten Fällen zum Erfolg. Und die Moral von der Geschichte: Das alles lässt sich vermeiden, wenn man aktiv bei jungen Welpen einschreitet, bevor sich solche Probleme entwickeln.

Die Prognose für Beißer

Drei Optionen stehen uns für erwachsene Beißer zur Verfügung. Wir können das Problem behandeln, es verhindern (sozusagen „managen“) oder den Hund hinrichten. Ich sage lieber hinrichten als einschläfern, weil ein beißender Hund nicht leidet und keinen gnadenvollen Tod braucht oder will. Er wird wegen der Überschreitungen getötet, die er Menschen gegenüber begangen hat. Dafür ist eine Exekution gedacht. Das Tragische daran ist, dass sich der Hund als Hund normal verhält. Sozialisierung und Anti-Aggressions-Übungen wurden ganz einfach vergessen oder waren unzureichend.

Das Problem zu managen, bedeutet, es physisch zu verhindern. Ist der Hund nicht auf Kinder sozialisiert, wird er für den Rest seines Lebens von Kindern fern gehalten. Bewacht er seine Futterschüssel, nähert sich die Familie ihm nicht, während er frisst. Beißt er, wenn seine Krallen geschnitten werden, bekommt er einen Maulkorb umgebunden und wird von zwei Personen festgehalten, während seine Krallen geschnitten werden. Es wird kein Versuch unternommen, dem Hund über dieses Problem hinwegzuhelfen. Manchmal

ist das Verhindern die beste Lösung. Einige Hunde, insbesondere solche mit einem geringfügigen Problem, können ihr normales Leben weiterführen und werden von ihren klugen, fürsorglichen Besitzern erfolgreich von den auslösenden Reizen fern gehalten.
Die Behandlung zielt darauf ab, das Verhalten des Hundes zu verändern. Dies geschieht gewöhnlich dadurch, dass Verhaltensweisen und Unsicherheiten angegangen werden, die dem Problem zu Grunde liegen. Bei der Behandlung von Hunden, die sich aggressiv oder ängstlich verhalten, ist es während der Behandlungszeit äußerst wichtig, Bisse zu verhindern. Jegliches Desensibilisierungsprogramm ist zum Scheitern verurteilt, wenn man den Hund mit etwas konfrontiert, das er nicht in den Griff kriegen kann. Das Ergebnis ist ein Hund, der wiederum sein altes, unerwünschtes, unsicheres, paranoides, aggressives Verhalten an den Tag legt, anstatt eine Chance zu erhalten. Hat der Hund zum Beispiel Angst vor Männern mit Bärten, wurde aber bereits soweit desensibilisiert, dass er sich einem bärtigen Mann nähert und eine Futterbelohnung von ihm nimmt, solange der ruhig sitzt, so ist es kontraproduktiv, wenn der Mann zum Hund hingeht und ihn zu streicheln versucht. Der Hund wird bei sorgfältigem Training schließlich an diesen Punkt gelangen, aber noch ist er dort nicht angekommen. Je jünger der Hund ist und je weicher sein Fang, desto besser ist gewöhnlich die Prognose. Junge Hunde kann man besser formen, und es ist eindeutig weniger gefährlich, mit Hunden zu arbeiten, die einen weichen Fang haben.
Viele Besitzer haben nicht die Geduld oder die Lust, so viel Mühen auf einen Hund zu verwenden, der beißt. Daraus resultiert als eine Variation des Verhinderns, die Lösung, den Hund „aufs Land" oder „auf einen Hof" zu schicken, was in den USA immer beliebter wird. Diese Möglichkeit suchen sich Besitzer, die nicht wissen, wie sie das Beißproblem angehen sollen, oder sich nicht damit abgeben können, die aber zu viele Schuldgefühle hätten, würden sie ihr Tier hinrichten. Über die Einstellung dieser Menschen bin ich richtiggehend sauer. Bei dem Hund wurde zweimal etwas versäumt. Einmal, weil die vorbeugenden Übungen nicht durchgeführt haben.

Und zum anderen, weil die Menschen nicht wissen, wie sie die ganze Unordnung wieder in die Reihe bringen, die sie dadurch angerichtet haben. Das ist ein ziemlich alarmierender Mangel an Einfühlungsvermögen derjenigen Menschen, deren Bindung so stark auf ihrer Überzeugung basiert, Hunde seien „so wie sie".

Hunde kennen kein „richtig“ oder „falsch“

Planet Empathie 101

Stellen Sie sich vor, Sie leben auf einem Planeten, auf dem die dominante Gattung – die „Gorne“ – intellektuell viel höher entwickelt ist als der Mensch, sich aber häufig Menschen als Haustiere hält. Die Gorne kommunizieren untereinander mit Hilfe einer komplexen Kombination aus Telepathie, Augenbewegungen und hohen Quietschtönen, unverständlich und nicht erlernbar für Menschen, deren Gehirne nur auf den Erwerb der verbalen Sprache ausgerichtet sind. Manchmal lernen Menschen die Bedeutung einzelner Töne durch wiederholte Verknüpfung mit Dingen, die für sie von Bedeutung sind. Gorne und Menschen sind stark miteinander verbunden, doch gibt es viele Regeln der Gorne, an die sich die Menschen bei begrenzter Information und meist hohem Risiko anpassen müssen. Diejenigen gehören zu den glücklichen Menschen, die bei den Gornen in deren Wohnungen leben. Viele andere Menschen sind im Hof angekettet. Sie sind sozial so ausgehungert, dass sie nicht in der Lage sind, ihre Emotionen zu kontrollieren, wenn ein Gorn in ihre Nähe kommt. Wegen dieses Verhaltens werden die Gorne sie nie als Hausmenschen halten. Sie sind zu aufgeregt.

In der Unterkunft, die Sie mit Ihrer Gornfamilie teilen, gibt es zahlreiche mit Wasser gefüllte Toilettenschüsseln mit Spülventilen. Wann immer Sie in eine dieser Schüsseln urinieren wollen, werden Sie jedoch von irgendeinem Gorn in der Nähe attackiert. Sie lernen, die Toilette nur dann zu benutzen, wenn keine Gorne in der Nähe sind. Manchmal kommen diese nach Hause und stecken Ihren Kopf ohne erkennbaren Grund in die Toilette. Das hassen Sie und beginnen zu den Gornen hinzukriechen, wenn sie nach Hause kommen, um dies abzuwehren; sie aber sehen es als Zeichen Ihrer Schuldgefühle wegen einer unbekannten Handlung.

Sie werden auch dafür bestraft, dass Sie Videos schauen, gewisse Bücher lesen, mit anderen menschlichen Wesen sprechen, Pizza oder Käsekuchen essen, Briefe schreiben. All dies betrachten die Gorne als Verhaltensprobleme. Um nicht selbst verrückt zu werden, warten Sie, bis sie wieder weg sind, und versuchen dann das zu tun, was Sie tun wollen. Solange Ihre Gorne da sind, sitzen Sie ruhig herum und starren geradeaus. Weil Ihre Gorne dieses erfreuliche Verhalten, dessen Sie fähig sind, sehen, suchen sie nach Gründen für das Videoschauen und die anderen Überschreitungen, die geschehen, wenn Sie allein sind. Offensichtlich scheinen Sie sich zu ärgern, wenn Sie allein sind, so meinen sie. Sie werden jeden Tag mehrmals ausgeführt und kriegen Bücher mit Kreuzworträtseln zum Lösen. Die Bücher rühren Sie nie an, weil Sie Kreuzworträtsel hassen; die Gorne denken, Sie würden die Rätsel aus Rache nicht beachten.

Was das Schlimmste ist, Sie mögen die Gorne auch noch. Schließlich sind sie häufig nett zu Ihnen. Wenn Sie sie aber anlächeln, werden Sie bestraft, ebenso für das Händeschütteln. Entschuldigen Sie sich, werden Sie wieder bestraft. Seit Ihrer Kindheit haben Sie keinen anderen Menschen gesehen. Sehen Sie einen auf der Straße, sind Sie neugierig, aufgeregt und manchmal verängstigt. Sie wissen wirklich nicht, wie Sie sich verhalten sollen. Deshalb hält Sie der Gorn, bei dem Sie leben, weiterhin von anderen Menschen fern. Ihre sozialen Fähigkeiten entwickeln sich nie.

Schließlich werden Sie zum „Training“ in die Schule gebracht. Ein großer Teil des Trainings besteht daraus, dass Ihnen mit einer Metallkette um den Hals kurz die Luft abgedrückt wird. Die Gorne sind sicher, dass Sie jeden ihrer Quietschtöne und jede ihrer telepathischen Kommunikationen verstehen, weil Sie es manchmal anscheinend richtig machen. Sie jedoch raten einfach und hassen das Training. Häufig fühlen Sie sich ziemlich ausgepowert.

Eines Tages sehen Sie, wie sich Ihnen ein Gorn mit einem Trainingshalsband in der Hand nähert. Sie haben Nackenschmerzen und fühlen sich einfach nicht fit, diesen unergründlichen Zwang, der nun folgen wird, auszuhalten. In strengstem Ton teilen Sie dem Gorn mit, er soll Sie in Ruhe lassen und fortgehen. Die Gorne sind von diesem aggressiven, von ihnen nicht provozierten Verhalten geschockt. Sie dachten, Sie hätten ein gutes Naturell.
Sie stopfen Sie in eines ihrer Fahrzeuge und fahren mit Ihnen weg. Sie betrachten die schöne Landschaft, die an Ihnen vorbeizieht, und fragen sich, wohin es wohl geht. Das Fahrzeug hält an. Sie werden in ein Gebäude voll menschlichem Schweiß und Exkrementen geführt. Überall sitzen Menschen in kleinen Käfigen. Einige sind nervös, einige deprimiert, fast alle beobachten aus ihrem Gefängnis heraus das, was draußen geschieht. Ihre Gorne, mit denen Sie Ihr ganzes Leben verbracht haben, übergeben Sie Fremden, die Sie in einen kleinen Raum zerren. Sie haben schreckliche Angst und rufen Ihre Gornfamilie um Hilfe. Die dreht sich um und verlässt das Gebäude durch die Tür. Sie werden festgehalten und bekommen die Todesspritze. Schließlich ist das der humane Weg.

Die zehn Verhaltensprobleme der Hausmenschen auf dem Planeten Empathie 101:

1) Lächeln
2) Fernsehen
3) Mit Wasser gefüllte Porzellanschüsseln als Toilette benutzen
4) Andere Musik als Country & Western hören
5) Mit anderen Menschen sprechen
6) Rauchen
7) Zähne putzen
8) Irgendetwas anderes essen als (ausgewogenes) Menschenfutter
9) Zur Begrüßung Hände schütteln
10) Auf Stühlen sitzen („Wie kann ich ihn dazu bringen, dass er nicht mehr auf *Stühlen* sitzt?!“)

Eine ähnlich grauenhafte Welt wird ständig von vielen Haushunden bewohnt. Praktisch das ganze natürliche Verhalten des Hundes – kauen, bellen, raues Spiel, hinter sich bewegenden Objekten herjagen, alles Essbare in Reichweite aufnehmen, zur Begrüßung hochspringen und mit den Pfoten berühren, kleinere Streitigkeiten durch Drohgebärden schlichten, Kontakt zu fremden Hunden aufnehmen, Ressourcen bewachen, sich mit ständigem Druck gegen Brust oder Hals in die Leine hängen, auf poröse Oberflächen wie Teppiche urinieren, sich gegen eine empfundene Drohung verteidigen –, dies alles wird von Menschen als Verhaltensproblem angesehen. Für Hunde haben die Regeln, die uns so klar erscheinen, absolut keinen Sinn. Es sind eben keine Menschen im Hundegewand.

Versuchte jemand, Ihnen mit Strafe Verhaltensweisen auszutreiben, von denen Sie wüssten, dass sie für Ihr eigenes Wohlbefinden oder den Lebensunterhalt notwendig sind, würden Sie diese Verhaltensweisen dann ablegen – oder vielleicht herauszufinden versuchen, wann es sicher ist, sich so zu verhalten und wann nicht? Welche Gefühle hätten Sie dem gegenüber, der Sie bestraft? Wie glaubwürdig wäre er für Sie? Für Hunde ist von Natur aus klar, dass Möbel, Kleidung und das Wageninnere gut zum Kauen geeignet sind, so wie für Sie klar ist, dass Fernsehapparate zum Fernsehen da sind. Würde ich Sie schelten, weil Sie fernsehen, würden Sie es sehr wahrscheinlich einfach dann tun, wenn ich nicht da bin. Und Sie sind ein Mensch mit großer Gehirnmasse und einem Gewissen.

Wir clevere, moralische Wesen machen die ganze Zeit solche Unterschiede. Denken wir nur mal an überhöhte Geschwindigkeit auf der Autobahn. Viele von uns haben dafür schon einen Strafzettel bekommen. Was bewirkt eigentlich diese massive Bestrafung zum richtigen Zeitpunkt? Eine sofortige Unterdrückung des Verhaltens: Sobald Sie den Strafzettel bekommen haben, fahren Sie langsamer. Dabei sind Sie wütend und ärgern sich. Was aber geschieht nach wenigen Stunden, Tagen oder Wochen? Die meisten fangen wieder an, schneller zu fahren. Und sie sagen, sie wüssten genau, dass es gesetzwidrig sei, zu schnell zu fahren. Es berge große Gefahren in sich, und sie verstünden, dass sie bestraft werden müssen, wenn sie erwischt werden. Die letzten vier Worte sind die wichtigsten: wenn sie erwischt werden. Ein feineres Gespür ist es, was bei einer Bestrafung herauskommt: Sie „riechen" die Radarfallen immer besser, wissen genau, wo und wann Sie Gas geben können. Dass es sich hier nicht um eine moralische Schwäche handelt, sondern um das durch die Bestrafung erreichte Ergebnis, ist sehr wichtig. Wir unterliegen den Gesetzen des Lernens. Das gilt umso mehr für Hunde, weil sie im Gegensatz zu uns nicht wissen, ob ein Verhalten falsch ist oder eine Gefahr für andere in sich birgt. Anders gesagt, sie bestrafen sich nicht selbst mit Schuldgefühlen und Gewissensbissen. Das macht aus ihnen keine moralisch minderwertigen Wesen. Sie sind einfach so. Wir nehmen Phänomene viel zu persönlich, die nichts als das Ergebnis der Gesetze des Lernens von Hunden sind.

Wenn Sie sich Ihren Mund an einer Pizza verbrannt haben, werden Sie das nächste Mal erst die Temperatur der Pizza prüfen, bevor Sie hineinbeißen. Es wird Sie nicht davon abhalten, wieder eine zu bestellen. Ein Lebewesen wird immer nach einem Weg suchen, wie es die Bestrafung umgehen kann, um an die Belohnung heranzukommen. Belohnung ist der ultimative Antrieb für ein Verhalten. Strafen sind einfach Hindernisse, die es auf dem Weg zu einer Belohnung zu umschiffen gilt. Deshalb wird ein Hund kaum aus dem Nichts heraus seine Gewohnheit aufgeben, das Azaleenbeet umzugraben, auch wenn er vielleicht lernt, dass so etwas in Ihrer Gegenwart gefährlich ist. Welchen anderen Zweck könnte ein Azaleenbeet für einen Hund erfüllen? Wann immer Sie bestrafen, sind Sie der Polizist, der den Strafzettel für zu schnelles Fahren an ein intellektuell nicht sehr anspruchsvolles und amoralisches Wesen ausstellt, das sich wirklich schnell bewegen will und vielleicht auch muss. Ja, es wird eine Weile damit aufhören, wenn die Strafe wirklich massiv war; früher oder später wird es aber wieder an Geschwindigkeit zulegen, und es wird immer besser darin werden, die Radarfallen zu umgehen.

Verschiedene Dinge und ihre Wertigkeit im Universum

Für Menschen	Für Hunde
Möbel	Kauspielzeug
Schuhe	Kauspielzeug
Auto	ein sich schnell zurückziehendes Objekt
Autoinneres	Kauspielzeug
Teppich	Toilette
Hundefutter	Futter
Vorspeisen für Gäste	Futter
Kleenex-Tücher	Futter
Cello	Kauspielzeug
Buch	Kauspielzeug
Katze	ein sich schnell zurückziehendes Objekt
Eichhörnchen	ein sich schnell zurückziehendes Objekt
Plastikverpackung auf dem Boden	Futter
HiFi-Lautsprecher	Kauspielzeug
HiFi-Lautsprecher	Toilette (für unkastrierte Rüden)
Brille	Kauspielzeug
Stein	Futter (für Labradore)

So wird ein Hund stubenrein

Ein weiteres klassisches Beispiel ist die Stubenreinheit. Erinnern Sie sich an die Gorne? Würde einer von denen jedes Mal drohend aus dem Kosmetikschrank springen, wenn Sie auf der Toilette sitzen, um Ihr Geschäft zu verrichten, wäre Ihnen trotzdem ziemlich klar, dass Toiletten dafür der „richtige" Ort sind. Vielleicht untersuchten Sie nun aber vorher den Schrank, um sicherzustellen, dass darin kein Angreifer sitzt. Auch gingen Sie nicht gern irgendwo anders auf die Toilette, wenn irgendjemand zuschaut. Das wäre nicht boshaft, sondern ausgesprochen vernünftig.

Hunde, die sich auf dem Spaziergang „weigern", sich zu lösen und es dann zu Hause auf dem Teppich tun, wenn der Besitzer zum Telefonieren den Raum verlässt, werden von ihm für boshaft gehalten. Er meint, sie wollten ihm damit „eins auswischen". Das ist die dämlichste Fehlinterpretation, die es über Hunde gibt. Der Hund hat einfach gelernt, dann auf den dafür offensichtlich richtigen Platz zu gehen, wenn der Angreifer nicht zugegen ist. Bei Rückkehr des Besitzers verhält er sich unterwürfig und versucht der Strafe aus dem Weg zu gehen, die unausweichlich kommt, sobald die Signalreize in dem magischen Kontext (Besitzer plus Haufen auf dem Perserteppich) auftreten. Aus seiner verängstigten, unterwürfigen Haltung wird klar, dass der Hund diese Bestrafung natürlich am liebsten vermeiden würde, wenn er nur wüsste wie. Bestrafte Sie jemand unter bestimmten Umständen, würden Sie auch um Gnade bitten, ob Sie nun einen Anhaltspunkt dafür hätten, warum Sie bestraft würden, oder nicht. Was wir den Hunden antun, grenzt schon fast an Orwell'sche Verhältnisse.

Die Besitzer setzen sich bei der Erziehung zur Stubenreinheit matt, weil es für sie ganz offensichtlich um die Unterscheidung von drinnen und draußen geht. Auf der anderen Seite kommen Hunde auf Grund der Informationen ihres Besitzers nicht unbedingt zu dieser Schlussfolgerung, obwohl sie zu einer solchen Unterscheidung in der Lage sind. Auch nimmt der Besitzer an, der Hund könne richtig und falsch auseinander halten, wo er doch in Wirklichkeit die Unterscheidung zwischen sicher und gefährlich lernt.

Viele verschiedene Teile eines Puzzles gilt es zu beachten, wenn der Hund lernt, wie die Welt so funktioniert. Betrachten wir einmal, wie das Training der Stubenreinheit normalerweise aussieht. Hier also die ersten zwölf Versuche von Max, einem frisch übernommenen Hund, zu urinieren:

Verhalten von Max	Kontext	Ergebnis für Max
Uriniert in der Diele	geknüpfter Teppich, ohne Besitzer	Entlastung der Blase
Uriniert im Wohnzimmer	dicker Teppich, Besitzer dabei	Schreien, Nackenschütteln
Uriniert im Garten	Rasen, Besitzer dabei	Entlastung, Lob, Hundekuchen

Verhalten von Max	Kontext	Ergebnis für Max
Uriniert im Wohnzimmer	dicker Teppich, Besitzer dabei	Schreien, Nackenschütteln
Uriniert in der Diele	geknüpfter Teppich, Besitzer dabei	Schreien, Nackenschütteln
Geht in den Garten, uriniert	Rasen, Besitzer dabei	zurück ins Haus
Uriniert im Garten	Rasen, ohne Besitzer	Entlastung
Uriniert im Schlafzimmer	dicker Teppich, Besitzer dabei	Schreien, Nackenschütteln
Uriniert im Esszimmer	unterm Tisch, ohne Besitzer	Entlastung
Uriniert im Esszimmer	Teppich in der Ecke, Besitzer dabei	Schreien, Nackenschütteln
Geht in den Garten, uriniert nicht	Rasen, Besitzer dabei	zurück ins Haus
Uriniert im Keller	Sofa, ohne Besitzer	Entlastung

Aus der Sicht des Besitzers gab es bei der Erziehung zur Stubenreinheit drei Missgeschicke: das erste in der Diele, das nächste unter dem Esstisch und das dritte im Keller. Bei allen anderen Versuchen wurde der Hund erwischt und bestraft, oder sie geschahen an dem gewünschten Ort, nämlich im Garten.

Was aber hat der Hund gelernt? Möglicherweise, dass im Haus alles gefährlich und der Rasen sicher ist. Ebenso gut kann der Hund gelernt haben, Schlaf- und Wohnzimmer sind gefährlich, Esszimmer nur dann, wenn man es nicht unter dem Tisch macht. Rasen, Sofas und Keller sind sicher. Ist der Besitzer fort – das ist als Einziges eindeutig –, dann ist es niemals gefährlich; ist er aber anwesend, so ist es fast die Hälfte der Zeit gefährlich. Wären Sie der Hund, würden Sie vielleicht so lange einhalten, wie der Besitzer in der Nähe ist, auch im Garten, und würden dann zum Pinkeln runter in den Keller sausen, um ganz sicherzugehen. Ihre Hypothese würde sich als richtig erweisen: Auf die Toilette zu gehen ist immer dann sicher, wenn Sie allein sind.

Was bei diesem Beispiel fehlt, ist eine solide aufgebaute Serie belohnter Übungen am gewünschten Ort, dem Garten. Damit entfällt nicht nur die Mehrdeutigkeit früherer Versuche, es erweisen sich sowohl die Gegenwart des Besitzers als auch der Ort als belohnend. Die nachfolgenden Bestrafungen lassen somit nur eine enger gefasste mögliche Interpretation zu: es muss der Ort sein, der nicht sicher ist. Meist fehlt aber dieses solide Fundament. Die Besitzer fangen nach den ersten zwei oder drei Versuchen an zu glauben, der Hund habe es gelernt, in Wahrheit ist es aber nur wie ein Tropfen in einem Eimer.
Damit das Training der Stubenreinheit erfolgreich verläuft, geht es nur darum, dass der Hund bei jedem Ereignis erwischt wird und eine Reaktion bekommt. Das ist die Regel Nummer eins. Als Regel Nummer zwei muss und will der Besitzer die meiste Zeit der gute Kumpel sein. Damit Sie jedes Mal Feedback geben und auch der gute Kumpel sein können, müssen Sie es so einrichten, dass der Hund sein Geschäft draußen erledigt. Sie müssen also dabei sein, wenn er es tut, damit Sie ihn im richtigen Augenblick belohnen können (mit Lob und Leckerli aus der Tasche). Auch müssen Sie Wege zur Verhinderung von Missgeschicken finden. Jedes Lösen, das im Haus vermieden wird, ist für den richtigen Ort – nämlich draußen – aufgehoben und damit eine weitere Möglichkeit, den Hund darauf zu konditionieren, sich draußen zu lösen, und gleichzeitig der gute Kumpel zu sein. Für die Stubenreinheit ist das der wichtigste Schub. Daneben ist es ebenso wichtig, wenn auch nicht von gleich hoher Bedeutung, Missgeschicke im Haus im richtigen Augenblick zu unterbrechen.

Boxentraining

Um den Hund ununterbrochen loben zu können, muss er daran gehindert werden, im Haus zu urinieren oder dies auch nur zu versuchen. Eine Hundebox und häufige Gänge nach draußen sind hier angebracht. Die meisten Hunde versuchen ihren Drang zurückzuhalten, wenn sie in einem engen Raum eingesperrt sind. Dadurch wird die Box zu einem wertvollen Hilfsmittel. Über das

Thema Boxentraining wurden ganze Bücher geschrieben. Dennoch wird dem Konzept erstaunlicherweise mit der Begründung widersprochen, es sei nicht human. Die Alternative zum Boxentraining ist eine mögliche Bestrafung zu einem frühen Zeitpunkt, die für den Hund nicht nur Stress bedeutet, sondern eventuell den Prozess insgesamt zum Scheitern verurteilt. Der Mensch bekommt es auf andere Art und Weise hin, allerdings mit beträchtlichen Verschleißerscheinungen.

Nehmen Sie sich vor dem Einsatz der Hundebox als Hilfsmittel also ein wenig Zeit und schaffen Sie einen ersten guten Eindruck. Machen Sie es dem Hund drinnen mit einem Polster oder einem Kissen mit Decke bequem, stellen Sie die Box in einen stark frequentierten Bereich, zum Beispiel in die Küche, und werfen Sie ein paar Leckerli hinten in die Box, wenn der Hund nicht hinschaut. Lassen Sie den Hund das Wunder hinten in der Box selbst entdecken. Geben Sie ihm sein Futter in der Box und lassen Sie die Tür dabei stets offen. Befestigen Sie ein mit interessanten Dingen gefülltes Kauspielzeug hinten in der Box, sodass sich der Hund hineinlegen muss, wenn er daran kauen will.

Nachdem Sie das einige Tage getan haben, fangen Sie an, dem Hund beizubringen, auf Befehl in die Box hineinzugehen oder herauszukommen. Sie sagen „ins Bett“ oder „in die Box“, werfen ein Leckerli hinein, loben den Hund, wenn er hineingeht und das Leckerli frisst, und befehlen ihm dann mit einem Kommando Ihrer Wahl, wieder herauszukommen. Spornen Sie ihn dazu an, herauszukommen, loben Sie ihn (geben für das Herauskommen aber kein Futter als Belohnung). Wiederholen Sie dies ein paar Mal und verändern Sie dann die Reihenfolge ein wenig: Statt nach dem „ins Bett“ das Leckerli in die Box zu werfen, warten Sie, bis der Hund und von selbst hineingeht und werfen erst dann das Leckerli. Geht der Hund auf Befehl nicht in die Box hinein, warten Sie einfach. Geben Sie den Befehl nicht noch mal, zerkleinern Sie das Leckerli auch nicht und werfen es dann hinein. Mit Gesten können Sie den Hund anfeuern, doch ist das riskanter als einfach zu warten. Geht er nicht hinein, beenden Sie die Übung ohne Kommentar. Machen

Sie wenig später einen neuen Versuch, halten Sie die Belohnung immer noch zurück, bis der Hund von allein in die Box geht. Tut er es dann (und letztlich wird er es tun, bleiben Sie also am Ball), geben Sie ihm eine doppelt oder dreifach so große Belohnung, wiederholen Sie das Ganze ein paar Mal und beenden Sie die Übung. Hören Sie immer auf, solange der Hund noch mehr will.

Geht der Hund auf Befehl hinein und kommt auch wieder heraus, ist der Zeitpunkt gekommen, ihn zum ersten Mal einzuschließen. Holen Sie sich einen Lieblingsfilm aus der Videothek und stopfen Sie einige Kauspielzeuge mit etwas ganz besonders Gutem voll. Stellen Sie die Box neben Ihren Lieblingssessel. Bevor Sie sich in diesem niederlassen, um sich den Film anzusehen, befehlen Sie dem Hund, in die Box zu gehen. Sie geben ihm die Kauspielzeuge, wenn er hineingegangen ist, schließen die Tür und sehen sich den Film an. Entfernen Sie sich einige Minuten, um Popcorn oder ein Getränk zu holen, kommen aber immer gleich wieder zurück. Die erste Erfahrung, die der Hund in der verschlossenen Box macht, muss außerordentlich einfach und gut sein. Wird der Hund laut, regt er sich auf oder kriegt einen Wutanfall, ignorieren oder ermahnen Sie ihn. Ist der Film zu Ende und der Hund hat sich beruhigt, liegt also ruhig in seiner Box, öffnen Sie einfach die Tür und befehlen ihm herauszukommen. Sie lassen ihn auf keinen Fall heraus, wenn er sich schlecht benimmt, denn sonst würden Sie das ja konditionieren. Belohnen Sie kein Verhalten, das Ihnen missfällt. Wenn Sie die Tür öffnen, stürzen Sie sich nicht auf den Hund und umarmen ihn. Tun Sie so, als ob gar nichts los wäre. Verhalten Sie sich neutral. Alle guten Dinge sollten in der Zeit geschehen, in der sich der Hund in der Box aufhält und ordentlich benimmt. Lassen Sie den Hund, bevor Sie das Training/Ihren Filmabend beenden, ein- oder zweimal wieder zurück in die Box gehen, ohne die Tür zu schließen, und belohnen Sie dies mit Leckerli. Will er nicht in die Box hinein, so veranstalten Sie alles Mögliche, bis er hineingeht, belohnen ihn und wiederholen die Rein-Raus-Übung, bis sie wieder gut sitzt.

Schließen Sie den Hund in den nächsten paar Tagen in die Box ein, während Sie zu Hause sind und Ihrer normalen Tätigkeit nachgehen. Geben Sie ihm jedes Mal interessante Kauspielzeuge. Ignorieren Sie alle Geräusche oder ermahnen Sie den Hund. Hat er mit seinem Theater aufgehört und gibt seiner Verzweiflung auch keinen lauten Ausdruck mehr, können Sie anfangen, das Haus zu verlassen. Voilà. So funktioniert das mit dem Boxentraining.

Es gibt Hunde, die sich von Boxen nicht beeindrucken lassen. Fröhlich urinieren sie und setzen Kot ab. Möglicherweise waren sie früher schon über längere Zeit eingesperrt, was sie dazu zwang, sich schließlich dort zu entleeren. Damit verloren sie ihren Reinlichkeitsinstinkt. Gelegentlich lässt er sich dadurch zurückgewinnen, dass die Box und der Hund picobello sauber gehalten werden und der Hund oft genug hinauskommt, sodass er nie in die Verlegenheit gerät, in der Box urinieren zu müssen.

Bei Hunden, die sich ohne Vorbehalt lösen, wenn sie in einem beengten Bereich eingesperrt sind, bleibt das Training der Stubenreinheit zwar im Prinzip unverändert, aber: Schaffen Sie Möglichkeiten für richtige Reaktionen und belohnen Sie jede einzelne. Unterbrechen Sie falsche Reaktionen. Das bedeutet bei einigen Hunden eine genaue Überwachung. Entwickeln Sie die Fähigkeit, bei Ihrem Hund unterscheiden zu lernen und zu erkennen, ob seine Blase gefüllt ist oder nicht. In blasen- und darmleeren Zeiten ist in räumlich begrenzten, hundesicheren Bereichen des Hauses eine gewisse Freiheit möglich. Um es anders auszudrücken: Sie haben gerade gesehen, wie sich der Hund beider Dinge draußen entledigt hat, also ist es im Haus nun eine kurze Zeit lang sicher. Einem „vollen" Hund geben Sie die Wahl zwischen zwei Möglichkeiten zum Entleeren: 1) entweder in der Box oder 2) draußen in Ihrer Gegenwart, wobei Sie für den Fall, dass der Hund gut rät und das Richtige tut, getrocknete Leber in der Hosentasche haben. Der perfekt gewählte Zeitpunkt für die Belohnung ist dabei von besonderer Bedeutung.

Lernschritte

1) Etablieren Sie das gewünschte Verhalten über Belohnung. Führen Sie den Hund also häufig an denselben Ort hinaus und

loben Sie ihn mit Worten und auch mit Leckerli jedes Mal, wenn er sich dort gelöst hat. Die Leckerli müssen Sie in Ihrer Hosentasche haben, um sie innerhalb einer Sekunde nach dem gezeigten Verhalten geben zu können. Loben Sie den Hund, sobald er Anstalten macht, sich zu lösen, und belohnen Sie ihn sofort danach. Nehmen Sie eine Belohnung, die Ihr Hund wirklich mag; und natürlich müssen Sie, wenn Sie belohnen wollen, auch anwesend sein. Wenn Sie den Hund in den Garten schicken und ihn dann durchs Fenster beobachten, wird er wahrscheinlich in den Garten machen, doch fehlt ohne Belohnung der Trainingseffekt. Sie bringen dem Hund bei, dass er sein Geschäft lieber außerhalb Ihres Dunstkreises verrichtet. Denken Sie daran: Sie werden Ihren Hund später tadeln, wenn er im Haus macht, und Sie wollen nicht, dass er dies mit Ihnen verbindet. Haben Sie ihn Dutzende Male gelobt, wenn er sich draußen vor Ihren Augen entleerte, so versteht er Ihre nachfolgenden Ermahnungen leichter.

Einen Hund, der sich im vorgesehenen Bereich gelöst hat, kann man auch mit einem anschließenden Spaziergang belohnen. Begreift er, dass er nach seinem Geschäft spazieren geführt wird, wird er sich wohl beeilen. Die meisten Hundehalter machen es anders herum: Sie führen den Hund aus, in der Hoffnung, dass er sich löst, und beenden danach den Spaziergang, gehen also zurück, sobald alles erledigt ist. Der Hund lernt, dass der Spaziergang nach dem Geschäft zu Ende ist, und zögert selbiges immer weiter hinaus, um nicht nach Hause zu müssen. Das ist seitens des Hundes keine große Leistung, sondern einfach wieder die Anwendung der Lerngesetze. Bei mir zu Hause gilt folgende Regel: „Leere“ Hunde spielen Frisbee. Meine Hunde spielen gern Frisbee und wissen, dass das Spiel erst beginnt, wenn sie sich gelöst haben. Also entleeren sie sich relativ schnell.

Die meisten Hundebesitzer sollten lernen, sich mehr auf die Konsequenzen zu konzentrieren, die ein Verhalten nach sich zieht, als auf den Versuch, Verhalten mit Hilfe von Lockmitteln zu manipulieren. Weiter unten erfahren Sie mehr über Konsequenzen und Lockmittel.

2) Hat sich der Hund vor Ihren Augen entleert und wurde dafür belohnt, so kann er sich dann, und nur dann, im Haus in einem hundesicheren Bereich frei bewegen. Ist er schon so weit trainiert, dass er nichts anknabbert, können Sie ihm eventuell auch das ganze Haus freigeben. Allerdings zeigen die meisten noch nicht stubenreinen Hunde auch auf anderen Gebieten Defizite, knabbern zum Beispiel gern allerlei an. Denken Sie bei einem neu ins Haus gekommenen Hund oder einem Welpen nicht, es sei alles in Ordnung, nur weil die Wohnzimmergarnitur noch unversehrt ist. Gehen Sie lieber davon aus, dass er praktisch jederzeit alles anknabbert, und lassen Sie ihn seine Liebe für Eichenholz oder Orientteppiche gar nicht erst entdecken. Produziert er gelegentlich etwas extra (er pinkelt oder kotet wieder, nachdem er sich eine halbe Stunde zuvor ausgiebig entleert hatte), geben Sie ihm dazu keine Chance mehr und verhindern zukünftige Missgeschicke: Bringen Sie ihn für mehrere Stunden in eine Box, in der er sich gemütlich ausstrecken kann. Jedes Missgeschick im Haus ist eines, das Sie erstens nicht draußen belohnen konnten, bei dem Sie zweitens den Hund nicht im Haus erwischen konnten, wodurch sich dann eine Gewohnheit entwickelte, oder bei dem Sie ihn drittens zwar im Haus erwischten, selbst aber zum Bösewicht wurden, bevor Sie sich über Belohnung ein zur Bestrafung ausreichend dickes Polster geschaffen hatten, nicht alles zu vermasseln. Zu Beginn des Trainings sollten Missgeschicke im Haus vermieden werden, koste es, was es wolle.

3) Bringen Sie den Hund in seine Box und lassen ihn nur zum Entleeren hinaus und zu Zeiten, in denen er sich unter Aufsicht frei bewegen darf. Machen Sie es Ihrem Hund in der Box gemütlich, geben Sie ihm viele Spielzeuge, mit denen er sich beschäftigen kann. Müssen Sie den Hund regelmäßig mehr als nur ein paar Stunden allein lassen, verbietet es das Gewissen, ihn die ganze Zeit eingesperrt zu halten. Falls Sie einen nicht stubenreinen Hund ins Haus genommen und keine ausreichenden Möglichkeiten zur Aufsicht haben (an sich schon eine große Dummheit), ist guter Rat

teuer. Doch gibt es einige Regeln zur Schadensbegrenzung, die es wert sind, beachtet zu werden.
Der Hund kommt in einen hundesicheren Raum, in dem sich gegenüber dem Schlaf- und Fressbereich eine Hundetoilette befindet. Der Fußboden dieses Raumes sollte hart und glatt sein, der Bereich der Hundetoilette irgendwie porös wie eine schöne dicke Zeitung oder, noch besser, ein Stück Rasen. Damit erhöht sich nämlich die Wahrscheinlichkeit, dass der Hund, wenn er muss, den richtigen Platz auswählt. Ohne ständiges Feedback gibt es dafür allerdings keine Garantie.
Sind Sie zu Hause, dann belohnen Sie den Hund wie gewohnt, wenn er sich draußen im vorgesehenen Bereich entleert. Ihn nachts in seine Box zubringen, ist in Ordnung. Diese sollte, so meine Empfehlung, in Ihrem Schlafzimmer stehen. Hunde schlafen sehr gern in unserer Nähe. Wacht der Hund früh auf und winselt, reagieren Sie erst dann, wenn die folgenden zwei Bedingungen erfüllt sind: 1) Es ist die Zeit, zu der Sie gewöhnlich aufstehen, oder schon ein wenig später, und 2) der Hund in der Box verhält sich ruhig. Hunde lernen schnell, dass vor einer bestimmten Zeit nichts passiert (die Zeit zu schätzen, gelingt ihnen recht gut) und es keinen Sinn macht, vorher Krach zu machen. Natürlich können Sie den Hund wegen des Herumlärmens tadeln, obwohl dies das Verhalten nur zeitweilig unterdrückt. Winseln wird nur durch Auslöschen abgestellt. Denken Sie daran, eine leichte Ermahnung ist wie eine Belohnung durch Aufmerksamkeit: „Fluffi, Mama findet das nicht guuut …", oder, noch schlimmer: „Schschschschsch, sei ruuuuhig!"

4) Ist der Hund über Belohnung ausreichend sicher an die Entleerung im Freien gewöhnt, können Sie beginnen, ihn zu Fehlern im Haus zu verleiten. Es ist eine Sache der persönlichen Einschätzung, ob das erwünschte Verhalten so ausreichend etabliert ist, dass nun eine Bestrafung riskiert werden kann. Zu erkennen ist es an der Tatsache, dass der Hund schon beinahe wie im Reflex sein Geschäft erledigt, sobald er den vorgesehenen Ort

erreicht hat. Vorausgesetzt, es sind in der Zeit keine Missgeschicke im Haus passiert, werden Sie dafür zwischen ein paar Tagen und ein bis zwei Wochen benötigen.

Bei gewissenhafter Einübung mittels Belohnung mag es einige Hunde geben, die sich im Haus nicht mehr den geringsten Schnitzer erlauben und Reinigungsschwämme damit überflüssig machen. In vielen anderen Fällen sind, auch wenn die Hunde inzwischen eine gewisse Präferenz für den richtigen Ort aufgebaut haben, Alternativen, wie zum Beispiel ein Teppich, noch nicht vom Tisch. Um das aber sauber und wirksam auszuschließen, müssen Sie die Handlung im Ansatz erwischen. Hat der Hund zu dem Zeitpunkt, an dem Sie ihn unterbrechen, seine Blase oder seinen Darm bereits vollständig entleert, wird das Ganze viel undeutlicher. Wenn Sie erst nach zwei Verhaltensweisen einschreiten – der Hund pinkelt zum Beispiel auf den Teppichboden, geht weg und atmet in dem Moment tief durch, in dem Sie ihn schelten –, dann, Sie erraten es schon, haben Sie ihn wegen des Durchatmens gescholten. Hunden leuchtet von sich aus nicht ein, dass zwar das Pinkeln auf den Teppich emotional beladen ist, nicht aber das tiefe Durchatmen. Hören Sie also auf zu denken, das, worüber Sie sich aufregen, sei klar und deutlich erkennbar. Wollen Sie ein Verhalten ändern, fahren Sie mit der Veränderung des Verhaltens fort.

Ist das erwünschte Verhalten über Belohnung wirklich gut aufgebaut, brauchen Sie im Haus nur zwischen ein und drei Ermahnungen, um das Ganze abzuschließen – wenn diese Ermahnungen hintereinander erfolgen! Macht der Hund einmal heimlich und unbemerkt seinen Haufen, stellen Sie sich auf einen längeren Kampf ein. Das Ganze hat nichts mit Sturheit des Hundes oder anderen emotionalen Dingen zu tun. Es handelt sich einfach um eine offene und echte Prozedur zur Konditionierung eines Verhaltens. Das gilt auch für das Bein hebende Rüden, Rassen, die schlecht stubenrein werden, und alles andere, was Ihren Hund Ihrer Ansicht nach davon abhält, die Gesetze des Lernens zu befolgen. Alles was Sie zum Konditionieren eines Tieres benötigen, sind Rückenmark und Hirnstamm. Das haben die meisten Hunde.

Bei das Bein hebenden Rüden kommen erschwerende Dinge hinzu, die das Urinieren fördern, wie etwas Neues, der Geruch anderer Hunde, senkrechte Flächen etc. Die Prozedur ist aber immer die gleiche: Aufbau eines Verhaltens über Belohnung, Verhindern von Missgeschicken und am Ende das Ausschließen falscher Optionen. Hat es der Hund begriffen, belohnen Sie ihn ab und zu, wenn er draußen das richtige Verhalten zeigt. Jetzt können Sie ihn auch mal allein rausschicken, statt mit ihm zusammen in den Garten hinauszugehen, und gleichzeitig allmählich auch die Zeiten verlängern, die er sich im Haus frei bewegen darf. Denken Sie daran: allmählich.

Trainingsrückschritte

Eine Änderung im Verhalten ihres Hundes verwirrt viele Leute ganz schrecklich, und sie stellen immer wieder die Frage nach dem Warum – als ob es im Verhalten eines lebenden Organismus niemals auch nur die geringste Abweichung geben dürfte. Trainingsrückschritte kommen häufig vor und sind keine große Sache. Verhalten ist immer im Fluss, dauernd irgendwelchen Unwägbarkeiten in der Umgebung unterworfen. Sich dessen bewusst zu sein, ist ungemein wichtig. Bei Verhaltensproblemen kennen wir drei Hauptgründe, wodurch ein anscheinend „gefestigtes" Verhalten wieder auseinander bricht.

1) Unzureichendes Training: Das Verhalten war niemals richtig gefestigt.
2) Änderung der Bedingungen: Das Verhalten ist gelöscht, oder ein anderes wurde vom Besitzer oder der Umgebung trainiert.
3) Mangelnde Generalisierung: Das, was Karen Pryor als Syndrom des neuen Fasses bezeichnet.

Diese drei Gründe beziehen sich in Wirklichkeit auf dasselbe Thema, nämlich auf unzureichendes Training. Im täglichen Leben ist es außerordentlich schwierig, ausreichend viele Versuche zu belohnen, um die Sicherheit in der Reaktion hervorzurufen, welche die meisten Menschen von ihrem Tier erwarten. Unter sich ändernden Umständen das Training beizubehalten und Verhaltensreaktionen zu erreichen, die auch in neuen Zusammenhängen generalisiert sind, ist ein ebenso mühsames Geschäft. Erinnern Sie sich noch an die ersten zwölf Pinkelversuche von Max? Nehmen wir an, die nächsten Dutzende von Übungen verliefen immer auf dieselbe Art und Weise. Auch sind die Türen zum Keller und zu den Schlafzimmern stets geschlossen und Max ist bei Abwesenheit seiner Besitzer stets in seiner Box. Letzten Endes scheint Max zu begreifen, dass er nur in den Garten gehen darf. Aber wie sicher ist Max' Verhalten trainiert? Seine sicheren Optionen sind jetzt auf den Garten beschränkt, den er fortwährend benutzt hat. Nach wenigen Wochen lassen ihn die Besitzer kurze Zeit mit Erfolg allein, ohne ihn in seine Box zu sperren. Eines Morgens geht Max' Besitzer zufällig zum Blumengießen in den Garten, als sich Max gerade zum Lösen dorthin begibt. Die Nähe des Besitzers hält Max davon ab, in den Garten zu marschieren, er kehrt mit voller Blase ins Haus zurück. Der Besitzer hat dem Ganzen keine Beachtung geschenkt und geht seinem Tagwerk nach. Nachdem er den Raum verlassen hat, pinkelt Max auf die einzige poröse Oberfläche, die er finden kann: auf die Babydecke. Da niemand etwas dagegen hat, nimmt Max an, dies sei in Ordnung. Eine neue Gewohnheit ist entstanden.

Diesen simplen Fall unzureichenden Trainings interpretiert der Besitzer möglicherweise als Eifersucht dem Baby gegenüber oder irgendwelchen anderen Unsinn. Dabei darf dieser Fall eigentlich gar nicht als Trainingsrückschritt gelten, da der Hund ja niemals trainiert wurde. Solche Konstellationen sind die Ursache mannigfaltiger Bestrafung des Hundes, der angeblich „weiß", was er tun soll. Die Menschen neigen zu der Annahme, der Hund wisse auf Grund von Beobachtungen sehr genau, welche Reaktionen erwünscht seien. Unter zufälligen Bedingungen versteht der Hund jedoch etwas ganz anderes als sein Besitzer. Wie also könnte die Lösung aussehen?

1) Ein solider Aufbau eines Verhaltens an dem gewünschten Ort mittels Belohnung;

2) das Verhindern von Missgeschicken, bis 1) sicher ist;
3) das Ausschließen von Missgeschicken unter gestellten Bedingungen, bis 1) erledigt ist; und
4) das Aufrechterhalten des etablierten Verhaltens mittels gelegentlicher Belohnung.

Seien Sie bei veränderten Bedingungen oder Zusammenhängen stets auf Rückschritte gefasst. Glauben Sie nicht an Zauberei. Trainieren Sie den Hund.

Veränderte Bedingungen

Eine Veränderung der Bedingungen könnte wie folgt aussehen: Eine Hündin hat gelernt, das Pinkeln im Garten ist sicher und wird häufig belohnt; an den meisten anderen Stellen, die sie im Haus ausprobiert hat, ist es gefährlich. Damit hat sich das Urinieren im Garten als recht solide Gewohnheit etabliert. Der Besitzer ärgert sich über das vom Urin der Hündin gelb gewordene Gras und beschließt, sie solle nur noch in einer bestimmten Ecke des Gartens pinkeln. Zu den gewohnten Zeiten geht nun der Besitzer mehrere Wochen mit der Hündin an der Leine immer in diese eine Ecke und lobt sie, wenn sie sich entleert. Nicht mehr an der Leine, uriniert die Hündin die ersten paar Male an der falschen Stelle. Der Besitzer bestraft die Hündin. Am dritten Tag macht sie nicht in den Garten. Dies sieht der Besitzer und geht mit der Hündin spazieren. Sie hat eine prall gefüllte Blase, entleert sich schließlich und wird vom Besitzer gelobt. Ihm gefällt es, dass sich die Hündin auf dem Spaziergang und nicht im Garten löst, und er fängt an, deswegen mit ihr um den Block zu gehen. Damit hat er Erfolg, der Garten bleibt urinfrei.

Nach ein paar Monaten ist der Besitzer in Eile, weil er Gäste erwartet, und lässt die Hündin zum Pinkeln in den Garten, damit er sich weiter um das Essen kümmern kann. Die Hündin uriniert nicht in den Garten und kehrt mit voller Blase zurück. Bei Ankunft der Gäste nimmt der Besitzer zur Beruhigung eines Gastes, der Angst vor Hunden hat, die Hündin an die Leine. Sie macht auf den

Perserteppich. Der Besitzer ist der Ansicht, die Hündin habe gespürt, dass einer der Gäste sie nicht mag, und aus Abneigung uriniert. Tatsache aber ist, die Hündin hat wegen der neuen, vom Besitzer plötzlich aufgestellten Bedingungen gelernt, sich nur zu lösen, wenn sie angeleint ist. Hunde sind nicht schrecklich kompliziert. Sie müssen nur wissen, wo und wann pinkeln sicher ist.

Lösen auf Befehl

Hunde generalisieren nicht, egal um welche Facette des Hundetrainings es sich handeln mag. Was die Stubenreinheit angeht, so passieren kleine Fehler im Haus anderer Leute ganz einfach deswegen, weil der Hund zwar gelernt hat, sich im Haus seines Besitzers nicht zu lösen, doch dies nicht auf alle Innenbereiche übertragen hat. Ort, Oberflächen und die Gegenwart von Menschen sind hinsichtlich der Stubenreinheit Signale, auf die Hunde am meisten achten. Einige Hunde reagieren auch auf das Wetter. Das Problem ist am besten über Lösen auf Befehl in den Griff zu bekommen. Wer häufig mit seinem Hund auf Ausstellungen geht, hat diesen Trick gelernt, weil sich die Hunde tagtäglich an neuen Stellen und auf ungewohnten Oberflächen entleeren müssen. Wenn Sie das Ihrem Hund beibringen wollen, beobachten Sie ihn erst ein paar Tage, um genau herauszufinden, wann er was tut, insbesondere, welches Verhalten er unmittelbar vor dem Lösen zeigt. Dann können Sie das Training wie folgt beginnen.

Geben Sie, kurz bevor der Hund uriniert, hierfür einen Befehl. Warten Sie, bis der Hund fertig, ist und belohnen Sie ihn anschließend wie gewohnt. Das Gleiche tun Sie beim Kotabsetzen, aber mit einem anderen Befehl. Macht der Hund vor Schreck einen Looping, weil Sie ihn kurz vor dem Pinkeln angesprochen haben, bekommen Sie keinen Schweißausbruch. Arbeiten Sie weiter, bis Sie eine ordentliche Sequenz mit Befehl-Verhalten-Belohnung hinbekommen haben. Das nennt man klassische Konditionierung, und sie führt nach ausreichend vielen Übungen zu einem Hund, der auf Befehl Urin oder Kot absetzen wird. Achten Sie zu Beginn des Trainings darauf, den Befehl erst zu geben, wenn Sie sicher sind, dass sich der Hund gleich lösen wird, sonst kommt es nicht zu der gewünschten Verknüpfung. Erst wenn Sie eine Reihe Übungen hinter sich gebracht haben, wird das Signalwort wirklich eine Handlung auslösen. Der Knackpunkt bei dieser Technik liegt darin, die ersten Anzeichen des Hundes zu erkennen, um den Befehl zum Lösen vor dem eigentlichen Verhalten geben zu können. Die Technik funktioniert im Übrigen auch ohne Belohnung. Selektiv jedes Lösen zu belohnen, dem ein Befehl voranging, ist jedoch die beste Methode. Löst sich der Hund ohne vorherigen Befehl, loben Sie ihn einfach und geben keine Belohnung. So wird das Lösen auf Befehl gegenüber dem Verhalten ohne Befehl gestärkt. Im Extremfall könnte dies zu einem Hund führen, dem das Lösen ohne Signal schwer fällt. Passen Sie also auf!

Die schwach entwickelte Fähigkeit des Hundes, zu generalisieren, kann sich als nützlich erweisen. So lässt sich Hunden leicht beibringen, dass es in Ordnung ist, wenn sie sich auf dieses Sofa und jenen Sessel legen, aber nicht auf das andere Sofa oder den anderen Stuhl. Konsequente Überhaupt-keine-Möbel-Regeln sind unnötig. Ein Werturteil will ich damit auf keinen Fall abgeben: Soll Ihr Hund auf kein Möbelstück dürfen, ist das auch in Ordnung, vorausgesetzt, Sie haben für einen Hund mit einer gewissen Vorliebe für Möbel eine entsprechend bequeme Alternative. (Sonst lernt er wahrscheinlich, wann es auf dem Sofa sicher ist: nämlich wenn Sie fort sind.) Was ich damit sagen will: Für einen Hund ist es nicht unbillig oder schwierig umzusetzen, dass ein Sessel in Ordnung ist, der andere nicht. Hunde unterscheiden ganz leicht winzige Unterschiede. Ihre Unterscheidungsfähigkeit ist in der Tat so gut ausgeprägt, dass sie das Training in solchen Fällen erschwert, in denen Sie ein Verhalten generalisieren wollen.

Halten Sie sich bei all diesen Dingen vor Augen: Der Hund lernt nicht, dass er etwas tun „sollte“ oder „nicht sollte“ oder dass etwas, was er getan hat, richtig oder falsch war. Er lernt über Bedingungen, also: Was sind die unmittelbaren Ergebnisse, wenn ich dieses, jenes oder etwas anderes tue. Prägen Sie es sich wie ein Mantra ein und wiederholen es ständig: Hunde lernen nicht über richtig oder falsch – sie lernen, was sicher oder gefährlich ist. Hunde sind deshalb nicht weniger entwickelt oder weniger wertvoll, als wenn sie ihr Tun nach moralischen Maßstäben ausrichteten. Sie sind einfach so, wie sie sind.

Verhalten ist nicht immer gleich

Die Menschen ärgern sich immer sehr über Trainingsrückschritte. Hat der Hund einmal gezeigt, dass er eine Regel verstanden hat, oder hat er die Gewohnheit A angenommen, vermuten viele hinter einem Auseinanderfallen eine tiefgründige persönliche Motivation. Die Wahrheit ist: Verhalten fällt ständig auseinander. Oft erfährt man nie, warum. Das gilt für ein sorgfältig trainiertes Verhalten ebenso wie für ein Verhalten unter scheinbar recht strenger Kontrolle durch die Umwelt. Eiskunstlaufprofis fallen regelmäßig auf ihren Allerwertesten, ohne ständig nach dem Warum zu fragen. Sich mit der Frage herumzuquälen, warum ein Hund Kot absetzt, ist so interessant wie sich über Kaffee zu unterhalten, löst das Problem aber nicht. Verhalten ist ständig im Fluss. Nie gibt es ein fertiges Produkt. Umtrainieren oder das Training verbessern, das gehört zum Prozess. Erfahrene Trainer wissen das und lassen sich nicht aus der Ruhe bringen. Hier ein nützlicher Tipp: Nehmen Sie ein vor langer Zeit etabliertes Verhalten nicht für selbstverständlich. Auch neun Jahre alte Hunde müssen mindestens ab und zu einmal ein zustimmendes Murmeln hören, wenn sie an genau der richtigen Stelle Pipi machen. Meine Hündin Lassie wird mit jedem Jahr, das vergeht, eine immer ausgefuchstere Expertin im Pipimachen.

Bellen

Hunde bellen aus einer Reihe von ganz unterschiedlichen Gründen. 1) Das wachsame Bellen dient einmal dazu, andere Rudelmitglieder vor einem Eindringling oder einer Veränderung in der Umgebung zu warnen und dem Eindringling zum anderen anzuzeigen, dass er bemerkt wurde. Hunde bellen viel öfter als ihre Vorfahren, die Wölfe, die dies nur ganz selten tun. Bei der Domestizierung haben wir auf häufiges Bellen selektiert. Die Veranlagung zum wachsamen Bellen ist je nach Rasse und Individuum verschieden. Dennoch sind die Prinzipien die gleichen, ob Sie nun versuchen, einen gemütlichen, auf der Couch liegenden Neufundländer zu etwas mehr Bellen anzuregen oder das aufbrausende Bellen eines Deutschen Schäferhundes, Spitzes oder Zwergschnauzers zu dämpfen.

2) Mit dem fordernden Bellen teilt der Hund seinem Besitzer mit, dass er etwas genau jetzt haben will. Für den Hund ist es wie ein Verhaltensexperiment, so was wie „mal schaun, was dabei herauskommt“. Ganz typische Beispiele sind das Öffnen der Tür oder des Zugangs zum Garten, Aufmerksamkeit, Essen vom Teller, die Rückkehr des Besitzers nach Abwesenheit, das Herausholen aus der Box oder dem Bereich, in dem er eingesperrt war, ein Spiel oder das Erreichen des Hundes auf der anderen Straßenseite. Problematisch ist nicht, dass der Hund dieses Experiment ausführt, sondern dass er damit gewöhnlich Erfolg hat: Der Besitzer belohnt das Bellen dadurch, dass er der Aufforderung nachkommt. Eine Gewohnheit ist entstanden.

3) Ängstliches Bellen tritt dann auf, wenn der Hund sich vor etwas in seiner Umgebung fürchtet oder sich darin nicht wohl fühlt und das Bellen dazu dient, die soziale Distanz zu vergrößern: Damit sagt der Hund: „Komm‘ mir nicht näher.“

4) Bellen aus Langeweile kann dann entstehen, wenn dem Bedürfnis des Hundes nach täglicher Beschäftigung und sozialer wie geistiger Anregung nicht entsprochen wird. Der Hund bellt zwanghaft aus Langeweile. Das ist das Gleiche wie hin und her rennen, dem Schwanz nachjagen oder Selbstverstümmelung. Hunde, die viel im Garten gelassen werden, zeigen solches Verhalten häufig.

Übermäßiges Bellen kontrollieren

Das Ziel jeden Belltrainings besteht normalerweise darin, die Beller pro Sequenz zu begrenzen und gelegentlich auch die Zusammenhänge, in denen der Hund ausrastet. Sich mit der dahinter stehenden unzureichenden Sozialisierung und ungenügenden Übung und Stimulierung zu befassen, ist von gleicher Bedeutung. Stellen Sie also erst einmal fest, welche Art des Bellens vorliegt, und befolgen Sie dann die entsprechende Anleitung.

Wachsames Bellen

Hier ist das Ziel, die Zahl der Beller pro Sequenz zu beschränken, indem der Hund die Bedeutung der Worte „bellen" und „ruhig" (oder irgendeines anderen Wortes, das Sie als „Ausschalter" verwenden wollen) lernt. Das heißt, zuerst müssen Sie den Hund das Bellen und das Aufhören auf Befehl als Trick für eine Belohnung, also zum Beispiel ein Leckerli, lehren.

Damit Sie mit dem Hund üben können, müssen Sie ihn zum Bellen bringen, durch Klingeln an der Haustür oder ein seltsames Geräusch draußen. Möglicherweise benötigen Sie hierzu einen Helfer.

Beachten Sie beim Training diese Reihenfolge:

1) Ihr Befehl „Bellen".
2) Die Türklingel oder etwas anderes, was das Bellen hervorruft.
3) Das Bellen des Hundes.
4) Nach einigen Bell-Lauten Ihr Lob „Gut! Wunderbar!"
5) Ihr Befehl „Ruhig".
6) Sie zeigen dem Hund das Leckerli.
7) Der Hund wird (eventuell) durch das Leckerli vom Bellen abgelenkt.
8) Drei bis fünf Sekunden Ruhe, während Sie loben: „Guuuut, ruuuhig!"
9) Sie geben ihm das Leckerli, nachdem er drei bis fünf Sekunden völlig ruhig war.
10) Sie wiederholen das Ganze ab Punkt 1) und verlängern allmählich die „ruhige" Zeit bis auf ein bis zwei Minuten.

Machen Sie das so lange immer wieder, bis der Hund das Spiel begriffen hat. Das kann einige Übungen erfordern, geben Sie also nicht auf. Das Ziel ist erreicht, wenn der Hund auf Befehl bellt und dafür nicht mehr die Türklingel benötigt, und wenn er auf den ersten Befehl hin ruhig ist, ohne dass man ihm das Leckerli zeigen muss. Sie geben ihm natürlich auch weiterhin ein Leckerli aus Ihrer Hosentasche, aber Sie zeigen es ihm vorher nicht mehr. Sollte er in der ruhigen Zeit zwischendurch ein- oder zweimal leise vor sich hin bellen, zeigen Sie ihm mit den Worten „Oh, schade!" an, dass es keine Belohnung gibt, und beginnen Sie die ruhige Zeit wieder von vorne zu zählen. Der Hund muss wissen: Bellen während der ruhigen Zeit bedeutet den Verlust seines Leckerli.
Sie müssen den Hund in Ihren Übungsstunden zuverlässig zwischen Bellen und Ruhigsein hin und her führen können, bevor Sie Ihren Befehl „Ruhig" in der Praxis ausprobieren. Viele Hunde bellen aus einem inneren Zwang heraus. Sie müssen sorgfältig aufgebaut werden, ehe man es mit richtigen Besuchern versuchen kann. Erhält der Hund den Befehl „Ruhig", bevor er im Training ausreichend sicher konditioniert wurde, ist das einer der am häufigsten auftretenden Fehler. Stellen Sie sich das „Ruhig" auf Befehl wie einen Muskel vor, den Sie aufbauen. Je mehr der Muskel trainiert wird, desto stärker wird er.
Haben Sie den Hund so weit, dass er als Trick jederzeit auf Befehl bellt und auch wieder aufhört (mit anderen Worten, Sie haben eine starken Muskel konditioniert), können Sie dazu übergehen, den Befehl „Ruhig" zu üben, wenn der Hund in einer realen Situation bellt. Die ersten Male wird er nur schlecht auf den Befehl hören. Seien Sie also gewappnet: Haben Sie wirklich gute Leckerlis bereit und gehen Sie ein Stück zurück, um es ihm von vorn zu zeigen, wenn das notwendig sein sollte.
Als weitere, allerdings raffinierte Alternative kann man den bellenden Hund auch tadeln. Ignoriert Ihr Hund also Ihren so schön konditionierten Befehl „Ruhig", machen Sie ihn platt, indem Sie „Ich sagte RUHE" so laut knurrend herausbringen, wie es Ihnen möglich ist. Wenn das mehrere anwesende Menschen auf einmal

tun, umso besser. Ist der Hund still, seien Sie wieder ganz lieb, als ob überhaupt nichts Schlimmes geschehen wäre. „Guuuuut, ruuuuuuhig!“ Denken Sie daran, „Ruhig“ auf Befehl ist wie ein Muskel, der erschlafft, wenn Sie ihn nicht trainieren.

Turbogeladenen Bellern mit Kraftstoffeinspritzung neben dem „Ruhig“ das „Platz bleib“ beizubringen, ist sozusagen eine gute Beigabe. Die Hunde müssen während der gesamten Zeit auf einer Matte nahe der Tür liegen bleiben und ihre Schnauzen zugeknöpft halten, um sich ihr Leckerli zu verdienen. Dass das Belltraining bei den ersten Übungen oder den ersten Trockenversuchen in einer realen Situation so vergeblich erscheint, ist schon sehr hart. Höchst interessant ist aber die Tatsache, dass es schnell besser wird, wenn man durchhält, egal wie schlimm die ersten ein, zwei Male auch sind. Viele Menschen kommen über diesen Punkt allerdings nicht hinaus. Sorgfältiges Lesen und Verstehen der Anleitungen und Übung mit zäher Entschlossenheit ist das Beste, was Sie tun können. Denn es funktioniert, wenn Sie nur die kritische Menge an Übungseinheiten durchführen.

Ist die Bellschwelle Ihres Hundes sehr niedrig, geht er also beim leisesten Geräusch und der geringsten Veränderung in seiner Umgebung „in die Luft“, wäre der Sache sehr gedient, wenn Sie ihn besser an solche Dinge gewöhnen. Nehmen Sie ihn häufiger mit und laden Sie öfter Leute zu sich ein. Setzen Sie ihn einem größeren Spektrum an Geräuschen und Anblicken aus. Es ist nicht besonders spaßig, bei solchen Hunden immer in Alarmbereitschaft sein zu müssen. Überprüfen Sie auch Ihr eigenes Verhalten und achten Sie darauf, dass Sie das Verhalten des Hundes nicht unabsichtlich durch Beruhigen (das heißt Belohnen) oder Aufmerksamkeit bestärken, wann immer er sich in eine rasende Bellerei steigert.

Forderndes Bellen

Wenn Hunde etwas wollen, probieren sie unterschiedliche Verhaltensweisen aus, um herauszufinden, welche klappt. Schnell erkennen sie, dass Bellen beim Menschen funktioniert. Wenn Sie das nicht wollen, hören Sie auf, den Hund mit Aufmerksamkeit, dem

Öffnen von Tür oder Box etc. zu belohnen. Ganz einfach. Kein Wenn und Aber.

Statt dass der Hund Ihnen sagt, wann er rauswill, führen Sie ihn in regelmäßigen Abständen aus, passen aber immer auf, dass dem nie ein Bellen vorausgeht. Lassen Sie niemals einen bellenden Hund aus seiner Box oder einem Bereich, in dem er eingesperrt ist. Warten Sie erst ungefähr 30 Sekunden Stille ab. Ignorieren Sie Hunde, von denen Sie angebellt werden. Und denken Sie daran, dass das Bellen, das Sie einige Zeit belohnt haben, erst einmal schlimmer wird, bevor es aufhört. Sie ändern die Regeln, was den Hund anfangs frustrieren wird. Ein aufhörendes Verhalten bezeichnet man als „Auslöschung"; die Intensivierung eines Verhaltens, bevor es letztendlich aufhört, ist der „Ausbruch vor der Auslöschung" (englisch: extinction burst).

Auch wir Menschen kennen diese Ausbrüche. Ist der Magnetstreifen Ihrer Kreditkarte defekt und funktioniert die Karte nicht, wenn die Verkäuferin sie durch den Apparat zieht, dann gibt die Frau nicht sofort auf und tippt die Zahlen manuell ein. Vielmehr zieht sie die Karte noch ein paar Mal durch, immer ein wenig energischer, unterschiedlich schnell oder mit jeweils anderem Druck auf irgendwelche Teile des Apparats. Der radikale Wechsel in der Verhaltensstrategie (hier das ermüdende manuelle Wählen der Zahlen) erfolgt nach dem Auslöschen des Verhaltens (die Karte durch den Apparat ziehen) mit einem typischen Ausbruch (die Kreditkarte energisch und auf unterschiedliche Weise durch den Apparat ziehen). Genauso wird Ihr Hund nicht sofort seine Bellstrategie aufgeben, zumindest nicht ohne ein Kämpfchen. So wie die Verkäuferin im Geschäft dadurch belohnt wird, dass sie einen Vorgang mit dem Ziehen der Karte durch den Scanner abschließen kann, so weiß der Hund, dass sein Bellen belohnt wird. Er wird sich etwas weiter hinauslehnen, bevor er zu einer anderen Verhaltensstrategie überwechselt.

Einen ganz typischen Ausbruch können wir auch beim Benutzen eines defekten Aufzugs beobachten. Wenn Sie einen Aufzug betreten und den Knopf für das gewünschte Stockwerk drücken, sollte der Knopf aufleuchten, sich die Tür schließen und der Aufzug in

Bewegung setzen. Dieses Verhalten – das Knopfdrücken – wird in schöner Regelmäßigkeit immer wieder belohnt. Was aber geschieht, wenn der Knopf nicht aufleuchtet, die Tür offen und der Lift am Boden bleibt? Springen Sie sofort hinaus und nehmen die Treppe? Nein. Sie drücken noch mal auf den Knopf. Fester. Mit einem trommelwirbelartigen Ausbruch. Mit einem Rammbock, falls Sie einen bei sich haben. Dann erst nehmen Sie die Treppe. Wenn sich Hunde also in ihr Winseln oder Bellen hineinsteigern, sobald Sie ein Verhalten nicht mehr belohnen, sagen Sie sich einfach: „Er drückt jetzt noch fester auf den Knopf, bevor er sich umstellt und die Treppe nimmt."

Das Ganze ist in der Realität häufig etwas verzwickter, wenn während der Phase des Ausbruchs die neue Intensität oder Art des Verhaltens bewusst oder zufällig belohnt und so schließlich eintrainiert wird. Dieses Missgeschick unterläuft sehr vielen Hundebesitzern. Statt dass der Hund in seiner Box bellt, schreit er dann vielleicht darin herum oder bellt und verschanzt sich in einer Ecke. Seien Sie sich dessen bewusst und bereit, mit Ihrem Hund eine radikale Entziehungskur zu machen, wenn Sie ein Verhalten durch Auslöschung verändern wollen: Warten Sie, bis er seine Strategie durch ein gewünschtes Verhalten ersetzt hat, er zum Beispiel ruhig liegt, bevor Sie ihn damit belohnen, dass Sie zu seiner Box kommen und die Tür öffnen.

Fangen Sie vor allen Dingen an – und das vergessen wir alle sehr häufig –, Ihren Hund zu beachten, wenn er still ist. Tun wir das nicht, so nutzen wir ungewollt die Auslöschung, eines unserer stärksten Werkzeuge im Training, um ein Verhalten, das wir besonders gern mögen, zu unterbinden, nämlich dass der Hund ruhig liegt und eine Atmosphäre verbreitet, die wir bei Hunden lieben. Hunde erkennen rasch, dass ihnen bei einem Wechsel der Strategie zum Wäschestehlen oder Gästeanbetteln – oder Anbellen – viel zuverlässiger Aufmerksamkeit geschenkt wird. Bringen Sie Ihrem Hund bei: Es lohnt sich, ruhig zu liegen, das eigene Kauspielzeug zu kauen und mit dem Bellen aufzuhören. Jeder Hundebesitzer sollte einen automatischen „Guuuuuut-ruuuuhig"-Reflex für jene Augenblicke entwickeln, in denen der Hund hätte bellen können, es aber nicht getan hat.

Über das Bellen des allein zu Hause gelassenen Hundes wurde im Rahmen des Alleinbleibe-Trainings gesprochen. Dieses Bellen kann als eine gewöhnliche Form des fordernden Bellens betrachtet werden: Der Hund fordert Ihre Rückkehr. Wie Sie das abstellen, sei hier kurz beschrieben: Verhindern Sie, dass der Hund Sie wie ein Schatten begleitet, wenn Sie zu Hause sind. Sperren Sie ihn in verschiedene Räume, damit er sich an Ihre „halbe Abwesenheit" gewöhnt. Tadeln oder ignorieren Sie jegliches Bellen in solchen Situationen (das Ignorieren ist dabei das wirksamere Werkzeug). Wollen Sie das Verhalten schnell, aber vorübergehend durch Tadeln in den Griff bekommen, reißen Sie die Tür auf, schimpfen mit dem Hund, verschwinden sofort wieder und machen die Tür hinter sich zu. Merken Sie sich: Der Hund bellt, damit Sie zurückkommen. Das Tadeln ist für einige Hunde besser als nichts, also kann es vielleicht sein, dass Sie Ihren damit loben.

Üben Sie kurze Abwesenheiten, jeden Tag und unzählige Male. Gehen Sie immer wieder fort und kommen Sekunden später zurück, damit der Hund gegen Ihr Fortgehen desensibilisiert wird. Tun Sie dies mit Bestimmtheit und ignorieren Sie dabei alles, was der Hund tut. Dann bleiben Sie zehn Sekunden fort, eine Minute, zehn Minuten usw. Wechseln Sie die Zeitabstände. Hunde brauchen unzählige Beweise, dass Ihr Fortgehen nicht die Ankündigung einer traumatisch langen Phase der Isolation ist. Machen Sie um Ihr Fortgehen und Zurückkommen kein großes Getue. Gehen Sie niemals ins Haus, während der Hund noch bellt. Warten Sie 30 Sekunden ab. Bieten Sie Ihrem Hund mehr geistige Anregung, indem Sie mit ihm trainieren oder Beutespiele machen. Lassen Sie ihn für sein Futter arbeiten. Verstecken Sie es im Haus, bevor Sie weggehen, oder tun Sie es in Kongs und verstecken dann diese. Machen Sie ihn körperlich müde, bevor Sie ihn für längere Zeit allein lassen. Lassen Sie ihn immer ein Spielzeug bringen, wenn Sie nach Hause kommen, damit er etwas hat, worauf sich seine nervöse Energie konzentrieren kann.

Über eine weitere Art des fordernden Bellens ist noch zu sprechen: über das Widerworte geben. Das heisst, der Hund bellt Sie bei Ihrem Versuch an, ihn auszuschimpfen. Ein solches Bellen ist eine Kombination aus einer durch leichte Angst hervorgerufenen Übersprungshandlung – Sie haben durch Ihre milde Bestrafung etwas unterbrochen, was er unbedingt jetzt tun will – und einer Herausforderung an Sie. Hier müssen Sie sich unbedingt durchsetzen. Schimpfen Sie mit Ihrem Hund und gibt er Widerworte, so ist das eine leichte Eskalation der Dinge. Darauf dürfen Sie sich auf keinen Fall einlassen. Sie müssen die Sache so plötzlich und so weit ins Weltall steigern, dass es sich der Hund zweimal überlegen wird, ob er das Spiel noch mal spielen soll oder nicht. Hier werden Sie Strafe anwenden, und die bringt Ihnen das, was Strafen eben so einbringen: ein vorübergehend unterdrücktes Verhalten. In diesen durch Strafe vorübergehend geöffneten Spalt fügen Sie ein anderes, wünschenswerteres Verhalten ein. Erinnern Sie sich, der Hund lernt nicht, dass das, was er getan hat, „falsch" ist. Er lernt, dass es gefährlich ist. Machen Sie es schrecklich gefährlich, indem Sie wirklich richtig abheben. Das heißt, bekommen Sie einen fürchterlichen, Furcht erregenden Anfall. Werden Sie so wütend, wie Sie nur können, und kriegen Sie sich gerade noch ein, bevor Sie den Hund berühren. Nachdem Sie den Hund wegen seiner Widerworte psychologisch platt gemacht haben, bauen Sie das ursprüngliche Szenario wieder auf und belohnen ein alternativ gewähltes Verhalten.

Hat der Hund zum Beispiel eine Pflanze ausgegraben und fängt an, Sie anzubellen, wenn Sie ihn ausschimpfen wollen, rasten Sie regelrecht aus. Knurren und schreien Sie, wie Sie nur können. Machen Sie sich keine Gedanken, wenn Sie den Hund in Schrecken versetzen – darum geht es ja gerade. Er soll sehr beeindruckt sein, umherschleichen oder hinter Ihnen herkriechen. Warten Sie ein paar Minuten, bis Sie sich wieder beruhigen, lassen Sie ihn zu Ihnen kommen und hinsetzen. Dann kann er sich der Pflanze wieder nähern, und Sie loben ihn dafür, wenn er sie nicht beachtet. Oder, noch besser, lenken Sie ihn auf eines seiner eigenen Spielzeuge oder Gegenstände um, die er zerlegen darf.

Dabei steht hinter all dem die Frage: Was hat der nicht trainierte Hund in einem nicht hundesicheren Bereich zu tun? Natürlich passiert ab und zu auch mal einem anscheinend trainierten Hund so ein Ausrutscher. Geschieht das allerdings „die ganze Zeit“, ist grundlegendes Kautraining angesagt, egal wie alt der Hund ist, welcher Rasse er angehört oder welche Vorgeschichte er hat. Solch ein Hund hat keinen blassen Schimmer und verhält sich eben wie ein Hund, na klar. Pflanzen gehören zu den Kauspielzeugen, wenn Sie sich an den Anfang dieses Kapitels erinnern.

Ängstliches Bellen

Hier ist die Auseinandersetzung mit der dahinter steckenden unzureichenden Sozialisierung wichtig. Am einfachsten ist die Vorbeugung: Sozialisieren Sie den Welpen so umfassend wie möglich auf unterschiedliche Menschen und Hunde. Dabei können Sie gar nicht zu viel tun. Setzen Sie den Kleinen vielen verschiedenen Orten aus, zahlreichen Erfahrungen, Anblicken und Geräuschen und verbinden Sie das mit Lob, Spielen und Leckerli in rauen Mengen. Suchen Sie sich Welpenunterricht, in dem über Belohnung gearbeitet wird. Ausführliches über die Sozialisierung findet sich ab Seite 74.

Haben Sie die Sozialisierung des Welpen verpasst, bleibt nichts anderes übrig, als sie beim heranwachsenden oder erwachsenen Hund nachzuholen. Das, wovor sich Ihr Hund fürchtet, muss er jetzt mit Futter in Verbindung bringen. Auf diese Art und Weise arbeitet ein schlecht sozialisierter Hund für sein Futter. Mag er keine Fremden, müssen Fremde ihm so lange Futter hinwerfen und schließlich aus der Hand geben, bis es sich gebessert hat. Zeigt er im Straßenverkehr Angst, geben Sie ihm sein Futter auf dem Gehweg aus der Hand, ein wenig bei jedem vorbeifahrenden Auto. Erwachsene Hunde zu resozialisieren dauert eine Weile, haben Sie also Geduld. Verhindern Sie Probleme vor allem dadurch, dass Sie ihn damit nicht wie einen Welpen überfallen.

Gelangweiltes Bellen

Legen Sie sich keinen Hund zu, wenn Sie keine Zeit für ihn haben. Lebt der Hund draußen, trainieren Sie mit ihm so lange, bis er stubenrein ist, nur das kaut, was er soll, und gehorcht, sodass Sie ihn mit ins Haus nehmen können. Verhaltensgarantien gibt es nur sehr wenige, aber eines ist sicher: Im Hof angekettete Hunde konditionieren sich selbst auf Bellen, Umgraben und Anspringen. Gelangweiltes Bellen ist ein Zeichen für starke Unterbeschäftigung. Wichtig ist eine radikale Steigerung der Dinge, die im Leben eines Hundes interessant sind, also mehr Training, mehr Spaziergänge, Sozialisierung und Beutespiele. Erst dann kann man daran gehen, das Bellen und Ruhigsein zu üben wie beim wachsamen Bellen beschrieben.

Hochspringen

Ein klassisches Beispiel für das Missverständnis der Kulturen sind die Begrüßungsrituale. In den meisten menschlichen Kulturen schüttelt man sich zur Begrüßung die Hand oder verbeugt sich. In der Kultur der Hunde kennen wir das aufgeregte Umeinander-Herumschwirren, das sich Lecken und Beschnüffeln. Das Hochspringen ist in der Kindheit des Hundes entstanden. Welpen springen an erwachsenen Hunden hoch, um ihnen die Maulwinkel zu lecken, damit sie Futter herauswürgen, das die Kleinen dann fressen können. Dieses Hochspringen und Lecken ist bei erwachsenen Hunden als unterwürfiges Begrüßen bekannt und tritt in übertriebener Form auf, wenn der Hund beim Menschen lebt, da die soziale Gruppe fortwährend auseinander bricht und sich dann wieder vereint: Wir kommen und gehen, und das erfordert ständig ausgedehnte Rituale. Dabei stehen wir aufrecht und der Hund will zu unserem Gesicht gelangen. Bei klitzekleinen Welpen lassen wir das Verhalten außerdem gern zu und ändern dann die Regeln, wenn die Hunde das Verbrechen begehen, zu wachsen.

Hochspringen ist nichts Unvermeidliches, in das wir uns fügen müssen. Hunde springen hauptsächlich deswegen hoch, weil ihnen niemand etwas anderes beigebracht hat. Damit meine ich jetzt nicht Bestrafungen wie das Knie gegen den Hund zu stemmen, auf seine Pfoten zu treten oder ihm mit einem Würger die Luft abzuschneiden. Diese Art der Misshandlung hält sich als „Behandlung" hartnäckig, ist aber unwirksam, voller Nebenwirkungen und unmenschlich. Stellen Sie sich vor, man würde Ihnen das Knie ins Zwerchfell rammen oder Sie nach hinten stoßen, weil Sie lächeln oder freundschaftlich die Hand ausstrecken. Ihr Hund kann nichts dafür, dass die Normen seiner Kultur nicht zu den von uns bevorzugten Begrüßungsritualen passen.

Der Schlüssel zum Abtrainieren des Hochspringens liegt darin, dem Hund über Belohnung sicher ein alternatives Verhalten einzuüben, das das Hochspringen praktisch ausschließt. Das bezeichnet man als Gegenkonditionierung. Der Hund kann nicht zur selben Zeit hochspringen und sitzen. (Er kann auch keine Tapeten abreißen, wenn er mit einem Kauspielzeug beschäftigt ist; er kann nicht auf einer Matte liegen und gleichzeitig von den Gästen Futter erbetteln, oder Autos hinterher jagen, während er uns anschaut. Für diese Technik gibt es praktisch keine Beschränkungen.) Die Gegenkonditionierung kann allein oder in Verbindung mit anderen Techniken eingesetzt werden. Praktisch zwingend ist sie dann, wenn man über Bestrafung arbeiten will. Bestrafung allein bewirkt die gewünschte Unterdrückung nur zeitweilig, wenn überhaupt. Wird die Lücke nicht mit einem eingeübten alternativen Verhalten gefüllt, kommt man früher oder später wieder an den Ausgangspunkt zurück. Bestrafung lässt sich als etwas betrachten, mit dem man sich die Zeit erkaufen kann, bis ein besseres Verhalten eintrainiert ist. Die Gegenkonditionierung funktioniert also wunderbar auch ohne jegliche Bestrafung, und man ist jene ekligen Nebenwirkungen los. Ich persönlich bin lieber ein netter Mensch.

Die Gegenkonditionierung kennen wir auch aus der Kindererziehung. Statt Kleinkinder einfach dafür zu bestrafen, dass sie das Wedgewood-Porzellan vom Couchtisch geworfen, mit Filzstiften auf die Wand geschrieben oder zum wiederholten Male den Bleistift ins Ohr des Hundes gesteckt haben, geben wir ihnen Dinge, mit denen sie beschäftigt sind, und halten das Porzellan so lange von ihnen fern, bis sie vernünftiger geworden sind. Die Botschaft lautet: „Bitte male in deinem Malheft“, „Sieh‘ dir die Sesamstraße an“ oder „Spiel‘ Nintendo“, und nicht diese unendliche Litanei des „Mach das nicht“. In der Tat brauchen Kinder etwas, mit dem sie sich beschäftigen können, sonst geraten sie in arge Schwierigkeiten. Bei Hunden ist das ganz genauso. Nur raten sie noch eher falsch als Kinder, wenn es um angemessene Beschäftigung oder um „richtiges“ Verhalten in Gegenwart des Menschen geht, denn sie sind eine weit fremdartigere Gattung als zwei Jahre alte Kinder. Und das sagt schon einiges aus.

Die von Ihnen ausgewählte Verhaltensalternative muss eine sein, die physisch nicht zur selben Zeit ausgeführt werden kann. Bringen Sie dem Hund zum Beispiel nicht das Bellen als Gegenkonditionierung zum Betteln bei, sonst erreichen Sie wahrscheinlich, dass er Sie nicht mehr nur salbungsvoll anstarrt, sondern auch noch bellt, wenn er Futter erbettelt. (Bringen Sie ihm statt dessen bei, dass er sich abseits vom Tisch auf eine Matte legt.) Häufig dauert es ein paar Übungsstunden, bis das neue Verhalten recht sicher gezeigt wird und man versuchen kann, es in reale Zusammenhänge zu übertragen. Was das Hochspringen angeht, so sollte der Hund das „Sitz“ und „Bleib“ einigermaßen beherrschen, bevor es sich als Gegenkonditionierung bei so starken zwanghaften Verhaltensweisen wie dem Hochspringen einsetzen lässt. Beginnen Sie also mit dem „Sitz-Bleib“ gegen Futterbelohnung an den verschiedenen Orten, an denen der Hund gern hochspringt, z.B. an der Eingangstür und auf der Straße. Ab Seite 228 wird detailliert das Einüben von Befehlen beschrieben. Ist der Hund schon ein richtiges Ass an Orten mit geringer Ablenkung geworden, bringen Sie ihm nun unter starker Ablenkung bei, nicht an Ihnen (und anderen Mitgliedern der Familie) hochzuspringen.

So fangen Sie an: Sie breiten Ihre Arme aus, klopfen auf Ihren Oberschenkel und tun alles, was so aussieht, als ob Sie ihn zum

Hochspringen auffordern würden. Fordern Sie ihn wirklich dazu auf. Sobald er es tut, weisen Sie ihn mit einem Zeichen für „keine Belohnung“ komplett ab. Das ist für den Hund einfach ein Signal, dass er falsch geraten und mit diesem Verhalten keinerlei Chancen auf eine Belohnung hat. („Ah, ah!“ oder „Oh, so ein Pech auch!“ und weiteres findet sich ab Seite 171.) Dabei ist ein frühes Timing hilfreich. Geben Sie Ihr Signal, sobald er die Vorderpfoten vom Boden hebt, ist es für den Hund ungleich klarer, als wenn Sie anfangen „Ah, ah!“ zu sagen, nachdem seine Pfoten auf Ihrer Schulter gelandet sind. Dieses Training dauert seine Zeit. Letztendlich wird es der Hund begreifen, es bedarf aber einer Menge an Wiederholungen, und ich meine wirklich eine Menge. Passen Sie also auf. Nachdem Sie ein paar Springversuchen mit einem Signal begegnet sind, wird er auf Ihre Einladung hin wahrscheinlich etwas anderes probieren. Viele Hunde werden sich einfach hinsetzen. Macht Ihr Hund das nicht, so schlagen Sie es ihm doch vor. Tut er, was Sie ihm sagen, dann loben Sie ihn überschwänglich, streicheln ihn und geben ihm ein Leckerli aus Ihrer Hosentasche. Wiederholen Sie das Ganze.

Üben Sie so lange, bis es Ihnen mit keinerlei Mitteln gelingt, den Hund zum Hochspringen zu veranlassen. Jetzt ist nämlich die Einladung zum Hochspringen ein Alternativbefehl für „Sitz“ geworden. Sauber, nicht!? Damit haben Sie nicht nur das Hochspringen unter Kontrolle, Sie präparieren den Hund auch gegen die unvermeidlichen Idioten, die Ihr Training sabotieren, indem sie ihn an sich hochspringen lassen oder gar dazu auffordern („Ist okay! Ich liebe Hunde.“). Lässt eine von zehn Personen Ihren Hund hochspringen, so bleibt das Verhalten lebendig. Trainieren Sie also Ihren Hund mit der Nicht-Hochspring-Übung aktiv dagegen.

Bereits in der ersten Übungsstunde begreifen die Hunde bemerkenswert schnell, dass sie nicht hochspringen sollen. Damit lernen sie jedoch nicht unbedingt, dass sie es auch morgen nicht tun sollen oder wenn Sie draußen oder bei anderen Leuten sind. Dieses schlechte Generalisieren ist für die Art charakteristisch, wie der Hund lernt. Gewöhnen Sie sich daran. Zum Glück lernt er schnell und in jeder weiteren Übungseinheit noch schneller, also klemmen

Sie sich dahinter und beginnen Sie, die Grundlagen anzugehen – am besten mit den nachfolgend beschriebenen Troubleshooting-Übungen.

Troubleshooting

Ist Ihr Hund ein wenig vorbereitet, laden Sie ein paar Freunde ein und veranstalten eine Gästebegrüssungsübung, bei der jeder Gast an der Tür klingelt, hereinkommt und mit dem Hund die Anti-Hochspring-Übung durchführt. Sobald sich der Hund zu springen weigert (sitzt), belohnen Ihre Freunde ihn mit einer herzlichen Begrüßung und Futter aus ihrer Tasche. Springt der Hund auf, um bei der Begrüßung oder den Leckerli „nachzuhelfen", geben sie ihm das Keine-Belohnung-Signal („Ah, ah!") und so lange keine Belohnung, bis er wieder sitzt. Nur im Sitzen darf der Hund die Begrüßung und die Leckerli bekommen. Dieselbe Person verlässt das Haus dann wieder durch die Tür und kommt noch einmal zurück, um die Übung zu wiederholen. Das ganze Prozedere wird zehnmal durchgeführt. Mit jedem weiteren Versuch verbessert sich a) auf Grund der Übung und b) wegen der geringer werdenden Aufregung („Oh, du schon wieder") die Leistung des Hundes. Nach ein paar Versuchen sitzt der Hund ohne hochzuspringen und normalerweise ohne dass man ihm den Befehl zum „Sitz" geben muss. Stellen Sie sich das neue Verhalten wie einen Muskel vor und die Übungen wie ein Hanteltraining. Je mehr Wiederholungen erfolgen, desto stärker und elastischer wird der Muskel.
Der bekannte Verhaltensexperte Ian Dunbar schlägt vor, man solle zum Troubleshooting eine richtige Party veranstalten, bei der das Bier außerhalb des Hauses gelagert wird, sodass die Gäste immer wieder hinaus- und hineingehen müssen. Sozusagen als Dreingabe entsteht hier noch eine Form der Sozialisierung auf unterschiedlich stark angeheiterte Menschen!
Nachdem Person Nummer eins zehnmal die Übung wiederholt hat, kommt die nächste Person und tut das Gleiche. Es wird jetzt so aussehen, als ob mit dem Hund noch niemals trainiert wurde. Vollkommen aus dem Häuschen springt er an der neuen Person

Konditionierung gegen das Hochspringen an Besuchern durch belohntes „Sitz-Bleib“ an der Eingangstür

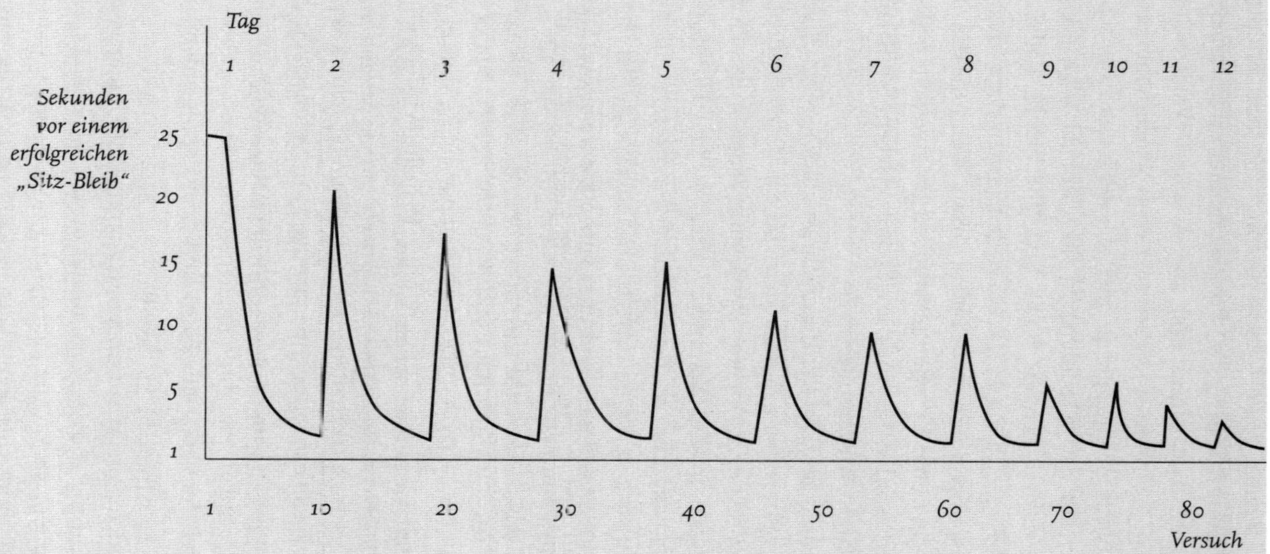

hoch. Wieder keine Generalisierung. Bis zum Endprodukt, der Begrüßung aus der „Sitz"-Position heraus, ohne vorheriges Hochspringen, sind dieses Mal aber weniger Wiederholungen notwendig. Trotzdem sind auch hier zehn Wiederholungen angesagt. Es wird das gleiche Spiel gespielt, das der Hund zuvor schon perfekt beherrscht hat. Anschließend noch einmal zehn Übungen mit einer dritten Person. Nach ungefähr einem halben Dutzend Menschen wird der Hund bei neuen Leuten wahrscheinlich ohne Hochspringen und ohne Befehl sitzen. Wenn Sie das Ganze jetzt abbrechen und 24 oder 48 Stunden bis zu einem neuen Versuch warten, werden Sie einen Rückschritt erleben. Ein Beispiel für ein spontanes „Wiederauftreten".
Der Hund gewöhnt sich durch die Troubleshooting-Übung so lange an das Eintreffen von Besuchern, bis das „Sitz" zur Begrüßung auf Grund seiner geringeren Aufregung möglich ist. Zwischen den Übungsintervallen kommen Aufregung und Hochspringen aber wieder vor. Das ist Bestandteil des Prozesses. In der zweiten Übungsstunde ist die Lerngeschwindigkeit größer. Jetzt braucht der Hund bei Person Nummer eins nur ein bis zwei Übungen, bei Person Nummer drei hat er sich schon an das Spiel „erinnert". Nun sehen Sie Licht am Ende des Tunnels. Idealerweise trainiert man mit drei oder vier Personen, bis der Hund sich sofort ohne vorheriges Hochspringen setzt, wartet 48 Stunden und übt mit neuen Personen weiter. Vielleicht ist noch eine dritte oder vierte Übungseinheit nötig, viele Hunde werden jedoch schon nach nur zwei Runden zu richtigen „Sitz"-Fanatikern. Belohnen Sie den Hund ab und zu und flechten Sie eine kurze Auffrischungsübung ein, sollte es einmal zu einem Rückschritt kommen. Das war's.

Manche Hundehalter werden von dem Gedanken an all diese „Arbeit" regelrecht erdrückt. Das nachzuvollziehen fällt mir schwer, ist Training doch eine solch faszinierende Beschäftigung. Es ist, als ob man sagte, es sei zu anstrengend, ein erstklassiges Zwölfgängemenü zu essen. Mich verwirren Menschen immer, die Hunde so gern mögen, dass sie einen kaufen, es dann aber zu mühsam finden, mit ihnen auf eine der interessantesten Weisen zu kommunizieren, nämlich durch Training. Eine Troubleshooting-Übung macht Spaß und dauert überhaupt nicht lange. Dabei liegt ein Teil des Problems – das gilt auch für andere Techniken – darin, dass der Trainer aufgibt, bevor die kritische Menge an Versuchen erreicht ist: „Oh, ich habe das probiert, und es hat nicht funktioniert."

Wird die kritische Menge nicht erreicht, bleibt Troubleshooting erfolglos. Die Technik ist immer erfolgreich, wenn man nicht zu früh aufgibt. So man will, kann dann das ganze restliche Leben frei von Mühen sein.

Meinen Sie immer noch, Sie seien nicht mit ausreichend Energie zum Trainieren eines Hundes ausgestattet, das heißt, es ist Ihnen egal, was Ihr Hund macht, wenn bloß das Verhalten X, Y oder Z auf der Stelle aufhört, dann sind Sie wahrscheinlich zu überspannt, um einen Hund einigermaßen anständig zu erziehen. Meiner Meinung nach müssten Besitzer, die verlangen, dass unerwünschtes Verhalten unbedingt und sofort behoben wird, degradiert werden, indem man ihnen anstelle richtiger Tiere Plüschtiere gibt. Sich mit Hunden zu beschäftigen, braucht viel Zeit und ist nicht für jeden etwas. Einen Hund zu besitzen, ist ein riesiges Privileg, und wir müssen anfangen, es auch als eine Art Verpflichtung ihm gegenüber anzusehen.

Erfolg mit einer Technik wie dem Troubleshooting bedeutet für den Trainer eine Erfahrung, die vieles verändert. Wie gut das alles auf dem Papier auch ausschauen mag (und auf dem Papier sieht es wirklich sehr gut aus), der Hundehalter muss die Erfahrung mit dem Ausbruch zu Anfang selbst machen, mit Gefühlen wie „Das funktioniert nicht", und schließlich mit dem Erfolg. Nur dann glaubt er daran und wird zu einem leidenschaftlichen Trainer. Erfahrene Trainer vergessen, wie es sich anfühlt, wenn man nicht weiß, wohin das Ganze führen soll. Jungen, unerfahrenen Trainern wird sehr viel mehr Vertrauen abverlangt.

Essen stehlen

Hunde nutzen jede Gelegenheit: Kann man etwas fressen und ist es in Reichweite, dann fressen sie es, so schnell es geht. Damit zu leben ist in den meisten Haushalten schwierig. Auch hier ist die Gegenkonditionierung die Technik der Wahl. Stellen wir uns vor, der Hund springt auf die Anrichte, wenn das Essen zubereitet wird. In diesem Fall müssten als Vorbereitung in der „kalten" Küche schnell ein bis zwei Übungen des „Platz-Bleib" auf einer Matte eingeschaltet werden. Dann würde ich gleich ans Eingemachte gehen und die folgenden Übungen zu Zeiten durchführen, zu denen die Mahlzeiten zubereitet werden. Die Zubereitungszeiten fallen – weil Sie ja trainieren – etwas länger aus als gewöhnlich, aber das ist es auch wert. Der Hund lernt, dass er am ehesten einen Leckerbissen bekommt, wenn er auf der Matte liegen bleibt. Belohnen Sie ihn bei den ersten paar Malen alle zehn Sekunden, dann alle 20, später alle 30 und so weiter. Als Leckerbissen können Sie das übliche Futter des Hundes verwenden. Verlässt der Hund die Matte, registrieren Sie das mit einem Keine-Belohnung-Signal („Ah, ah!") und begleiten ihn zu seiner Matte zurück. Wie beim Anti-Hochspring-Training so ist auch hier das richtige Timing entscheidend für den raschen Fortschritt. Den Hund zu erwischen, nachdem er sich erhoben, die Matte verlassen hat und mehrere Schritte gelaufen ist, liegt Lichtjahre hinter dem Erwischen der ersten Kontraktion der Muskeln oder der Absicht, das „Bleib" aufzulösen. Ein erfahrener Trainer kann so etwas im Blick haben und gleichzeitig eine einigermaßen gute Mahlzeit zubereiten. Ein unerfahrener Trainer wird dem Hund jedoch recht viel Aufmerksamkeit widmen müssen. Der Hund lernt, dass er sowieso wieder auf die Matte muss, wenn er das „Bleib" unterbricht. Wenn er aber das „Bleib" selbst durchhält, hat er eine gute Chance für eine Belohnung. Hat er das begriffen, wird er die ganze Zubereitungszeit lang auf seinem Platz bleiben, bis er am Schluss seine Belohnung erhält.

Setzt der Hund zum Sprung auf die Anrichte an, sobald Sie den

Raum verlassen, müssen Sie nach diesem ersten Training schon etwas zulegen. Vergessen Sie nicht, für den Hund ist das keine große Sache: Er lernt einfach wieder einmal, zwischen sicher und gefährlich zu unterscheiden, genauso wie wir auf der Autobahn zu unterscheiden lernen, wo es sicher ist, aufzudrehen, und wo gefährlich. Sie machen sich nur unglücklich, wenn Sie darüber nachgrübeln, ob er „weiß", dass es „falsch" ist, usw. Bringen Sie dem Hund bei, dass sein Versuch, auf die Anrichte zu springen, immer gefährlich ist. Damit das klappt, müssen Sie ihn wirklich beim ersten Mal erwischen. Statt dass er Sie also mit seinem Verhalten überfällt, wenn Sie mit Ihrem ausgeklügeltsten Timing noch nicht bereit sind, überfallen Sie ihn, indem Sie das Verhalten absichtlich herbeiführen. Das ist eine klassische Situation. Sobald der Hund gut darauf konditioniert ist, auf der Matte zu liegen, lassen Sie absichtlich etwas Verführerisches auf der Anrichte liegen und verlassen so ganz nebenbei den Raum. Aber spionieren Sie um die Ecke, seien Sie bereit! Stürzen Sie zurück in die Küche, sobald der Hund seine Muskeln anspannt, um die Matte zu verlassen, und erzwingen Sie das „Platz-Bleib". Wenn Sie das mehrere Male getan haben, wird der Hund einfach den Satz in sich aufnehmen, dass Big Brother immer alles sieht, er also am ehesten Belohnungen einheimsen kann, wenn er auf der Matte liegen bleibt, ob Sie nun im Zimmer sind oder nicht.

Wird mit dem Training erst dann begonnen, wenn der Hund bereits einige Male mit Erfolg Essen gestohlen hat, wird es schon problematischer. Denn er ist somit öfters dafür belohnt worden, auf die Anrichte zu springen, und wird nun herauszufinden versuchen, wann es sicher ist und wann gefährlich. Offensichtlich ist es manchmal sicher und wird auch belohnt, das haben ihn seine erfolgreichen Versuche gelehrt. Um es anders auszudrücken: Sie haben ihn dadurch motiviert, dass er es einmal oder, was noch schlimmer ist, mehrere Male tun konnte. Einen solchen Hund werden Sie viel häufiger in Versuchung bringen müssen.

Ihr Hund wird das, was er über die Anrichte in der Küche gelernt hat, auch nicht auf die Vorspeisen auf dem Couchtisch, die

Waffeltüte mit den Eiskugeln in der Hand der Kinder usw. übertragen. Stellen Sie sich darauf ein, bevor es zu einem Problem wird. Trainer sind immer wieder verblüfft, wie lange viele Hundebesitzer warten, bis sie ein Problem angehen, das dann schon richtig tief verwurzelt ist. Der Grund liegt in der irrigen Erwartung, „gute" Hunde würden keine Nahrung stehlen oder nicht hochspringen. Dieses Denken muss verschwinden. Es gehört zu den kulturellen Normen des Hundes, Dinge zu tun, die wir als Verhaltens-„Probleme" am meisten verachten. Die Verantwortung zur Erziehung der Hunde liegt also bei uns.

Die zehn häufigsten vorhersehbaren Verhaltensweisen, die von Besitzern als problematisch angesehen werden, gegen die sie aber kaum präventive Trainingsmaßnahmen einleiten:

1) Reflexartiges Ziehen an der Leine,
2) Hochspringen zur Begrüßung,
3) unterschiedsloses Anknabbern aller Gegenstände,
4) alles Fressbare in Reichweite fressen (Futter stehlen),
5) jammervolles Lautgeben bei sozialer Isolierung oder Eingesperrtsein,
6) Interesse an Artgenossen,
7) Probleme beim Anfassen oder Kämmen,
8) Angst vor Fremden, Fremde beißen,
9) Bewachen von Ressourcen,
10) hinter sich bewegenden Gegenständen herjagen und beißen, raues Spiel mit Kindern.

Hunde sind Opportunisten – aber wir lieben sie trotzdem

Wie Hunde lernen

Alles, was Sie jemals darüber wissen wollen, wie Hunde lernen, steht schon seit Jahrzehnten in unzähligen Papieren und Büchern, die sich mit den Themen der operanten und klassischen Konditionierung von Tieren befassen. Es ist erstaunlich, wie wenig diese Informationen beim Hundetraining genutzt werden. Dabei handelt es sich nicht um die übliche Zeitverschiebung zwischen theoretischem Verständnis und Anwendung der Theorie. Hundetrainer hinken mindestens 50 Jahre hinterher. Zum Teil ist die Vernetzung zwischen Hundebesitzern und Walt Disney zu eng, als dass der Behaviorismus Eingang finden könnte. Wir hängen immer noch dem Wunsch nach, Hunde mögen doch melonengroße Gehirne mit reichlich Windungen haben wie der Mensch, und den Wunsch, zu gefallen. Faktisch aber haben Hunde kleine, glatte und zitronenförmige Gehirne und sind nur auf eines aus. Ich persönlich mag sie dennoch.

Die zögerliche Übernahme des reinen Behaviorismus in die Hundeausbildung ist zum Teil auch darauf zurückzuführen, dass bestehende Trainingsmethoden mit all ihren Schwächen eine hinlänglich große Zahl von Hundebesitzern in die Lage versetzt haben, sich bei einer Gattung durchzuwursteln, die relativ einfach zu trainieren ist. Im Gegensatz dazu blieb den Trainern von Meeressäugetieren nichts anderes übrig, als ausgeklügelte Trainingsmethoden zu übernehmen, da die „Schüler“ Misshandlungen wie bei Hunden nicht tolerieren würden. Hinter der Zurückhaltung der meisten Hundetrainer, sich intensiv mit Behaviorismus zu befassen, steht die Tatsache, dass es nicht unbedingt leicht ist, all diese Theorie und all das Wissen über Ratten und Tauben in einer perfekt kontrollierten Umgebung zum Beispiel auf Bassets zu übertragen, sollen diese zuverlässig auf Befehl kommen und vorsitzen. In vielen Hundekursen finden sich Psychiater und in Psychologie promovierte Leute, denen es im Unterricht nicht gelingt, ihren Labrador zum „Platz-Bleib" zu bewegen. „Dominanz" auszuüben ist anscheinend viel einfacher.

Eine operante Konditionierung ist die Verknüpfung von Verhaltenskategorien mit Signalreizen. Konditionierung bedeutet dabei einfach Training durch Bestärkung. (Obwohl ich weiss, daß „Belohnung" häufig anders definiert wird, verwende ich die Worte „Bestärkung" und „Belohnung" nebeneinander für Reaktionen, die zu erhöhter Wahrscheinlichkeit eines Verhaltens führen.) Ein Operant ist eine Verhaltenskategorie wie „sitzen" oder „Wäsche klauen" oder „fünf Jahre alte Kinder beißen". Durch Konditionierung werden Verhaltenskategorien stärker, ebenso wie Muskeln durch physische Konditionierung. Setzt sich der Hund jederzeit auf Befehl hin, so nennt man das „Reaktion", ein Beispiel des operanten „Sitz". Beim Gewichtheben heisst eine einzelne Reaktion „Wiederholung".

Wenn Sie also eine Verhaltenskategorie eintrainieren, bestärken Sie sie, erhöhen Sie die Wahrscheinlichkeit oder die Häufigkeit des Auftretens durch bestärkte Reaktionen. Bekommt der Hund immer dann einen Hundekuchen, wenn er sitzt, so wird das operante „Sitz" etwas konditioniert, und sein Auftreten wird wahrscheinlicher. Es gibt keinen magischen Moment, in dem der Hund plötzlich zur Einsicht gelangt und „weiß", was „Sitz" ist. An diesem Punkt muss der Mensch anfangen, sein Denken zu verändern. Der Hund zeigt entweder ein sicheres „Sitz", ein wackeliges „Sitz" oder vielleicht auch gar kein „Sitz". Das Training bewirkt eine veränderte Wahrscheinlichkeit. Es übermittelt kein „Wissen". Ihr Muskel „weiß" oder versteht nicht, dass das Ziel des Gewichthebens darin besteht, dass er an Kraft gewinnt. Trainiert wird er durch Konditionierung. Und denken Sie daran: Dadurch wird Ihr Hund keine Input-Output-Maschine oder ein weniger wichtiges Mitglied Ihrer Familie. Um zu erklären, wie er lernt, ist das ganz einfach das

beste Modell. Es ist auch eine wichtige Art, wie wir Menschen lernen. Operante Konditionierung ist wie ein Fenster der Kommunikation zwischen den verschiedenen Gattungen.
Bei der klassischen Konditionierung wird etwas ohne Bedeutung mit etwas anderem mit einer eigenen Bedeutung so gepaart, dass es miteinander in Verbindung gebracht, assoziiert wird. Als Ergebnis der Assoziation reagiert das Tier auf eine zuvor bedeutungslose Sache so, als ob die Sache immer schon eine Bedeutung gehabt hätte. So hat Futter von sich aus eine Bedeutung für Hunde, ebenso wie für alle anderen Tiere. Dosen mit Hundekuchen haben von sich aus keine eigene Bedeutung. Hunde lernen schnell, den Anblick und das Geräusch solcher Dosen mit den Hundekuchen zu verbinden, weil der Anblick und das Geräusch der Hundekuchen sicher vorhersagen, dass es Hundekuchen gibt. Das gleiche Phänomen erklärt auch, warum Ihr Hund aufgeregt ist, wenn Sie den Mantel anziehen und die Leine holen, oder warum er „traurig" ist, wenn Sie den Autoschlüssel nehmen und dem Hund sagen, er solle in seine Box gehen. Was Bedeutung erlangt hat, ist das Bild. Es ist durch wiederholte Assoziation mit Dingen entstanden, die für Hunde von sich aus wichtig sind.
Hundetraining enthält immer Elemente beider Konditionierungsarten. Da das Verhalten durch seine Konsequenzen bestimmt ist, manipulieren wir die Konsequenzen bewusst, um das Verhalten des Hundes kontrollieren zu können: Die operante Konditionierung. Weil Hunde unsere Befehle verstehen und sich in unterschiedlichen Zusammenhängen angemessen benehmen sollen, wollen wir, dass sie Worte und Signale mit Verhalten und seinen Konsequenzen assoziieren lernen: die klassische Konditionierung. Machen Sie sich aber keinen Kopf, wenn Ihnen das alles viel zu kompliziert erscheint. Um Hunde zu trainieren, müssen Sie nicht perfekt über ihr Lernverhalten und ihre Motivation Bescheid wissen. Und dennoch: Je mehr Sie wissen, desto einfacher ist das Training. Auf jeden Fall sollten Sie aber einiges von dem Gepäck abladen, das Sie mit sich herumtragen, wie „er weiß es, er ist einfach nur stur/verrückt/zu aufgeregt/die falsche Rasse

etc.“, und beginnen, wie ein Trainer zu denken. Auch müssen Sie keine energische, dominante Persönlichkeit sein, die der Hund „respektiert“. Das Einzige, was Sie wissen müssen, sind einige wenige Grundregeln.

Die folgenden wichtigen Regeln sollten Sie kennen:

1) Hunde tun immer das, was funktioniert. Ihr Verhalten wird durch seine Folgen, seine Konsequenzen, bestimmt: das Gesetz von der Wirkung.
2) Vier Konsequenzen gilt es zu unterscheiden:
   - etwas Gutes beginnt (positive Bestärkung),
   - etwas Gutes hört auf (negative Bestrafung),
   - etwas Schlechtes beginnt (positive Bestrafung),
   - etwas Schlechtes hört auf (negative Bestärkung).
3) Alle genannten Konsequenzen müssen sofort einsetzen.
4) Die guten und die schlechten Konsequenzen werden schließlich mit anderen Dingen assoziiert, die beim Eintritt einer Konsequenz bereits vorhanden sind, und sie beeinflussen die Wahrscheinlichkeit des Verhaltens.
5) Hunde sind Experten im Lesen ihrer Umgebung und wissen, welche Konsequenzen für welches Verhalten in einer gegebenen Situation wahrscheinlich sind.

Schauen wir uns an, wie diese Regeln auf das Training von Hunden anwendbar sind.

Gehorsamstraining

Weil Verhalten durch seine Konsequenzen bestimmt wird, kommt es beim Gehorsamstraining für den Hund gleich zu Konsequenzen. Das Leben besteht aus einem nicht enden wollenden „wenn du dies tust, geschieht jenes; wenn du das tust, geschieht etwas anderes.“ Im Leben passieren zweierlei Dinge: die guten Dinge und die bösen Dinge; also gibt es vier verschiedene Konsequenzen: Gute Dinge können 1) beginnen und 2) aufhören, böse Dinge können 1) beginnen und 2) aufhören. Mit seinem Verhalten versucht der Hund zu bewirken, dass gute Dinge beginnen, böse Dinge aufhören und zu vermeiden, dass gute Dinge aufhören und böse Dinge beginnen. Auf diese Weise spielt er mit seiner Umgebung, auch mit Ihnen, seinem Besitzer. Sind Sie in der Lage, dies zu erkennen und für sich zu nutzen: Voilà, dann haben Sie sie, die Kontrolle über Ihren Hund.

Wie es der Zufall so will, bestimmen Sie im Leben Ihres Hundes ganz genau, wann alles Gute und Böse beginnt und wann es aufhört. Nur machen Sie davon ganz einfach nicht viel Gebrauch. Sie machen sich nicht genügend klar, was „gute Dinge" und „böse Dinge" bedeuten; Sie konditionieren unwissentlich genau das Verhalten, das Sie nicht wollen, und verpassen wertvolle Gelegenheiten. Vielleicht haben Sie sogar das Gefühl, Ihr Hund würde Sie kontrollieren. Weil Ihr Verhalten denselben Prinzipien unterliegt, ist das so. Für Sie sollen gute Dinge beginnen, schlechte Dinge aufhören; Sie vermeiden, dass gute Dinge aufhören und schlechte Dinge beginnen. Das tun alle mit einem Stammhirn ausgestatteten Lebewesen. Und weil auch der Hund Konsequenzen zeigt, können Sie schon mal von ihm kontrolliert werden. Geben Sie dem Begriff „Hundetrainer" eine neue Bedeutung. Sie haben zum Glück ein größeres Gehirn und können bei diesem Spiel immer einen Schritt voraus sein, indem Sie mit Ihrem Hund über operante Konditionierung pauken, was er nicht kann. Lesen Sie also weiter.

Sie kontrollieren den Zugang zu allem, was Ihr Hund haben will: Futter, Außenwelt, Aufmerksamkeit, andere Hunde, Gerüche am Boden, Spielmöglichkeiten. Sie können Spielzeuge zum Leben erwecken, indem Sie sie in die Luft werfen oder Zerrspiele einleiten. Sie haben Hände, mit denen Sie Türen und Dosen öffnen können. Diesen Vorteil machen sich viele Menschen nicht zunutze. Ihnen ist das zwar klar, sie erwarten aber, dass der Hund aus reiner Dankbarkeit folgt. Weil sie all diese Dinge zur Verfügung stellen, erwarten sie Gehorsam sozusagen als Gegenleistung. Die Symbiose funktioniert jedoch nur dann, wenn bei praktisch jedem Tauschgeschäft zuerst der Hund seinen Teil des Geschäfts erfüllt.

Den Hund eine Woche lang gewissenhaft zu füttern, mit ihm bei Regen und Sonnenschein spazieren zu gehen, ihn jeden Tag zu beschäftigen und mit ihm zu spielen ist ohne Belang dafür, ob er nun seinerseits gesittet durch die Tür geht oder im Park auf Rufen zu Ihnen kommt. Sie müssen die ganze Sache so arrangieren, dass es für den Hund den Anschein hat, als müsse er zuerst gehorchen, bevor er im Park weiterhin seine Privilegien genießen kann oder sich die Haustür für ihn öffnet. Lassen Sie den Hund immer erst seinen Teil des Geschäfts beitragen, bevor Sie Ihren dazu tun. Der Hund wird den Gehorsam als etwas betrachten, wodurch er das erhält, was er will, nicht als etwas, das ihn an dem hindert, was er haben will.

Sie bestimmen, wann der Hund seine Leckerli bekommt – hören Sie auf, sie ihm einfach so für nichts zu geben. Es gibt nichts „umsonst". Stets belohnen Sie etwas, wenn Sie Türen öffnen, das Futter hinstellen, mit ihm spazieren gehen, ein Spiel einleiten oder ihn aus seiner Box lassen. Da der Hund nämlich ständig etwas tut, bekommt er so eine Art Ruck, sobald er für dieses Tun mit einem Leckerli belohnt wird. Sie müssen sich dieses Prozesses nur bewusst werden und das belohnenswerte Verhalten auswählen, anstatt einfach das zu belohnen, was der Hund gerade tut. Auch müssen Sie die Belohnung zurückhalten können, wenn der Hund nicht folgt.

Belohnungen gewinnen gewöhnlich an Wert, wenn sie eine Weile vorenthalten wurden: Hungrige Hunde arbeiten begieriger für Futter als satte; Hunde, die eine Zeit nicht spazieren geführt wurden, sind ganz wild darauf, wenn es endlich rausgeht, etc. Am häufigsten ist bei Hunden der Drang zu beobachten, mit dem sie auf der Straße den Kontakt zu anderen Hunden suchen. Die meisten Haushunde leben ein Leben ohne große soziale Kontakte, insbesondere was ihre eigene Gattung angeht. Setzen Trainer Entzug bewusst zur Steigerung der Motivation ein, so ist dies eine so genannte Etablierung einer Bestärkung. Nahrung wird durch Entzug als Bestärker etabliert. Dies gilt auch für uns Menschen. Ein leckeres Menü mit mehreren Gängen ist für die meisten eine verlockende Belohnung. Überlegen Sie mal einen Moment, wie Sie sich fühlen würden, wenn man Ihnen an Weihnachten ein opulentes leckeres Mahl vorsetzte, nachdem Sie sich gerade schon bis zum Abwinken vollgestopft haben oder wenn Sie an Bauchschmerzen leiden. In diesem Zusammenhang hat Nahrung eher eine aversive Wirkung. Und genauso wie Futter als primärer Bestärker erst etabliert werden muss, gilt dies auch für Clicker und Lob als sekundäre Bestärker. Etwas zu etablieren gleicht einer Maßnahme, die vor einem Training durchgeführt wird, damit das eigentliche Training auch wirklich erfolgreich verläuft.

Da verschiedene Situationen unterschiedliche Verhaltensstrategien erfordern, lernen Hunde und Menschen, die Wahrscheinlichkeit zu erkennen, wann die eine oder die andere, gute oder böse, Konsequenz auftritt: Durch Hinweise in der Umgebung erkennen Sie, wann ein gegebenes Verhalten wahrscheinlich Erfolg haben wird. Sie werfen Geld in einen Getränkeautomaten und bekommen dafür ein Getränk. Werfen Sie Geld in Mülltonnen, so gibt es dafür nichts. Wenn Sie Geld in einen Spielautomaten stecken, kriegen Sie dafür gewöhnlich gar nichts, gelegentlich bekommen Sie etwas und ganz selten etwas wirklich Gutes. Also werfen Menschen Geld in Getränkeautomaten, niemals in Mülltonnen und sind richtiggehend süchtig nach Spielautomaten, in die sie manchmal die Ersparnisse ihres ganzen Lebens stecken. Mit einigem Erfolg stecken Sie Geld in einen Automaten, weil Sie in der Lage sind, zwischen einem Getränkeautomaten und einer Mülltonne zu unterscheiden. Bei Tieren bedeutet „erfolgreich", dass sie durch Bestärkung eines Verhaltens gelernt haben. Das Verhalten hat etwas Gutes bewirkt oder etwas Schlechtes abgestellt. In anderen Worten: Es hat funktioniert. Verhalten verstärkt sich, wenn es funktioniert. Dieses Gesetz gilt für alle Lebewesen. Es ist ein Gesetz wie das Gesetz der Schwerkraft: Der Apfel fällt auf den Boden; bestärktes Verhalten tritt häufiger auf. Das ist der Kern des Hundetrainings, prägen Sie es sich ein. Alles, was zu tun bleibt, ist, den Hund wissen zu lassen, „wenn du dies tust, geschieht jenes; wenn du das tust, geschieht etwas anderes". Und er muss erken nen können, was zu welchem Zeitpunkt gilt.

Verhalten als Experiment

Die Umwelt trainiert den Hund, ständig und meisterhaft. Das Sofa, auf dem der Hund liegt, belohnt ihn, weil es wärmer und bequemer ist als der Fußboden. So erhöht sich die Wahrscheinlichkeit, dass der Hund aufs Sofa springt. Eichhörnchen belohnen ihn dadurch, dass sie vor ihm fliehen. (Hunde sind Raubtiere, und deshalb sind fliehende Objekte an sich schon belohnend.) So wird der Hund morgen wahrscheinlich wieder hinter einem Eichhörnchen her hetzen. Bewegt er sich auf einen Briefkasten zu, flieht dieser nicht; also kommt ein Hetzverhalten gar nicht erst ins Rollen. Starrt der Hund einen Kühlschrank an, wird der sich niemals öffnen, also macht er das über kurz oder lang nicht mehr, auch wenn darin das gute Futter aufbewahrt wird. Das Verhalten erlischt allmählich, denn es funktioniert nicht. Genauso wenig wie das Kratzen am Kühlschrank. Möglicherweise geschieht es als eine Art Experiment, es wird wahrscheinlich aber schnell aufhören, sofern es nicht doch funktioniert. Manchmal funktioniert es, wenn man den Besitzer beim Essen anstarrt, das Verhalten bleibt also bestehen. Kratzt der Hund an der Terrassentür, öffnet sie ein Mensch. Das Verhalten funktioniert; es bleibt also erhalten und tritt morgen oder irgendwann wieder auf. Funktioniert es weiterhin, so wird es immer stärker, bis es bei erhöhter Häufigkeit ein bestimmtes Niveau erreicht hat. Das ist ein Gesetz, nicht einfach Ansichtssache.

Klar muss sein, dass sich der Hund das in seinem Kopf nicht logisch zurechtlegt: „He, vielleicht gibt er mir ein Sandwich, wenn ich nur hungrig genug ausschaue." Genauso wenig denkt er: „He, vielleicht wird es auf dem Sofa schön warm und gemütlich, wenn ich hochspringe und mich drauflege." Der Hund tut das, was funktioniert. Bekäme er etwas vom Sandwich ab, wenn er dafür in der Badewanne eine Pfote über die andere legen und seufzen müsste, würde er eher das tun als seinen Besitzer anstarren. Das Verhalten von Hunden ist ein nie enden wollendes Experimentieren. Milliarden Versuche werden tagtäglich angestellt, wie Zurennen auf Briefkästen, Anstarren von Kühlschranktüren, Kratzen an Kühlschranktüren, Kommen auf Ruf.

Verschwindet ein Verhalten mangels Bestärkung, so bezeichnet man dies als Auslöschung. Das Auslöschen von Verhaltensweisen wie das Hetzen nach Briefkästen, Futterbetteln am Kühlschrank und Kommen auf Ruf geschieht so schnell, dass der Besitzer gewöhnlich gar nicht merkt, dass der Hund jemals auch nur das Geringste ausprobiert hat. Das alles geht außerordentlich wirksam und durchorganisiert vonstatten. Tiere würden nicht überleben, wenn sie Zeit mit Verhaltensweisen verbrächten, die nichts bringen; mit Verhaltensweisen, die sie nicht irgendwie am Leben erhalten, damit sie sich vermehren und ihre Lernfähigkeit weitergeben können.

An dieser Stelle kommt gewöhnlich das „Wie steht es mit dem Gefallenwollen?“ zur Sprache. Ein für alle Mal müssen wir das zu Grabe tragen. Nur solange es ansonsten absolut nichts anderes zu tun gibt, ist Lob für die meisten Hunde eine schwache Bestärkung und somit beim Hundetraining von geringem Wert. Lob ist in Situationen nützlich, in denen es überhaupt keine Ablenkung gibt, und hat auch in solchen mit normaler Ablenkung seinen Wert als ermutigendes Signal, dass der Hund zum Beispiel auf dem richtigen Weg zu einer Bestärkung ist. Das Gefallenwollen ist ein Produkt des Wunsches von uns Menschen, als Halbgott verehrt zu werden. Es ist ein Mythos, keine empirisch erforschte Sache. Meiner Vermutung nach existiert es nicht und ist beim Hundetraining recht hinderlich. Normale, gut zu trainierende Hunde werden wegen der menschlichen Schwäche für dieses Gefallenwollen ausgegrenzt und unnötig bestraft. Wir kommen mit diesem Denken nicht weiter, zumal wir jede einzelne Gehirnzelle dazu benötigen, den Hund richtig zu trainieren. Also lassen wir es sein. Auch ohne dies ist unser Hund ein großartiges Exemplar seiner Gattung.

Ererbtes und etabliertes Verhalten

Einige wenige Verhaltensweisen sind ererbt und müssen fast gar nicht erlernt werden, um zur vollen Blüte zu gelangen: Ohne dass man sie besonders konditionieren müsste, hetzen Hunde hinter sich bewegenden Objekten her, heulen jämmerlich, wenn sie allein gelassen werden, stürzen sich auf alles Fressbare, müssen unbedingt alle neuen Leute und Hunde begrüßen, urinieren nicht in der Nähe ihres Schlafplatzes etc. Ihr restliches Verhalten ist das Produkt von Zufälligkeiten in ihrer Umgebung. Die Umgebung ihrer Hunde haben Besitzer fast vollständig unter Kontrolle: wo sie sich aufhalten und schlafen, ob und wann sie nach draußen dürfen und, wenn ja, welche begrenzten Nischen der Galaxis sie aufsuchen können; wann, wo und was sie fressen, ob und wann sie jemals Artgenossen treffen, welche Spielzeuge sie haben und was sie sonst tun dürfen, sogar ob sie leben oder sterben sollen. Besitzer, die sich als Sklaven ihrer Hunde fühlen, sollten sich das klarmachen. Wir haben die totale Kontrolle; wir haben es unserem Hund gegenüber nur noch nie demonstriert. Wir Menschen haben die geschickten Hände, die großen Gehirne mit den vielen Windungen und den Unmengen von Informationen über das Lernverhalten und die Motivation von Hunden. Den Lebewesen mit kleinen Gehirnen bleibt nichts anderes übrig, als sich trainieren zu lassen.

Es ist kein Zufall, dass die meisten Verhaltensweisen, die wir mildern wollen, ererbt sind. Jagen, grobes Spiel, jämmerliche Laute von sich geben, alles in Reichweite Befindliche fressen etc. müssen wir geschickt umlenken, also gegenkonditionieren. Leider sind die meisten Verhaltensweisen, die wir etablieren wollen, in diesem Paket nicht enthalten: „Sitz“, „Platz“, „Bleib“, „Komm“, „bei Fuß“ (alles auf Befehl) sind aus der Perspektive dieser sozialen Raubtiere nutzlose, alberne und irrelevante Verhaltensweisen, sofern wir daraus kein Verhalten machen, das sich lohnt – und dieses kleine Gehirn motivieren. Stellen wir eine Liste all der Dinge zusammen, die er haben will – eine begrenzte Liste für jeden Hund –, und beginnen wir, diese Dinge als Preise einzusetzen, die der Hund gewinnen kann, wenn er die richtigen Reaktionen zeigt und gehorcht. Das heißt also, ohne Gegenleistung kein Futter, keine Aufmerksamkeit, keine Spaziergänge, kein Spielen mit anderen

Hunden usw. Für den Besitzer bedeutet es eine ganz neue Einstellung: Anstatt sich auf ein praktisch eingebautes Gefallenwollen zu verlassen, geht er nun hin und baut selbst ein Gefallenwollen dadurch auf, dass er die Kontrolle über die Umgebung des Hundes ausnutzt. Ja, es gibt so etwas wie das Gefallenwollen, wenn es beim Hund etabliert wird. Sobald er daran glaubt, sobald Sie ihm gezeigt haben, dass er seine Karten gut spielen muss, um alle für ihn wichtigen Dinge zu bekommen, wird er den Wunsch haben, zu gefallen. Nicht weil Sie ein wunderbarer Mensch sind – auch wenn Sie es vielleicht wirklich sind – oder weil er Sie anbetet, sondern weil es in seinem eigenen Interesse liegt, Ihnen zu gefallen. Nur so bekommt er das, was er haben will, und dabei gewinnen beide, Sie und er.

Sobald Sie Ihre Einstellung geändert haben, müssen Sie nur noch zwei Dinge tun, und das in dieser Reihenfolge: 1) einen Weg finden, wie Sie Ihrem Hund mitteilen können, was er tun muss, um den Preis zu gewinnen, und 2) diese unterschiedlichen Dinge mit einem Namen belegen. Trainer, die nach althergebrachten Methoden arbeiten, zäumen das Ganze von hinten auf. Sie beginnen mit dem Versuch, Verhaltensweisen zu benennen (Befehle zu geben), die bei einem Tier, das dieses Spiel nie zuvor gespielt hat, noch nicht konditioniert wurden, wofür also keinerlei Motivation vorhanden ist.

Der Hund, dem ein Signal wie das Wort „Sitz" gegeben wird, muss zuerst herausfinden, ob das Signal etwas bedeutet (die klassische Konditionierung), und dann – dies ist sehr wichtig – die Gewinnchancen für ein vermutetes Verhalten (die operante Konditionierung) ausloten. Hat dieses Verhalten in der Vergangenheit funktioniert? Wie steht es mit dem Kosten-Nutzen-Verhältnis zwischen dem Aufwand für das Zeigen eines Verhaltens und der Wahrscheinlichkeit eines Preises? Diese Frage stellen sich die Hunde natürlich nicht, auch stellen sie in ihren Köpfen keine statistischen Berechnungen an. Aber, und das muss unbedingt bedacht werden, sie verhalten sich so, als ob sie es täten. (Vielleicht tun sie es ja doch ...) Höchstwahrscheinlich gibt es bei Hunden

einen Mechanismus, der sicherstellt, dass ihre Verhaltensweisen effizient und meist zu ihrem eigenen Nutzen und Vorteil sind.
Wie unterscheidet sich nun jemand, der etwas von Training versteht, von dem, der davon keine Ahnung hat? Das lässt sich ganz einfach in der Beantwortung folgender Frage zusammenfassen: „Was veranlasst einen Hund, „Sitz" zu machen?" Einer, der von Training keine Ahnung hat, meint, „der Befehl" sei es, der den Hund ins „Sitz" bringt, wogegen jemand mit Ahnung antworten würde, es sei die vorangegangene Reihe von Bestärkungen für das Sitzen, die den Hund zum „Sitz" veranlasst. Der Befehl ist lediglich ein Signalwort.
Nun, wie funktioniert das denn alles? Zuerst sollten wir einige der Belohnungen erkennen, die wir tagtäglich vergeuden.

Wahrscheinliche Bestärker für den Hund:
1) Futter,
2) Zugang zu anderen Hunden,
3) Zugang nach draußen und zu interessanten Gerüchen am Boden,
4) Aufmerksamkeit von Menschen und Zugang zu Menschen, insbesondere nach Zeiten der Isolation,
5) Einleitung eines Spiels oder einer anderen, beliebten Aktivität: Fangen, Knuddeln, Zerrspiele, Verstecken.

Das sind die fünf großen Bestärker, wenngleich einige Hunde auch andere Marotten haben, die sich einsetzen lassen. Sie wirken, wie die meisten anderen Bestärker auch, immer dann besonders stark, wenn sie vorher eine Weile nicht benutzt wurden. Zum Training Ihres Hundes brauchen Sie bloß die Kontrolle über das, was er am liebsten mag, und das geben Sie ihm nur dann, wenn er tut, was Sie von ihm verlangen. Ist der Hund ganz wild auf alle diese Dinge oder besonders wild auf ein paar ganz besondere, so lässt er sich leichter trainieren als ein Hund, der sehr zurückhaltend ist und sich für nichts begeistern kann. Und dennoch hätten auch die meisten Besitzer solcher Hunde gern einen Hund, der kein Futter klaut, sich in Gegenwart anderer Hunde nicht aufregt, während des Spaziergangs nicht dauernd am Boden schnüffelt oder an der Leine zieht, wenn es in den Park oder zum Hundeauslauf geht, keine Menschen anspringt, nicht heult, wenn er allein gelassen wird, keine Wäschestücke stiehlt oder sie ständig zum Streicheln auffordert. Ein solcher Hund ist nicht einfach zu trainieren. Warum sollte er Ihr Spiel spielen, wenn er keinen der Preise haben will, die Sie ihm anbieten?

Stellen Sie sich im Gegensatz dazu einen sechs Monate alten typischen Golden Retriever vor: Er verschlingt sofort alles Organische, was er auf dem Couchtisch, auf dem Boden oder im Bordstein findet, als ob er noch nie etwas zu fressen bekommen hätte; wenn er einen Hund auf der anderen Strassenseite sieht, rast er hin; er wirft Sie vor Freude um, wenn Sie zurück nach Hause kommen; pinkelt vor lauter Aufregung Ihre Gäste an; hängt immer auf Ihnen drauf und haut mit der Pfote nach Ihnen, bis Sie zu viel kriegen und er sich dann die Stofftiere Ihrer Kinder schnappt, sodass Sie durch das ganze Haus hinter ihm herrennen müssen. Ein Traumhund für den Hundetrainer. Ein Volltreffer. Erklären Sie diesem Hund mittels Training, dass er nun auf einem anderen und neuen Weg an all das Zeug kommt, und Sie werden sehen, wie der Hund schier ausflippt. Trainer lieben Hunde, die ganz verrückt auf Belohnung sind.

In der Praxis trainieren wir hauptsächlich mit ein oder zwei Belohnungen – Futter und Zerrspielzeuge –, die ohne großen Aufwand zur Hand sind, und nehmen die restlichen Belohnungen zum Festigen, soweit sie sich im normalen täglichen Leben einsetzen lassen. Weil die Gelegenheiten, dem Hund Zugang zu anderen Hunden zu verschaffen, ihm nach Abwesenheit Aufmerksamkeit zu geben und viele der anderen Motivatoren so begrenzt sind, ist es praktisch unmöglich, sie als Hauptmotivatoren zu nehmen. Merken Sie sich diese aber und verwenden Sie sie immer dann, wenn sich die Gelegenheit dazu ergibt, weil 1) sie starke Motivatoren sind, 2) unterschiedliche Motivatoren eine bessere Reaktion ergeben, 3) es schade wäre, es nicht zu tun,

4) Sie Verhalten in weit mehr Situationen trainieren können und 5) Sie damit sicherstellen, dass Sie unbeabsichtigt keine anderen dämlichen Verhaltensweisen belohnen. Mit der Zeit begreifen Sie immer besser, was Sie tun. Wenn Sie wollen, können Sie zum Beispiel das „Sitz“ mit Futter trainieren, wenn das Hochspringen aber beim Eintreffen neuer Gäste funktioniert, bringt Ihnen das „Sitz“ in dieser Situation gar nichts. Hier müssen Sie Aufmerksamkeit/Begrüßung als Bestärkung für das „Sitz“ hinzufügen.

Feedback: formelle, konditionierte Bestärker

Gutes Training bedingt ein System der Kommunikation, eine Möglichkeit, dem Hund exakt den Augenblick mitzuteilen, in dem er sich etwas Gutes verdient hat, etwas Gutes aufgehört hat, er etwas Böses verdient oder etwas Böses vermieden hat. Das Erste und Wichtigste ist hierbei, dass er sich etwas Gutes verdient hat, eine positive Bestärkung. Um dem Hund zu sagen, dass er gerade eine positive Bestärkung verdient hat, ist eher ein Signal notwendig als das Geben eines Hundekuchens oder Spielzeugs oder eines glückseligen Momentes des Schnüffelns, weil 1) das Timing, der richtige Zeitpunkt, möglichst präzise gewählt sein muss und wir 2) dem Hund auf eine gewisse Entfernung hin ein Signal geben wollen. Ein solches Signal bezeichnet man als konditionierten Bestärker oder auch Überbrückungsreiz. Der konditionierte Bestärker heißt so, weil er durch wiederholtes gemeinsames Setzen mit der richtigen („unkonditionierten“) Bestärkung assoziiert wird: Er ist klassisch konditioniert. Manchmal bezeichnet man ihn auch als Überbrückungsreiz, weil er die Zeitspanne zwischen dem von Ihnen gewünschten Verhalten und der eigentlichen Bestärkung sozusagen überbrückt. Es ist so, als ob man zu einem Kind sagte: „Mit dieser Note hast du dir ein großes Eis verdient!“ Die Verbindung zwischen dem Eis und der Note und sogar der für diese Note notwendigen harten Arbeit kommt erst Stunden später. Was das Herstellen solcher Verbindungen angeht, sind Hunde von

Kindern meilenweit entfernt, und das hauptsächlich deswegen, weil es ihnen an der Sprache mangelt. Bei Hunden muss die reale Bestärkung, das Stück Leber, so bald wie möglich nach dem Signal „Mit dem ‚Sitz' hast du ein Leckerli verdient" gegeben werden. Sonst bestärkt das Stückchen Leber letztlich Verhaltensweisen, die danach gezeigt werden, und das Signal beginnt seine Wirkung zu verlieren.

Im Hundetraining versuchen wir, solch trockene Worte wie „konditionierte Bestärker" zu vermeiden, und sagen stattdessen eher „Marker für eine Belohnung". Das von Ihnen gewählte Signal markiert das Verhalten, das Sie belohnen wollen. Immer mehr Trainer benutzen dafür Clicker statt Worte wie „gut!" oder „ja!", weil der Clicker einen sehr kurzen, knappen, stetigen und unverwechselbaren Ton erzeugt, wogegen bei einem Wort oder einem Satz immer kleine Abweichungen in der Intonation und der Lautstärke auftreten. Ebenso können solche Worte in einer normalen Unterhaltung vorkommen und damit an Wirkung verlieren. Ein Clicker ist eigentlich ein Kinderspielzeug, das Sie leicht in der Hand halten können und das beim Drücken auf seinen beweglichen Teil ein knackendes Geräusch erzeugt. Anfangs mag das Click-Geräusch einen Hund gelegentlich schon mal verschrecken. Der Trainer kann den Hund allmählich gegenüber dem Clicker desensibilisieren, indem er den Clicker zu Beginn mit einem Tuch umwickelt, um einen leiseren Ton zu erhalten, oder er vergrößert die Entfernung zum Hund und reduziert sie wieder, sobald sich der Hund an den Ton gewöhnt hat. Denken Sie daran, der Clicker an sich soll nicht bestärkend wirken. Was zählt, ist die Bedeutung, die er erlangen wird. Sicherlich lohnt es sich, auch bei verschreckten Hunden mit dem Training fortzufahren, weil der Clicker den unschätzbaren Vorteil des richtigen Timings ermöglicht.

„Laden" Sie Ihren Marker für die Belohnung damit, dass Sie dem Hund eine Reihe Belohnungen jeweils mit einem Click vorweg geben, also: Click – Belohnung, Click – Belohnung, Click – Belohnung. Der Click wird für den Hund zum Anzeiger für eine

Belohnung. Aus diesem Grunde sollte der Click immer vor der Belohnung kommen und dem Click immer die Belohnung folgen. Sonst ist er kein verlässlicher Anzeiger. Erreicht wird dies dadurch, dass der Hund ein paar Mal aus der Hand gefüttert wird, immer mit einem Krümel Trockenfutter oder mit winzigen Hundeleckerli, Fleischwurstscheibchen oder gefriergetrockneter Leber. Soll der Clicker wirklich eine starke Wirkung haben, nehmen Sie unterschiedliche Dinge als Belohnung nach einem Click: manchmal etwas Trockenfutter, gelegentlich Käse, ab und zu ein Spaziergang, ein Bauchreiben, hin und wieder Leber. Dutzende Male muss diese Assoziation hergestellt werden.

An diesem Punkt des Spiels trainieren Sie noch gar kein Verhalten. Verkneifen Sie sich das völlig! Das Training eines Verhaltens bedarf nämlich einer gewissen Sorgfalt. Denn sobald der Click überhaupt irgendeine Bedeutung erlangt, werden Sie bei jedem Clicken etwas belohnen. Dabei besteht die Gefahr, dass der Hund sich selbst formt. Das bedeutet, er trainiert sich vielleicht irgendetwas Schräges an, wie zum Beispiel einen Schritt rückwärts zu tun, weil dies ein paar Mal zufällig durch Clicken belohnt worden ist. Und dann fängt er an, dies häufiger zu tun, also wurden einige Versuche mehr belohnt; und als Nächstes denkt der Hund, der Schritt rückwärts sei notwendig, damit der Click kommt. So etwas wird als abergläubisches Lernen bezeichnet und kommt beim alltäglichen Hundetraining häufig vor. Davon geht die Welt nicht unter, weil Sie den Schritt rückwärts später immer noch „killen" können – entweder absichtlich (keine Belohnung, wann immer Sie den Schritt rückwärts sehen) oder einfach dadurch, dass Sie ihn beim Trainieren anderer Dinge eines natürlichen Todes sterben lassen.

Langfristig betrachtet arbeitet die Effizienz des Verhaltens zu Ihren Gunsten. Wollen Sie vermeiden, dass etwas schon zu sehr eintrainiert wird, während Sie noch dabei sind, Ihren Marker aufzuladen, versuchen Sie bereits in diesem frühen Moment, das zum Zeitpunkt des Clicks gezeigte Verhalten willkürlich zu verändern. Weil z.B. das Den-Trainer-anschauen schnell konditioniert wird, ist das nicht einfach. Aber da es auch kein allzu großes Stück Gepäck ist, das Sie mit sich herumschleppen, wollen Sie es vielleicht einfach laufen lassen. Der Hund wird sich schnell davon befreien können, sobald Sie etwas trainieren, wozu er Sie nicht mehr anschauen muss.

Vielleicht wollen Sie auch das Intervall zwischen den einzelnen Click-Belohnungs-Sequenzen und zwischen dem Click und der Belohnung variieren. Wenn Sie die Zeit zwischen den einzelnen Clicks und Belohnungen variieren, wird Ihr Handeln sicher unvorhersehbar. Leicht geraten Sie in den Trott, alle 5,8 Sekunden zu clicken und zu belohnen, und der Hund wird sich darauf einstellen. Kommt es so weit, dann ist der Clicker nicht mehr der alleinige Anzeiger einer Belohnung – sondern das Zeitintervall – und damit von untergeordneter Bedeutung. Der Click soll für den Hund das Einzige sein, das ihm eine nahende Belohnung anzeigt. Wird nun die Zeit zwischen einem Click und der Belohnung variiert, so hilft es dem Hund, später solche Intervalle zu tolerieren, wenn Sie den Clicker als Instrument des Feedbacks einsetzen. Das ist so, als ob man zu dem Hund sagte: „Keine Angst, auch wenn du es nicht in der nächsten halben Sekunde kriegst, es ist schon unterwegs." Dehnen Sie insbesondere am Anfang diese Intervalle nicht zu sehr aus, denn Sie wollen den Click ja als zuverlässigen Anzeiger für Futter haben. Ansonsten können Sie noch Ihre Körperhaltung, Ihre Stellung zum Hund und die Entfernung zwischen Ihnen und dem Hund variieren, indem Sie während des beliebigen Clickens einfach so umher gehen und dem Hund die Leckerli geben oder zuwerfen.

Einige Sitzungen von jeweils zehn Minuten, vielleicht an unterschiedlichen Orten und im zeitlichen Abstand von 24 Stunden, konditionieren den Hund am effizientesten auf den Clicker. Gewöhnlich wird der Hund beim Clicken nun schon aufgeregt sein und Sie dazu bringen, seinen Gewinn zu holen. Jetzt können Sie damit beginnen, den Clicker als Gewinn einzusetzen. Auch wenn der Clicker jetzt zum Werkzeug geworden ist, geben Sie bei jedem Click weiterhin eine Belohnung. Tun Sie das nicht, so lernt der

Hund, dass der Click kein guter Anzeiger mehr ist. Das ist wie bei einer Batterie, deren Ladung immer schwächer wird. Denken Sie daran, der Click oder das lobende Wort an sich sind noch nichts Belohnendes; vielmehr muss die Assoziation mit der richtigen Belohnung erhalten bleiben. Deswegen werden richtige Belohnungen auch als unkonditionierte Bestärker bezeichnet (im Gegensatz zu konditionierten Bestärkern wie Clicker oder lobende Worte): Sie funktionieren ohne jegliche Konditionierung. Das Tier lernt nicht, Futter zu mögen und dafür zu arbeiten – Futter mag jeder Hund gern. Es lernt, den Click zu mögen und für ihn zu arbeiten, weil er die Bedeutung von Futter angenommen hat.

Feedback: weniger effektive Bestärker

Konditionierte Bestärker und primäre Belohnung sind so ziemlich das Einzige, was im formellen Training von Meeressäugern und zum Beispiel auch bei der Konditionierung von Exoten in den Zoos eingesetzt wird, um überhaupt eine medizinische Behandlung und Pflege dieser Tiere zu ermöglichen. Was das Hundetraining angeht, so sind konditionierte Bestärker und Belohnung zwar das wichtigste Werkzeug für ein Feedback, doch kennen wir einige mehr. Und an dieser Stelle tritt jetzt das allgemeine Lob auf den Plan. Lob ist für viele Hunde ein mittelmäßiger oder auch schwacher primärer oder unkonditionierter Bestärker. So gesehen hat es auch seinen Wert. In Verbindung mit einem gut eintrainierten formellen System wie dem Click – Belohnung kann es einen Wert erhalten oder seinen Wert erhöhen. In diesem Fall ist das Lob für den Hund ein Signal, dass er auf der richtigen Spur hin zu einem Click und einem Primärbestärker ist. Es kann ein länger dauerndes Verhalten „unterstützen“, um einerseits die Zeittoleranz zwischen den einzelnen Primärbestärkern zu erhöhen und andererseits zu schnelleren Ergebnissen zu kommen, was Entfernung, sicheres Verhalten unter Ablenkung und Auswahl unter mehreren Verhaltensmöglichkeiten betrifft. Hunde lernen in der Tat, dass sie bei Lob „näher ans Ziel kommen“.

Das Formen eines Verhaltens

Da wir über das Formen bereits in dem Abschnitt, der sich mit dem Apportieren beschäftigt, gesprochen haben, werde ich hier nur die Hauptpunkte wiederholen. Alle Tiere und Menschen verfügen über ein Repertoire an Verhaltensweisen, die sie mindestens schon einmal gezeigt haben. Werden Verhaltensweisen dieses Repertoires bestärkt, nimmt die Wahrscheinlichkeit zu, dass sie häufiger auftreten. Das ist die Basis für das Training. Allerdings werden einige Verhaltensweisen, die wir bei unseren Hunden gern sehen würden, überhaupt nicht angeboten. Sie werden als auf der „operanten Ebene" nicht auftretende Verhaltensweisen bezeichnet. Nie gibt es eine Reaktion, die bestärkt werden könnte. In solchen Fällen muss das Verhalten mit Hilfe des Formens von der Pike auf aufgebaut werden. Hierfür nun ein Beispiel.

Hinlegen ist ein Verhalten, welches Hunde auf der operanten Ebene zeigen. Um das zu trainieren, clicken und belohnen Sie einfach jedes Mal, wenn der Hund sich hinlegt. Er wird dann damit beginnen, es immer häufiger zu tun. Tritt das Verhalten häufig und zuverlässig auf, so können Sie dem Ganzen nun einen Befehl hinzufügen, damit Sie es sind, der bestimmt, wann der Hund „Platz" macht und wann nicht. Nun lässt sich dieser Prozess dadurch beschleunigen, dass Sie den Hund ins Platz locken, diese Momente dann belohnen und nicht einfach auf spontane Ereignisse warten und clicken. Letztlich aber könnten Sie, wenn Sie wollten, auf die formelle Weise trainieren, also ohne Locken oder Auffordern, und einfach auf das Verhalten warten.

Sich in einem engen Kreis linksherum zu drehen ist ein Verhalten, das auf der operanten Ebene bei Hunden gewöhnlich nicht auftritt. Es bringt nichts, darauf zu warten, um clicken und es belohnen zu können, sollte es einmal gezeigt werden. Der Hund wird Ihnen diese Möglichkeit nicht geben. Soll dieses Drehen trainiert werden, ist zuerst einmal ein Verhalten zu belohnen, das ein wenig in die Richtung des gewünschten Verhaltens geht und auf der operanten Ebene des Hundes gezeigt wird. Mit anderen Worten: Was macht der Hund bereits mindestens gelegentlich, das dem Linkskreisen am nächsten kommt? Vielleicht eine Drehbewegung des Kopfes oder des Körpers nach links. Nehmen Sie ein solches Verhalten, clicken und belohnen Sie es, wann immer Sie es sehen. Erhöht sich die Häufigkeit, mit der der Hund dieses Verhalten zeigt, wird es unweigerlich zu Variationen kommen, die sogar noch näher an einen engen Linkskreis heranreichen. Beginnen Sie also jetzt damit, dieses zu bestärken. Das ist genauso, als ob man die Stufen einer Leiter hinaufklettert. Dieses allmähliche Anheben des Standards, bis früher oder später das ursprünglich gewünschte Verhalten gezeigt wird, nennt man Formen. Formen ist eine Kunst und bedarf sehr viel Übung.

Bestärkungen richtig einsetzen

Bis jetzt haben wir so getan, als ob jede richtige Reaktion mit einem Click und einem Leckerli belohnt würde. Denn wenn Sie ein guter Trainer sind, werden und sollten Sie zu Beginn jedes Mal das Verhalten belohnen, das Sie etablieren wollen. Am Anfang des Trainings ist jede Belohnung für den Hund eine wertvolle Information darüber, was Sie eigentlich von ihm wollen. Wird ein gezeigtes gewünschtes Verhalten nicht ausgewählt (d.h. nicht belohnt), so fängt der Hund an zu zweifeln: Ist es das, was du willst, oder nicht? Die Tendenz hin zu einem Verhalten entsteht um so leichter, je häufiger es belohnt wird. So wird der Hund zum Beispiel jedes Mal bestärkt, wenn er sich hinlegt. Hinlegen muss das so genannte Zielverhalten sein.
Später ist die Sache allerdings ganz anders. Bewegt sich die Häufigkeit eines Verhaltens auf einem gleichmäßigen Niveau, so hören Sie auf, es bei jedem einzelnen Auftreten zu belohnen. Belohnen Sie fortan fast jedes Mal, dann jedes zweite Mal, später manchmal und dann gelegentlich. Da der Hund das Zielverhalten inzwischen ganz sicher kennt, wird er seine Strategien bei Vorenthalten der Bestärkung nicht sofort ändern. Sie können jetzt also damit beginnen, ihm gefahrlos die Belohnung vorzuenthalten. Über dieses zeitweilige Bestärken eines Operanten wird gesagt,

man stellt das Verhalten unter ein „Bestärkungsschema“. Das geschieht aus folgenden Gründen:

1) Das Verhalten wird widerstandsfähiger gegen Auslöschung.
2) Es erleichtert den Prozess des Formens.
3) Sie bekommen mehr für Ihr Geld.

Das mit dem Widerstand gegenüber einer Auslöschung lässt sich folgendermaßen erklären: Ist ein Tier zu sehr daran gewöhnt, bei jedem Mal belohnt zu werden, dann entsteht ein abrupter, das Verhalten zerstörender Gegensatz, sobald keine Belohnungen mehr kommen. Das Verhalten erlischt: Es geschieht nicht mehr, weil es keine Belohnung mehr gibt. Wird ein Tier dagegen nur gelegentlich belohnt, dann dauert es eine ganze Weile, bis es „bemerkt“ hat, dass es keine Belohnungen mehr gibt. Die beste Analogie findet sich im Unterschied zwischen Getränkeautomaten und Spielautomaten. Wann immer Sie Geld in einen Getränkeautomaten werfen, erwarten Sie ein Getränk als Bestärkung. Gibt es aus dem Automaten keine Getränke mehr, so werden Sie nur noch ein paar Mal Geld hineinwerfen, bevor Ihr Verhalten – also Geld in den Automaten werfen – erlischt und Sie eine andere Strategie ausprobieren, zum Beispiel eine zuständige Person anrufen oder gegen den Automaten treten (wohl eher ein Wutausbruch als eine „Strategie“). Beim Spielautomaten gelten andere Regeln. Hier erwarten Sie nicht jedes Mal eine Belohnung, und so werfen Sie immer wieder Geld in den Automaten, in der Hoffnung, das nächste Mal würde mit einer gewinnträchtigen Kombination belohnt. Programmierer von Spielautomaten haben die Gesetze, die einer Bestärkung zu Grunde liegen, stets im Hinterkopf: Sie wählen nämlich immer ein Schema, bei dem Sie möglichst häufig Geld einwerfen, bis sich Ihr Einsatz in Form einer Bestärkung auszahlt. Da Sie den Gesetzen des Lernens unterliegen, können Sie gar nicht anders als abhängig werden. Und genauso geht es Ihrem Hund. Das bedeutet also, dass Sie ein einmal erworbenes Verhalten nur deswegen in gewissen Intervallen wieder aufleben lassen, damit Sie diesen zwanghaften Widerstand gegen eine Auslöschung erreichen.

Bestärkungsschemata erleichtern Ihnen den Prozess des Formens dadurch, dass bei jedem Schritt die Wahl aus mehreren Verhaltensvariationen möglich ist. Sagen wir, der Hund soll die Kühlschranktür aufmachen. Ein Ziel bei diesem Formen wird nun vielleicht sein, dass er den Türgriff zwischen seinen Kiefern festhält. Da dies nicht auf der operanten Ebene geschieht, entschließen Sie sich, es zu formen. Jedes Mal, wenn sich der Hund dem Kühlschrank nähert, clicken und belohnen Sie, bis er immer wieder direkt auf den Kühlschrank zugeht. Dieses Verhalten bestärken Sie dann in gewissen Zeitintervallen, um es gegen Auslöschen gefeit zu machen. Es muss vor allem deshalb gegen Auslöschen sicher sein, weil Sie jetzt wählerischer werden, was das Sich-dem-Kühlschrank-nähern angeht: Jetzt wollen Sie Nähern und einen Nasenschubser oder einen anderen Kontakt mit dem Türgriff, nicht nur einfach Nähern. Sobald Sie Nähern in gewissen Abständen bestärken, werden Sie davon eine größere Vielfalt angeboten bekommen. Der Hund versucht nun herauszubekommen, welche der bestärkten Annäherungen Sie haben wollen, und experimentiert deswegen herum. Aus Frust darüber, dass nicht jedes Mal eine Bestärkung kommt, werden die Reaktionen häufig stärker und heftiger. Eine Maxime gilt es beim Training zu beachten: variable Bestärkungsintervalle = variables Verhalten. Bei all den Versuchen, sich dem Kühlschrank zu nähern, geschieht vielleicht so etwas wie ein Nasenschubser oder irgendeine Art des Kontakts mit dem Türgriff, und schon haben Sie es und können mit Ihrem neuen Kriterium für eine Bestärkung arbeiten.

Der dritte Grund für die Bestärkung eines Verhaltens nach einem gewissen Schema ist ganz offensichtlich: Sie bekommen mehr für das, was Sie an Belohnung bieten. Warum keine ganze mehrminütige Abfolge von Gehorsamsübungen für ein Leckerli verlangen statt lediglich ein einziges „Sitz“? Wird das Bestärkungsschema allerdings zu sehr „ausgedünnt“, kommt einmal der Punkt, an dem das Verhalten auseinander zu fallen droht. Manchmal liegt das dann an der Art des Schemas, gelegentlich hat es einfach mit biologischer Mathematik zu tun.

Das Bestärkungsschema im Hundetraining

Wir unterscheiden vier verschiedene Bestärkungsschemata, nämlich Bestärkung mit festen Intervallen (FI), in einem festen Verhältnis (FR), mit variablen Intervallen (VI) und variablem Verhältnis (VR). Um ein Schema mit festen Intervallen handelt es sich zum Beispiel, wenn man den Hund alle zehn Sekunden bestärkt, sofern er dann noch dasselbe Verhalten zeigt. Ein Schema mit variablen Intervallen liegt dann vor, wenn der Hund durchschnittlich alle zehn Sekunden belohnt wird, falls er dann noch das Verhalten zeigt. Es könnte also sein, dass der Hund das erste Mal nach acht Sekunden, dann nach 13, anschliessend nach neun, dann nach elf, nach 15, nach zehn und sechs Sekunden usw. belohnt wird. Das durchschnittliche Intervall liegt bei zehn Sekunden, obwohl dieses selbst nicht allzu häufig vorkommt. In einer realen Lebenssituation wäre ein Schema mit festen Intervallen zum Beispiel das Gehalt, das Sie sich alle vier Wochen bei Ihrem Arbeitgeber abholen. Ein solches Schema gibt es beim Training von Hunden kaum. Schemata mit variablen Intervallen sind geeignet, bei Verhaltensweisen wie „Sitz“, „Bei Fuß“ und „Schau her“ eine Zeitspanne einzubauen. Bei der Bestärkung mit festen Intervallen und in einem festen Verhältnis besteht das Problem darin, dass nach jeder Belohnung eine Pause in der Reaktion eintreten kann, falls das Schema einen hohen Wert erreicht. Es ist so, als ob der Hund wüsste, dass es nach einer erhaltenen Belohnung immer eine ganz schön lange Zeit dauert, bis er die nächste Belohnung bekommt. Bei den Bestärkungsschemata mit Zeitintervallen bezeichnet man das als FI-Bogen, bei solchen mit einem festen Verhältnis als Pause nach einer Bestärkung.
Ein Bestärkungsschema mit festem Bestärkungsverhältnis bedeutet, dass der Hund jedes x-te Mal, das er ein Verhalten zeigt, belohnt wird, egal wie lange er dazu braucht. Im wahren Leben nennt man so etwas Akkordarbeit. Sie bekommen einen bestimmten Betrag für jeweils 50 produzierte Stück. Bei einer Bestärkung mit variablem Verhältnis erfolgt die Bestärkung im Durchschnitt

bei jeder x-ten richtigen Reaktion. Wird also das Pfoteheben mit einem VR5-Schema trainiert, dann wird nach sechsmal Pfoteheben geclickt und belohnt, dann nach zweimal, nach viermal, nach achtmal, nach dreimal und so weiter. Ein Schema mit variablem Verhältnis ergibt eine beständigere Reaktion als ein solches mit festem Bestärkungsschema. Im Hundetraining verwenden wir unterschiedliche Schemata. Sobald ein Verhalten auf ein bestimmtes Schema gesetzt ist, wählt der Trainer die besten Verhaltensbeispiele für eine Bestärkung aus. Bei vielen Verhaltensweisen, die wir Hunden beibringen, gibt es kein alles oder nichts. Das „Sitz“, das Kommen und das Apportieren können noch schneller, gerader, sauberer und besser ausgeführt werden. Die vielen Grautöne gestatten dem Trainer, unterschiedlich zu belohnen und somit die Qualität der Leistung ständig weiter anzukurbeln. Wie streng bei einem solchen Schema die Kriterien sind, hängt vom Trainer ab. Idealerweise wird die optimale Leistung erreicht, ohne dass der Hund jemals sein Interesse verliert.
Gute Trainer haben ein gutes inneres Gespür für diese Schemata und ebenso ein gutes Auge, das sie erkennen lässt, welches Schema für einen bestimmten Hund in einer gegebenen Trainingssituation das angemessene ist. Das gehört zur Kunst des Trainierens. Bevor Sie diese Kunst aber entwickeln können, sollten Sie sich ganz genau mit der Wissenschaft auseinander gesetzt haben, die dahinter steht. Das ist es nämlich, woran es den traditionellen Hundetrainern mangelt.

Hilfsmittel

Wir verfügen im Hundetraining über den Luxus, eng mit dem Trainingsobjekt arbeiten zu können, und dies ebnet uns den Weg zu einer Vielzahl von so genannten Shortcuts, mit denen wir Aktivitäten erhalten, die wir belohnen wollen, ohne darauf warten zu müssen, dass sie irgendwann einmal gezeigt werden. Diese Shortcuts bestehen typischerweise aus lockenden Bewegungen mit unseren Händen, mit Futter oder Spielzeug, aus lockenden Lauten und dem Positionieren des Hundekörpers mit Hilfe der Hand oder der Leine. Außer im Zusammenhang mit der Manipulation des Körpers lautet hier der Fachbegriff „Hervorlocken". Anstatt einfach darauf zu warten, dass das Tier ein Verhalten, das bestärkt werden soll, zeigt oder lässt, versuchen Sie es dahin zu bringen, dass es dies tut. Im Hundetraining bezeichnen wir so etwas nicht als „Lockmittel" – wir sprechen eher von Hilfsmitteln. Ein Hilfsmittel fördert ein Verhalten, das man belohnen will. In die Hände klatschen und in die Hocke gehen sind zum Beispiel zwei Dinge, bei denen Hunde gewöhnlich herankommen, und so werden sie häufig eingesetzt, um diese Reaktion zu erhalten.

Locken ist im Hundetraining möglicherweise das wertvollste Hilfsmittel. Den Hund dazu zu bringen, mit seiner Nase einer Futterbelohnung zu folgen, ist hierfür ein gutes Beispiel. Sobald man so die Kontrolle über die Bewegung seines Kopfes hat, lassen sich erstaunlich viele Verhaltensweisen erreichen. Wird das Leckerli leicht nach oben und dann nach hinten bewegt, setzt sich der Hund wahrscheinlich hin, damit er in bequemerer Position der Bewegung folgen kann. Sitzen Sie auf dem Boden und führen das Leckerli unter Ihrem angewinkelten Bein durch, wird sich der Hund wahrscheinlich hinlegen, um durch den so gebildeten Tunnel an das Futter zu gelangen. Halten Sie das Futter auf Hüfthöhe, wird der Hund wahrscheinlich neben Ihnen herlaufen. Locken ist ungleich besser als das althergebrachte Nachhelfen durch Manipulation am Körper und durch Leinenruck. Hunde in „Sitz" und „Platz" zu quetschen, sie ins „Fuss" zu strangulieren und mit der Leine zu sich hin zu reißen, damit sie herankommen, ist nicht nur abscheulich; Hunde werden dadurch passive Trainingsopfer. Sie nehmen nicht aktiv teil und lernen deshalb auch langsamer. Außerdem ist es schwierig, sich all diese Hilfsmittel abzugewöhnen, wenn der Hund seine Arbeit irgendwann gut ausführt. Rucken an der Leine ist nur allzu bekannt dafür, dass es Befehle sozusagen überschattet. Rucken Sie an der Leine und sagen gleichzeitig „Sitz", so reagiert der Hund auf das physische Hilfsmittel, der Befehl bleibt weitgehend ungehört.

Dr. Ian Dunbar müssen wir für die bahnbrechende Revolution im Hundetraining dankbar sein, die er vor 15 Jahren eingeleitet hat: weg vom Drücken und Ziehen, hin zu den wirksamen Methoden des Lockens und Belohnens.

Welches Verhalten auch immer Sie trainieren wollen, gehen Sie in den ersten Übungssequenzen nach einem der folgenden drei Muster vor:

1) Befehl,
2) Hilfsmittel,
3) Reaktion,
4) Belohnung.

1) Hilfsmittel,
2) Reaktion,
3) Belohnung.

1) Reaktion,
2) Belohnung.

Welches dieser drei Trainingsmuster Sie anwenden, hängt sehr von dem ab, was Sie trainieren wollen. Besteht Ihre Technik aus dem Formen eines Verhaltens, werden Sie immer nach dem dritten Muster verfahren, weil Sie erst dann einen Befehl hinzufügen können, wenn das Verhalten absolut sicher gezeigt wird. Auch wenn Formen normalerweise klar mit den beiden Begriffen Reaktion und Belohnung beschrieben wird, ist es möglich, den Hund anfangs mit Hilfsmitteln über ein paar Sprossen auf Ihrer Leiter des Formens zu locken.

Da Sie sich darauf verlassen, Ihr Hilfsmittel werde schon die Reaktion hervorbringen, birgt das erste Trainingsmuster mit dem vorangestellten Befehl doch gewisse Gefahren in sich. Funktioniert es nicht, so hat die Assoziation nicht geklappt. Sie haben zwar den Wortbefehl gegeben, er wurde aber nicht mit dem Verhalten verknüpft, weil es mit dem Hilfsmittel nicht funktioniert hat. All das zu verstehen, ist für Traineranfänger sehr schwierig. Diese sind

ganz auf Befehle versessen: mit der Stimmlage, in der ein Befehl gegeben werden sollte, sei es, dass ein solcher aus einem einzelnen Wort besteht, aus einem Handzeichen oder einem Wortbefehl etc. etc. Dieser Befehlskult ist eine uralte und längst überholte Kiste. Im Anfangsstadium eines Trainings sollte Ihre Besessenheit einzig und allein dem Teil der Sequenz gelten, der da heißt Reaktion – Belohnung. Ein Verhalten sollte so oft wie möglich gezeigt und belohnt werden. Der Befehl selbst kann und sollte später hinzukommen. Bei einfachen Dingen wie dem „Sitz“ oder „Platz“, bei denen wir sicher sind, dass wir sie zuverlässig bewirken können, machen wir häufig eine Ausnahme und fügen die Bezeichnung für das Verhalten (also den Befehl) schon früh und zu Beginn der Sequenz hinzu.
Folgende Sequenz ist letztlich bei allem das Ziel:

1) Befehl,
2) Reaktion,
3) ab und zu eine Belohnung.

Damit wir dieses Ziel mit dem ersten der genannten Trainingsmuster erreichen können, muss lediglich das Hilfsmittel allmählich reduziert werden, bis der Hund nur noch auf den Befehl reagiert und schließlich ein Bestärkungsschema eingeführt werden kann. Haben Sie mit dem zweiten Trainingsmuster begonnen, müssen Sie den Befehl – ein ausreichend zuverlässig gezeigtes Verhalten vorausgesetzt – voranstellen, das Hilfsmittel sozusagen ausblenden und ein Bestärkungsschema einführen. Mit dem dritten Trainingsmuster kommt man durch das Hinzufügen von Befehl und Bestärkungsschema zum angestrebten Ziel.

Hilfsmittel oder Belohnung

Bei allen Hilfsmitteln ist zu beachten, dass die Hilfsmittel selbst nicht das Ziel sind. Sie sind wertvoll, weil sie belohnenswerte Reaktionen erzeugen, die dann aber auch belohnt werden müssen. Diesen Punkt zu verpassen, ist ein selbstmörderischer Fehler, der

sehr häufig auftritt. Der Trainer klatscht in die Hände und weicht zurück, der Hund nähert sich, und der Trainer denkt nun, er habe das Herankommen trainiert. Auf diese Weise ist es gut möglich, dass das Herankommen ausgelöscht wird. Ohne Belohnung wird die gezeigte Reaktion verschwinden. Ein gutes Hilfsmittel kann zwar einige Reaktionen bewirken, langfristig gesehen wird das Verhalten aber durch seine Konsequenzen konditioniert: Wurde es belohnt, ja oder nein? Hundebesitzer verwechseln ständig das Hervorrufen einer Reaktion mit dem Belohnen einer solchen. Das Wichtigste ist das Belohnen einer Reaktion, eines Verhaltens, egal ob es spontan gezeigt oder mit Hilfe eines Hilfsmittels erzielt wurde.
Manchmal werden Belohnungen versäumt, weil das Nachhelfen so belohnend ist: Es scheint einfach zu funktionieren, dass Hilfsmittel den Hund in Aktion bringen. Das aber ist kein Training: Training ist die Manipulation der sich aus dem Verhalten des Hundes ergebenden Konsequenzen. Zur Konditionierung des Operanten müssen Sie die einzelnen von Ihnen bewirkten Reaktionen belohnen. Geschieht das nicht, verliert das Hilfsmittel früher oder später immer mehr an Bedeutung und funktioniert nicht mehr. Dann werden Sie wahrscheinlich zu anderen Hilfsmitteln überwechseln und vielleicht noch einige weitere Reaktionen bekommen. Werden die dann gezeigten Reaktionen aber wieder nicht belohnt, bringt es alles nichts. Ich habe ganze Scharen von Menschen beobachtet, die das Herankommen durch den Einsatz aller erdenklicher Hilfsmittel zunichte gemacht haben und dann verkündeten, ihr Hund sei stur, weil er genau „wisse", wie er heranzukommen habe (schließlich haben sie ja gesehen, dass er richtig herankommen kann, als sie einen der Beschleuniger zum ersten Mal benutzt hatten). Das ist ein Beispiel für ein technisches Problem, das fälschlicherweise bei einem speziellen Hund als Beweis herhalten muss, dass er eben nur ein Kleinhirn besitzt. Diese Denkweise hat überhand genommen und muss aufhören. Ich persönlich kann es nicht mehr hören, wenn den Hunden die Schuld für schlechte Trainingsmethoden aufgebürdet wird.

Denken Sie daran: Verhalten ist ein Experiment, und das Hilfsmittel dient dem Hund als Vorschlag („das könnte funktionieren ..."). Sie helfen der Sache nur, wenn Sie die Reaktion belohnen, die Sie bewirkt haben. Haben Hunde herausgefunden, dass ein Verhalten selten funktioniert, werden sie sogar aufhören, hinter Futter her zu sein. Hunde gehorchen keinen Befehlen, sie gehorchen dem Gesetz des Lernens.

Wenn ein Verhalten zuverlässig gezeigt und sauber ausgeführt wird, schleicht man die Hilfsmittel allmählich aus. Stellen Sie sich das wie einen Übergang von einem durch Hilfsmittel bestimmten Verhalten hin zu einem von einem Befehl kontrollierten Verhalten vor. Unter Vorwegnahme eines stilisierteren Befehls verwenden hier viele Trainer Handsignale, die den ursprünglich zum Etablieren eines Verhaltens verwendeten Hilfsmitteln in gewisser Weise ähneln. Dieses Hilfsmittel lässt sich dann allmählich und so lange verändern, bis der Hund etwas nur auf Befehl zeigt. Gewöhnlich gehört hierzu, dass die ursprüngliche Geste immer weniger deutlich ausgeführt wird, was als Beispiel für das „Ausschleichen" eines Hilfsmittels gilt. Wortbefehle zu trainieren ist viel schwieriger, weil es keine Verbindung zu dem ursprünglichen Hilfsmittel gibt und diese Befehle von Hunden gewöhnlich weniger beachtet werden als Handsignale oder Gesten.

Wurde der Befehl im anfänglichen Training immer vor dem Hilfsmittel gegeben, muss jetzt nur eine ausreichende Zahl von Übungen absolviert werden: Der Hund wird anfangen, das Nachfolgende vorauszuahnen. Hat er den Befehl einmal erkannt, so erwartet er das Hilfsmittel und zeigt das Verhalten bereits vor diesem. Sind Sie einmal so weit, können Sie nun anfangen, den Hund selektiv für das Verhalten zu belohnen, das heißt, die Belohnung immer dann zurückzuhalten, wenn das Hilfsmittel ins Spiel kommen musste. Der Hund wird sich auf die neue Lage einstellen und dem Befehl außerordentliche Aufmerksamkeit schenken.

Nicht immer verläuft dieser Prozess geradlinig. Wechselnde Trainingszusammenhänge führen gewöhnlich zu Rückschritten. Schafft der Hund mehrmals den neuen Standard nicht (das heißt,

Belohnung nur für ohne Hilfsmittel gezeigtes Verhalten), müssen Sie den Standard senken und einige wenige Male mit Hilfsmitteln arbeiten, um ihn wieder auf die richtige Fährte zu bekommen. Senken Sie den Standard nicht und geben dem Hund keine Belohnung, wird er frustriert sein und das Interesse verlieren. Ihre Bereitschaft, die Maßstäbe herunterzusetzen, sollte übrigens für alle Trainingsbemühungen gelten, nicht nur für das Aufheben eines Hilfsmittels. Sollte es mal so aussehen, als ob der Hund versagen würde, quälen Sie sich nicht wegen des Warums, sondern senken Sie zeitweilig den Standard, damit der Hund wieder eine vernünftige Chance auf eine Belohnung hat. So etwas hält ihn im Spiel. Anschließend werden Sie wieder auf den ursprünglichen Standard gehen und diesen im Handumdrehen sogar übertreffen können. Gehen Sie mit dem Standard nicht herunter, werden Sie bald einen Hund haben, der das Training nicht mag und lieber etwas anderes tun würde. Denken Sie daran: Die Umgebung steht mit Ihnen im Widerstreit darüber, wie sich der Hund verhalten wird. Er wird sich an die für ihn günstigsten Spielregeln halten.

Das stufenweise Ausschleichen von Lockmitteln

Als Lockmittel und Belohnung eingesetztes Futter hat den unschätzbaren Vorteil einer starken Assoziation zwischen Belohnung und Belohner, das heißt zu Ihnen. Da Futter als Lockmittel so wirksam ist, kommen Besitzer manchmal in die Schwierigkeit, wie sie es dem Hund wieder abgewöhnen. Erst einmal gilt, zwischen Futter als Lockmittel (dem Hilfsmittel oder dem Ziel für ein Verhalten) und dem Futter als Belohnung zu unterscheiden (dem Ding, das nach dem Verhalten kommt). Halten Sie ein Futterstück in der Hand, lassen den Hund daran schnüffeln und ziehen die Hand wieder zurück, dann haben Sie sein Näherkommen beschleunigt, ihn damit gelockt. Geben Sie ihm das Futter für das Näherkommen, dann haben Sie es als Belohnung eingesetzt. Der kleine Futterkrümel spielt also zwei unterschiedliche Rollen. Probleme treten auf, wenn der Hund lernt, dass das

Futter in seiner Rolle als Belohnung wahrscheinlich nur dann gegeben wird, wenn es auch in seiner Rolle als Lockmittel vorhanden ist. Anders herum ist es sehr einfach: Sobald der Hund ein Verhalten zuverlässig zeigt und ein Bestärkungsschema etabliert ist, drehen Sie das Ganze rum.

Nehmen wir zum Beispiel an, Sie üben Grundstellungen wie „Sitz", „Platz" und „Steh". Der Hund folgt dem Lockmittel zuverlässig und zeigt für eine einzige Belohnung mit Begeisterung ein Dutzend Positionswechsel. Machen Sie jetzt die folgende Übung: Wärmen Sie den Hund mit ein Paar Wechseln hintereinander auf, wobei Sie Futter in der Hand halten, es aber nicht als Belohnung geben. Nehmen Sie das Futter dann in die andere Hand und verstecken diese auf Ihrem Rücken. Zeigen Sie dem Hund Ihre leere Befehlshand und verlangen mit Ihrem üblichen Handsignal und dem Wortbefehl einen Positionswechsel. Das gewünschte Verhalten wird der Hund normalerweise zeigen, wenn auch vielleicht etwas zögernd. Denken Sie daran: Sie haben das Bild radikal verändert. Der Hund ist unsicher, ob es funktioniert. Geben Sie ihm aus der versteckten Hand sofort eine Belohnung, sobald er die richtige Position eingenommen hat. Jetzt haben Sie wieder ein paar Futterstückchen in Ihrer Befehlshand und locken ihn damit in ein paar Wechsel, wiederum ohne ihn zu belohnen. Anschließend noch einmal Verstecken des Futters und ein Wechsel mit dem Signal aus der leeren Hand. Sofort wieder belohnen. Wiederholen Sie diese Prozedur noch mehrmals. Sie bringen dem Hund so bei, dass es nicht nur egal ist, ob Sie Futter in der Hand halten oder nicht, sondern sogar häufigere Belohnung verspricht, wenn Sie beim Geben des Befehls nichts in der Hand haben. Der erste Schritt, damit der Hund an die Sache glaubt.

Die Leute schwafeln immer, ihr Hund gehorche nur, wenn sie Futter in der Hand halten. Dass sie dies das ganze Hundeleben lang aktiv trainiert haben und ihm ständig Belohnungen gaben, die er vorhersehen konnte, und niemals solche, die nicht vorherzusehen waren, begreifen sie nicht. Warum bringen sie dem Hund nicht einfach bei, dass das Universum so nicht funktioniert?

Vergessen Sie nicht: Der Hund gehorcht dem Gesetz des Lernens, indem er das tut, was funktioniert. Hunde lernen schon früh in ihrem Leben, dass es keine Belohnung gibt, wenn sie ein Verhalten ohne sichtbar vorhandene Belohnung zeigen. Sie etwas anderes zu lehren bedarf nur einiger kunstvoll versteckter Belohnungen und etwas Verständnis für die Wirkung von Bestärkungsschemata.

Das Gleiche lässt sich auch für das „Bei-Fuß-Gehen“ nutzen. Damit der Hund das Verhalten anfangs überhaupt zeigt, halten Sie die Hand mit dem Futterlockmittel an Ihrem dem Hund zugewandten Bein, und er wird ihm folgen. Kann der Hund das dann gut und folgt er zwischen den einzelnen Belohnungen einige Zeit, fangen Sie an, das Futter einen kurzen Moment wegzunehmen, bevor Sie ihn dann damit belohnen. So bringen Sie dem Hund bei, dass das Wegnehmen des sichtbaren Futters der Vorbote einer Belohnung ist. Mit der Zeit und einiger Übung wird er immer längere Zeiten ohne Lockmittel tolerieren, weil er das als gutes Zeichen kennt. Tatsächlich wird er Ihnen lieber ohne ein sichtbares Lockmittel folgen, weil dieses Verhalten jetzt besser funktioniert, als wenn Futter im Spiel wäre. Bei dieser speziellen Übung muss gelegentlich ein anderes Lockmittel eingesetzt werden, wie zum Beispiel ein begeistertes Lob oder anfangs ein verbales Coaching, um dem Hund den Übergang vom Folgen mit zum Folgen ohne Lockmittel zu erleichtern.

Diese Technik funktioniert auch, wenn Ihr Hund Sie während des Bei-Fuß-Gehens anschauen soll, oder einfach so, damit er Sie auf Befehl anschaut. Weil das Anschauen ein leicht erzielbares Verhalten ist, kann man sogar das allererste Trainingsmuster hierfür nutzen, also das mit einem Befehl am Anfang. Sagen Sie zuerst „Schau her“, und bringen Sie den Hund in der Grundstellung (bei Fuß und Sitz) dazu, Sie anzuschauen, indem Sie langsam einen leckeren Happen von seiner Nase hin zu Ihrem Gesicht führen. Belohnen Sie ihn, sobald er seinen Kopf gehoben hat und seine Augen Kontakt zu Ihnen aufgenommen haben. Wiederholen Sie das immer wieder mehrere Tage hintereinander. Schließlich wird der Hund das, was kommt, vorausahnen und Sie anschauen, noch bevor Sie das Hilfsmittel einsetzen. Schaut er auf Befehl, kommt die Belohnung. Tut er es nicht, lassen Sie ihn das Verhalten zeigen, halten die Belohnung jedoch zurück. Nun können Sie allmählich weitere Dinge hinzufügen, wie Zeitdauer, Bewegung und Ablenkungen.

Getrenntes Üben einzelner Parameter

Wenn Sie solche Dinge wie Zeitdauer, Bewegung, Ablenkungen etc. in eine Übung einbinden, dann fügen Sie damit Parameter hinzu. „Sitz-Bleib“ beinhaltet zum Beispiel folgende Parameter:

1) Entfernung: Wie weit ist der Trainer vom Hund entfernt?
2) Zeitdauer: Wie lange muss der Hund zwischen zwei Bestärkungen oder dem Auf-ihn-zugehen im „Sitz“ bleiben?
3) Ablenkung: Wie ablenkend wirkt die Umgebung, in der mit dem Hund geübt wird?

Beim „Sitz-Bleib“ müssen die einzelnen Parameter getrennt geübt werden, bevor man versuchen kann, sie miteinander zu kombinieren. Geschieht das nicht, ist das Training extrem schlecht und setzt den Hund unglaublichen Belastungen aus. Trainer und Trainierter müssen sich über die Kriterien für eine Belohnung einigen, die jedoch unklar sind, wenn zahlreiche Parameter zur selben Zeit trainiert werden. Befinden Sie sich im Anfangstraining mit einem Hund zum Beispiel in einer ablenkenden Umgebung und verlangen von ihm ein zwei Minuten langes „Sitz-Bleib“ in zehn Metern Entfernung, so wird er das „Bleib“ wahrscheinlich auflösen. Es gibt jedoch einen einzelnen Parameter, der geübt werden kann, z.B. überhaupt ein „Bleib“ inmitten dieser vielen Ablenkungen. Versuchen Sie es mit einem „Sitz-Bleib“ in einem Meter Entfernung über einen Zeitraum von zwei Sekunden und belohnen dies einige Male. Befinden Sie sich in einer ablenkungsfreien Umgebung, spielen Sie mit der Entfernung, indem Sie den Hund jeweils eine Sekunde lang mit zunehmender Distanz sitzen lassen und zu ihm zurückkehren, um ihn zu belohnen, sobald Sie die

Zieldistanz erreicht haben. Bei anderer Gelegenheit verlängern Sie allmählich die Zeit, die der Hund im „Sitz-Bleib“ verweilen muss (von zwei Sekunden auf fünf, zehn, 15, etc.), entfernen sich aber niemals mehr als ein paar Schritte und belohnen ihn für jedes neu geschaffte Intervall. Hat Ihr Hund diese Dinge jeweils getrennt gemeistert, können Sie nun damit beginnen, die ersten zwei Parameter auf bescheidenem Niveau zusammenzufügen, dann alle drei, wobei Sie nur bei erfolgreicher Ausführung den Schwierigkeitsgrad steigern.

Mehrere Variablen gleichzeitig zu trainieren ist typisch für unerfahrene oder nach althergebrachten Methoden arbeitende Trainer. Anscheinend kommen sie eine Zeit damit durch, aber gewöhnlich mit sehr hohen Kosten. Eine solche Art des Trainings wird das Gehirn des Hundes früher oder später durcheinanderbringen. Mag sein, dass es ermüdend und übersystematisch erscheint, Übungen in einzelne Parameter zu unterteilen, doch macht das Training größere Fortschritte, weil man auf jedem Niveau nur kurz bleibt und selten das Interesse des Hundes verliert. Da für den Hund klar ist, welchen Standard er erreichen muss, um die Belohnung zu bekommen, erfüllt er seinen Teil bereitwilliger.

Feedback: Marker für „keine Belohnung“

Bis jetzt bedeutet ein Click in unserem Kommunikationssystem, dass sich der Hund eine Belohnung verdient hat. Ein Lob sagt dem Hund, dass er auf dem Weg hin zu einer Belohnung ist. Ein weiteres Signal, ein so genannter Marker für keine Belohnung (NRM, No-Reward-Mark), funktioniert als konditionierte negative Bestrafung: es ist ein Zeichen dafür, dass der Hund gerade eine Belohnung verloren hat oder bei dem von ihm gerade gezeigten Verhalten seine Chancen auf eine Belohnung auf Null gesunken sind. Lernen Hunde die Bedeutung eines solchen Markers, dann lässt sich mit diesem Signal ein Verhalten schon in seinen Anfängen stoppen. Hunde sind gut darin, Strategien aufzugeben, die zu nichts führen. Dies ist auch der Grund, warum Hunde auf

Rufen nicht kommen: weil es sich als eine Strategie ohne Chancen erwiesen hat. Nähert sich der Hund im Park auf Ruf seinem Besitzer, so bringt das entweder nichts Besonderes oder vielleicht ein mageres Lob, oder, schlimmer noch, er wird angeleint und das freudvolle Herumrennen ist vorbei. Da überrascht es nicht, wenn Hunde auf Rufen nicht kommen. Spass und Freude sollten also mit einem Signal für „keine Belohnung“ gepaart werden, nicht mit dem Befehl „Komm“.

Der Marker bekommt seine Bedeutung durch wiederholtes Paaren mit einem klaren und dramatischen Wegnehmen einer erwarteten Belohnung. Wirksam lässt sich das mit dem Training eines einfachen Verhaltens wie dem „Sitz-Bleib“ oder „Nicht berühren“ erreichen. Halten Sie einem sitzenden Hund im Abstand von 30 oder 40 Zentimetern einen Leckerbissen vor die Nase, so wird er sich sofort darauf zubewegen. Hier kommt Plan A zum Einsatz, die Zielverfolgung. In dem Moment, in dem er das tut, sagen Sie einfach „Schade!“ oder „Ah, ah““ und nehmen ihm den Leckerbissen vor der Nase weg. Befehlen Sie den Hund wieder ins „Sitz“ und wiederholen das Ganze. Bei gutem Timing wird der Hund denselben Fehler noch zwei- bis dreimal machen, bevor er seine Strategie ändert, das heißt, sich nicht bewegt, sich hinlegt, bellt oder statt der Zielverfolgung irgendein anderes Verhalten zeigt. Die nachfolgende Strategie wäre dann Plan B. Entscheidet sich der Hund dafür, sich einfach nicht mehr zu rühren und nur noch den Leckerbissen anzustarren, werden Sie clicken und belohnen. Wiederholen Sie mehrmals diese Übung. Dabei konditionieren Sie das Verhalten „Sitz-Bleib“ und etablieren einen NRM-Marker.

Macht es der Hund zwei- oder dreimal hintereinander richtig, wechseln Sie zu etwas anderem über, bei dem er wieder Fehler begehen kann. Gewöhnlich reicht ein einfacher Stellungswechsel zum Hund aus, um das Erstarren aufzulösen. Denken Sie daran, wenn Sie dem Hund ein Leckerli vor die Nase halten, dass Plan A fast immer auf das Verfolgen des Ziels ausgerichtet ist: Schließlich haben wir ihn so ins „Sitz“, „Platz“ und „Bei Fuß“ locken können. Da das Verfolgen eines Ziels für Hunde eine selbstverständliche

Sache ist, liegt das Umschalten auf Plan B, das Erstarren, ihnen recht fern. Für viele Hunde kommt das Erstarren vielleicht als Plan C oder D. Das ist in Ordnung: Sie brauchen viele Fehler, um mehr Möglichkeiten zur Verbindung Ihres Markersignals mit dem Wegnehmen des Lockmittels zu haben. Das Ändern des Bildes führt ganz wunderbar zu diesem Ziel. Haben Sie erst links vom Hund gestanden, stellen Sie sich nun rechts von ihm und bewegen das Leckerli vor seiner Nase hin und her, stets bereit, das Markersignal zu geben und ihm das Leckerli wegnehmen, wenn er aus dem „Bleib" geht, was fast unausweichlich geschehen wird. Warum Hunde erst einmal von der Rolle sind, wenn Sie die Seite wechseln, liegt an der Tatsache, dass sie nicht gut generalisieren können. Das passiert dem Hund ein- oder zweimal auch, wenn Sie das Leckerli auf den Boden fallen lassen, eine andere Art Leckerli verwenden, die Übung in einem anderen Raum oder mit einem anderen Trainer durchführen. Decken Sie all diese Variationen ab, um das junge Pflänzchen „Sitz-Bleib" stabiler zu machen, aber auch, und das ist noch wichtiger, um durch wiederholtes Paaren mit dem Wegnehmen der Belohnung Ihren Marker aufzuladen.

Welchen Marker Sie wählen, hängt vom Hund und dem jeweiligen Zusammenhang ab. Vielleicht wollen Sie bei einem bestimmten Hund mehr als einen Marker etablieren. Ein harsches und mit einiger Intensität gesagtes „Ah, ah"" ist in sich schon aversiv und so, streng genommen, nicht nur eine konditionierte negative Bestrafung. In diesem Fall funktioniert es ebenso als eine milde primäre, positive Bestrafung. Da aber als Ziel die Wahrscheinlichkeit eines Verhaltens gemindert oder es unterbunden werden soll, ist das letztlich alles Haarspalterei. Eine positive Bestrafung ist der Sache nur dienlich. Es bedeutet ganz einfach, dass es ein wenig „ohne Aufladen" funktioniert. „Schade" oder „falsch" wären hier neutraler. Man würde es bei außerordentlich soften Hunden oder dann verwenden, wenn ein Verhalten nicht allgemein unterbunden, sondern dem Hund lediglich ein Signal gegeben werden soll, dass das, was er gerade tut, nichts bringt. Je mehr Werkzeuge Ihnen zur Verfügung stehen, desto besser. Suchen Sie sich

Markerworte, die Ihnen leicht und angenehm über die Zunge gehen, denn Sie werden sie in der Hitze des Trainingsgefechts mit exaktem Timing anwenden müssen.

Feedback: positive Bestrafung

Die bis jetzt angesprochenen Werkzeuge sind Belohnung (positive Bestärkung), Marker für Belohnung (konditionierte Bestärkung), weniger effektive Belohnung (Lob), Wegnehmen von Belohnung (negative Bestrafung) und Marker für keine Belohnung (konditionierte negative Bestrafung). Womit wir uns noch nicht befasst haben, ist die positive Bestrafung, die Einleitung von etwas Aversivem (etwas Unangenehmem). Gewöhnlich sagen wir dazu einfach Bestrafung. Es ist die in unserer menschlichen Gesellschaft am liebsten angewandte Technik. Unser formelles System der Kontrollausübung – Recht und Gesetz – ist vornehmlich auf die Anwendung von Strafe ausgerichtet. Wir befolgen die Gesetze, um nicht ins Gefängnis zu müssen, nicht um etwas zu erhalten oder etwas abzustellen. Nicht nur aus moralischen Gründen ist Strafe in der Kriminaljustiz umstritten, sondern auch wegen der fraglichen Effizienz: Die Rückfallquote ist extrem hoch. Die große Mehrzahl der mit einer Geldbuße oder Gefängnis Bestraften verlässt das Gefängnis und verletzt das Gesetz wieder. Das System scheint also nicht sehr gut zu funktionieren. Wir sehen dies gern als ein Problem der Gattung an, die wir gerade trainieren, das heißt der Menschen oder „kriminellen Typen", und weniger als ein Problem der Technik an sich. Gewöhnlich reagieren wir mit einer Eskalierung der Strafe: Funktioniert es mit einer Geldstrafe nicht, stecken wir die Übeltäter eine Weile ins Gefängnis. Wir haben uns niemals ernsthaft mit der Frage auseinander gesetzt, ob die Technik, die Bestrafung, vielleicht einfach keine sehr effektive Technik ist. Bestrafung ist zu eng mit der Gesellschaft verwoben, als dass sie einfach verschwinden könnte. Mir scheint, es handelt sich hier um das Ergebnis des zwangsweisen Lernens durch Beobachten: Wir tun es, weil es mit uns auch getan wurde. Wir sind mit Strafen groß geworden, und unser ganzes Leben lang gab es dafür Beispiele genug. Bei dem Versuch, Wohlverhalten zu erzielen, arbeiten sogar die meisten Religionen mit harten Strafen. Trotzdem scheinen wir eine ganze Menge zu sündigen, wenn wir uns einmal das Ausmaß der Konsequenz anschauen: für die Ewigkeit in die Hölle, die ultimativ letzte Strafe.

Angesichts dessen ist es beachtlich, wie die Revolution der letzten 15 Jahre im Hundetraining zu Methoden auf der Grundlage positiver Bestärkung geführt hat. Bei einigen Trainingsarten sind aversive Mittel komplett abgeschafft, und das häufig mit großem Erfolg. Welche Rolle haben also aversive Mittel überhaupt? Meiner Ansicht nach handelt es sich bei der negativen Bestärkung, will man sie korrekt einsetzen, um eine komplizierte Technik, die zudem nicht unersetzlich ist. Ein negativer Bestärker ist alles, was, wenn es aufhört, die Wahrscheinlichkeit des Verhaltens erhöht. Negative Bestärkung ist somit die Beendigung eines Aversivmittels; positive Bestrafung hingegen die Einleitung eines Aversivmittels, ein Ereignis, wodurch die Wahrscheinlichkeit des Verhaltens reduziert wird, das die Bestrafung eingeleitet hat. In den richtigen Händen ist die negative Bestärkung ein außerordentlich potentes Mittel, in den falschen dagegen kann es das Gehirn des Hundes verstümmeln. Auch bin ich der festen Meinung, dass die Verwendung von Strafe, auch wenn sie korrekt eingesetzt ist, zum Training von stilisierten Verhaltensweisen wie dem Apportieren (Sie erinnern sich an das Ohr-Kneifen?) nicht gerechtfertigt ist. Ich spreche also gegen deren weit verbreiteten Einsatz.

Was hat es denn nun mit der Bestrafung auf sich?

Als Beispiele für Bestrafung im Hundetraining sind zu nennen: verbale Maßregelungen, schlagen, den Hintern versohlen, mit aufgerollter Zeitung schlagen, mit Wasser oder Zitronella anspritzen, im Genick schütteln und das allgegenwärtige Leinenrucken. Diese Eingriffe müssen bezeichnenderweise immer wieder vorgenommen werden – im Falle der Leinenkorrektur wahrscheinlich Tausende Male im Leben eines Hundes –, um eine große Wirkung auf das Verhalten zu erzielen. Das liegt daran, dass die meisten

Verhaltensweisen bereits stark durch die vorangegangene Belohnung bestimmt sind. Tritt ein gewisses Verhalten zum ersten Mal auf, wird es der Definition nach irgendwo und irgendwie bestärkt. Wird diese Bestärkung nicht beachtet, so ist jede andere Technik, in diesem Fall eine Bestrafung, auf lange Sicht zum Scheitern verurteilt. Wenn Belohnungen ein Verhalten etablieren oder es zum Leben erwecken, dann meinen wir, Bestrafungen entfernen oder töten ein Verhalten. Das aber ist ein großer Trugschluss. Bestrafung tötet kein Verhalten. Auslöschung oder das Wegnehmen von Belohnung tötet ein Verhalten. Bestrafung betäubt es nur. Sie unterbricht vorübergehend den Fluss, indem sie emotionale Aufgeregtheit schafft. Die Wirkung ist temporärer Natur. Das Tier findet früher oder später Wege heraus, damit es um die Bestrafung herum an die noch vorhandene Belohnung kommt. Manchmal muss das Tier gar keine Wege um eine Bestrafung herum suchen, weil es diese Bestrafung nicht als solche erfahren hat. Mit anderen Worten: Sie war zu mild. Damit wir das Ganze besser verstehen, lassen Sie uns anschauen, wodurch eine Bestrafung funktioniert.

Wir meinen, dass wir einen Hund bestraft haben, wenn wir ihm überhaupt etwas Unangenehmes antun. Das ist nicht unbedingt so. Bestrafung ist definiert als die Einleitung eines Reizes, dessen Beendigung ein Verhalten bestärkt. Das klingt kompliziert? Es bedeutet nur, dass eine Negativbestärkung, technisch gesehen, auch eine Bestrafung darstellt, falls sie zuerst auftritt. Sie werden sich daran erinnern, dass eine unangenehme Sache dann bestärkend wirkt, wenn sie aufhört: Wenn ich Sie in den Arm zwicke, bis Sie „Onkel“ sagen, und höre dann auf, so wird das „Onkel“ negativ bestärkt. Ab jetzt ist die Wahrscheinlichkeit größer, dass Sie es unter ähnlichen Umständen wieder sagen werden. Zwicke ich Sie jedoch weiter, während Sie „Onkel“ sagen, werden Sie so lange auf andere Verhaltensstrategien umschalten, bis eine funktioniert. Was immer funktioniert, wird – hier negativ – bestärkt, weil es etwas Unangenehmes abstellt. In diesem Zusammenhang würde eine Bestrafung definiert als der Moment, an dem ich begonnen habe, in die Haut Ihres Arms zu zwicken. Was immer Sie in einem solchen Moment getan haben, wäre bestraft worden. Wie wahrscheinlich wird dadurch, dass Sie in Zukunft das wieder tun werden, was immer Sie getan haben, als ich anfing, Ihnen weh zu tun? In den meisten Fällen ist die Antwort auf diese Frage nicht schwer.

Damit eine Bestrafung funktioniert, das heißt die Wahrscheinlichkeit eines Verhaltens zumindest zeitweilig reduziert wird (denken Sie daran, sie tötet fast nie ein Verhalten), müssen viele Bedingungen erfüllt sein.

Die Regeln für die Verhängung einer wirksamen Strafe wurden von Dr. Daniel Tortora vor Jahren in einem ausgezeichneten Buch mit dem Titel „ Help! This Animal Drives me Crazy!" („Hilfe! Dieses Tier treibt mich zum Wahnsinn!") niedergelegt. Soll eine Bestrafung eine auch nur vorübergehende Wirkung auf die zukünftige Wahrscheinlichkeit des bestraften Verhaltens haben, bedingt das die Einhaltung mehrerer Bedingungen, nämlich:

1) Die Bestrafung muss unmittelbar erfolgen.

2) Die Bestrafung muss ausreichend aversiv sein. Wenn Sie mit einer milden Strafe beginnen, weil Sie freundlich sein wollen, und dann verstärken, bauen Sie eine „Abstumpfung gegen Strafe" auf. Sie begehen eine systematische Desensibilisierung: Durch eine allmähliche Steigerung der Strafe stärken Sie den Hund. Fangen Sie niemals mit einer milden Strafe an und steigern sie dann. Fangen Sie sofort mit voller Kraft an.

3) Die Bestrafung muss auf jeden, und wirklich jeden, Versuch eines Verhaltens folgen und nur mit diesem einen Verhalten assoziiert werden können. Nichts anderes sollte es geben, was den Hund in dem Moment, in dem er bestraft wird, ablenken könnte. Wird ein Hund für ein Verhalten bestraft, das bis dahin unbestraft geblieben ist (und auch bestärkt wurde, sonst wäre es gar nicht vorhanden), wird er sich sofort fragen: „Was ist denn jetzt anders?" Es ist die Tatsache, dass Sie sich im Raum befinden, wird die Antwort lauten. Er lernt, das Verhalten nicht mehr in Ihrer Gegenwart zu zeigen. Sie haben also immer noch das Verhalten, und es wird belohnt. Es ist nur eine Frage der Zeit, bis der Hund herausgefun-

den hat, wann die Bestrafung kommt. Er gehorcht den Gesetzen des Lernens, nicht Ihnen, denken Sie daran. Ein in der Vergangenheit bestärktes Verhalten wird weiterhin auftreten, sobald der Hund herausgefunden hat, wann er es sicher tun kann.

Kriegen Sie das alles richtig hin, so erreichen Sie mit der Bestrafung vielleicht eine vorübergehende Unterdrückung des Verhaltens. Sie haben es nämlich nicht getötet, sondern nur einen emotionalen Zustand erzeugt, der mit dem Verhalten, das Sie loswerden wollen, unvereinbar ist (die Bestrafung hat das Tier zu sehr aufgeregt, als dass es das Verhalten zeigen könnte). Direkt nach der Bestrafung ist es übrigens auch zu aufgeregt, um überhaupt etwas zu tun. Bestrafung ist wie ein Bombenteppich. Zwar wird das besagte Verhalten getroffen, aber auch ein riesiger Teil des gesamten Repertoires, über das der Hund verfügt. Hunde, die viel bestraft werden, zeigen im Allgemeinen ein viel geringeres Verhaltensspektrum. Dass viele Hundebesitzer das so wollen, ist besonders Besorgnis erregend. Sie wollen einen allgemein gedämpften Hund. Wenn wir behaupten, wir lieben Hunde, und versuchen dann, ihren Lebensnerv mit Tausenden von Leinenrucken im Namen des „Gehorsams“ zu durchtrennen, dann ergibt das ein trauriges Bild vom Verhältnis zwischen Mensch und Hund. Das einschmeichelnde, verhaltenslose Tier, mit dem der Mensch eine so enge Beziehung eingeht, kann kaum Hund genannt werden, ist nur noch ein Geist dessen, was einst vielleicht ein Hund gewesen ist. Da aber das Zielverhalten immer wieder belohnt wurde, bleibt es lebendig.
Hier noch ein Beispiel: Der Hund springt hoch und leckt das Gesicht der Kinder ab. Das macht dem Hund Spaß und bestärkt ihn, das Raubtier, weil er sich abreagieren kann und seine Opfer so nett kreischen. Anfangs versucht die Mutter ein festes „Nein!“, was das Verhalten nicht beeinflusst. Sie könnte mit fester Stimme genauso gut sagen: „Fester! Grober!“ Als der Vater zum ersten Mal sieht, was der Hund macht, hebt er ihn im Genick mit dem ganzen Körper vom Boden hoch und knurrt ihm ins Gesicht: „Nein!“, dann

gibt er dem Hund einen widerlichen Kinnhaken. Der Hund schleicht sich fort, um darüber nachzugrübeln. Mehrere Tage springt er nicht an den Kindern hoch, dann aber lebt das Verhalten wieder auf wie Phoenix aus der Asche. Von Vaters zeitlich gut ausgeführter, sehr aversiver Bestrafung war der Hund nur betäubt. Was wird er jetzt wahrscheinlich tun? Hat er gelernt, was „Nein" bedeutet? Kümmert ihn das? Was hat er also gelernt? Richtig: Niemals an den Kindern hochspringen, wenn der Vater in der Nähe ist. Der Hund springt also tagsüber an den Kindern hoch, wenn es sicher ist, und unterlässt es abends, weil es dann gefährlich ist. Da kein Ersatzverhalten trainiert wurde, um die Lücke zu füllen, tritt das Hochspringen und Ablecken dann auf, wenn es sicher ist. Der Hund gehorcht wiederum den Gesetzen des Lernens.

Sollten Sie jemals bestrafen wollen, müssen Sie sich diese Bedingungen wie eine zweite Haut zu Eigen machen. Denken Sie daran, die Bestrafung muss

1) umgehend erfolgen,
2) stark sein,
3) ausnahmslos bei jedem falschen Verhalten erteilt werden,
4) nur mit diesem einen Verhalten assoziiert werden.

Gleich vorab gesagt: Diese Bedingungen machen eine erfolgreiche Bestrafung schwierig. Und auch wenn sie erfolgreich oder wenigstens teilweise erfolgreich wäre, gibt es Nebenwirkungen, gegen die es anzukämpfen gilt: eine starke Assoziation mit dem, der bestraft; eine allgemeine Verhaltenshemmung – jene Einschränkung des Verhaltensrepertoires, die bei ständiger Bestrafung auftritt – und die Möglichkeit schmerzbedingter Aggression. Geschichten über Hunde, die sich gegen ihre „Herren" wenden, sind pathetische Versuche, das Verhalten eines Hundes, der sich nach einer ganzen Reihe von Bestrafungen gegenüber seinem Besitzer verteidigt, ins Hochdramatische zu ziehen. Jeder Hund, und auch jeder Mensch, hat seine Grenzen. Die Friedlichsten unter uns könnten zur Gewalt Zuflucht nehmen, um sich selbst oder die eigenen Kinder vor einer erkannten Bedrohung zu schützen. In der Welt der Hunde gibt es, wie wir sehen werden, keine Worte, keine Prozessanwälte oder Leserbriefe: Wenn Hunde wütend sind, streiten oder Angst haben, verfügen sie nur über Flucht oder Drohung als ihre einzigen Werkzeuge.

In den Köpfen vieler Menschen nimmt Strafe einen so großen Raum ein, dass sie praktisch zum Synonym für „Training" wird, und das, obwohl sie nicht gut funktioniert. Hätten Sie sich vor zehn Jahren ein Unterordnungstraining angeschaut, dann hätten Sie Hunde im Kreis marschieren gesehen, die im Laufe der Übungsstunde unzählige Male mit dem Leinenruck traktiert wurden. Fragt man Leute danach, wie sie die Handlung eines Hundes stoppen würden, so halten viele auch heute noch eine Bestrafung für das „Beste": schreien, schlagen, Ketten werfen, Elektroschock. Was, abgesehen von unserer zwanghaften Tendenz des Lernens durch Beobachtung, diese von einer Bestrafung ausgehende Faszination ausmacht, sind zwei Dinge als sofortige Genugtuung für den Bestrafenden: Das eine ist das Abreagieren von Wut und Frust. Die meisten macht es verrückt, wenn sie einen Hund unter Kontrolle halten müssen. Das Zweite ist sogar noch heimtückischer: die vorübergehende Unterdrückung, die Sie mit der Bestrafung erreichen, funktioniert für den Bestrafenden als gut getimter Bestärker. Sobald die Strafe ausgeteilt ist, scheint sie funktioniert zu haben. Kehrt das Verhalten später zurück, ist es zu spät, nachträglich noch Einfluss auf die Verabreichung der Strafe zu nehmen. Es kommt aber noch schlimmer: Da gewöhnlich die Bestrafung nur gelegentlich zu funktionieren scheint, bleibt das Verhalten, das Sie bestrafen, bei diesem intermittierenden Bestärkungsschema lebendig und gegenüber Auslöschung widerstandsfähig.

Die Assoziation mit anderen Elementen, die im Augenblick der Bestrafung auftreten, ist ein weiteres Problem, dem wir uns bei der Bestrafung als Technik gegenübersehen. Wir neigen dazu, unsere Hunde interaktiv zu bestrafen, sodass auch bei harter Strafe und richtigem Timing – das heißt, der Hund wird „auf frischer Tat ertappt" – die Gefahr besteht, dass er die Strafe größtenteils mit Ihnen, dem Bestrafenden, assoziiert und nicht strikt mit einem Aspekt seines eigenen Verhaltens. Diese Nebenwirkung führt zu unzähligen Problemen auf anderen Gebieten; besonders deutlich wird dies, wenn der Hund auf Ruf kommen soll. Kein geistig gesunder Hund würde sich jemandem nähern, der so eng mit Strafe verbunden ist.

Bestrafung, die zu spät erfolgt, ist ein weiteres Problem. Bedeutet eine gut getimte Bestrafung ein wenig überzeugendes Training, so stellt die ein oder zwei Sekunden nach der unerwünschten Handlung vorgenommene Bestrafung praktisch eine Misshandlung dar.

Bestrafung (und eigentlich auch Belohnung) kennzeichnen einen Zeitmoment – was immer der Bestrafte in dem Moment auch tat, in dem die Bestrafung eingeleitet wurde. Sie kennzeichnet auch den Bestrafenden (oder Belohnenden) als den hervorstechendsten diskriminativen Reiz. Ganz einfach bedeutet das: von all den Dingen, an die Sie sich nach einer Bestrafung erinnern – das Muster der Tapete an der Wand, die Tageszeit, was Sie gerade taten –, bleibt Ihnen das, was am genauesten die Bestrafung angekündigte, nämlich derjenige, der sie an Ihnen vollzogen hat, am schärfsten im Gedächtnis. Jetzt macht das unterwürfige Verhalten von Hunden, die häufig Bestrafungen durch ihre Besitzer erfahren haben, einen Sinn – von den Besitzern wird es fälschlicherweise als „Schuldbewusstsein" interpretiert.

Es gibt drei Möglichkeiten, bei denen Bestrafung im Hundetraining in geringem Maße funktionieren kann:

1) Die erste besteht darin, den allerersten Versuch mit einer gut getimten, harten Bestrafung abzufangen. Häufig gibt es dann keinen zweiten Versuch mehr. Es gibt keine früher belohnten Versuche, mit denen man fertig werden muss, und wann immer sich das Tier fragt: „Was ist jetzt anders?" (das heißt, was deutete auf die Bestrafung hin), wird diese Frage zwangsläufig mit „das Verhalten selbst" beantwortet. Das war das Neue daran. In diesem Fall arbeitet die Frage also für und nicht gegen Sie.

2) Eine Bestrafung wirksamer zu gestalten ist auch dadurch möglich, dass ein Warnsignal jeder, wirklich jeder harten, perfekt getimten Bestrafung vorangeht. Bevor Sie also über die Leine korrigieren, sagen Sie „Zieh nicht", und dann lassen Sie den Hund wählen, ob er die Korrektur vermeiden will oder nicht. Lässt er nach, hat er sie vermieden; zieht er weiter, bekommt er die Korrektur. Das Warnsignal dient als eine Art „Magnet", der mit der Bestrafung assoziiert wird, sobald sich das Tier fragt: „Was war jetzt anders?" (Oh ja, kurz bevor mir die Stacheln in den Hals fuhren, habe ich gehört „Zieh nicht".)

3) Als dritte Möglichkeit, aus einer Bestrafung ein wirksameres Werkzeug zu machen (stets und immer mit einem vorangehenden Warnsignal), setzen wir sie in enger Verbindung mit anderen Techniken wie der Gegenkonditionierung und der Belohnung eines nicht gezeigten Verhaltens ein. Bewirken und belohnen Sie nach der Warnung und einem Leinenruck ein anderes Verhalten, z.B. das Laufen an lockerer Leine.

In der praktischen Arbeit mit Hunden könnte diese zuletzt genannte Konstellation, in der eine Bestrafung Sinn machen könnte, sehr wohl ihre Hauptanwendung finden. Stellen Sie sich einfach vor, es sei eine andere Art, bestärkenswerte Reaktionen zu bekommen. Auf die Bestrafung folgt direkt jene temporäre Unterdrückung. Es ist so, als ob man zeitweilig eine Lücke im Verhalten geöffnet hätte. Wird in dieser Zeit ein anderes Verhalten belohnt, füllt sich diese Lücke allmählich. Ist sie voll, bleibt für das ursprüngliche, bestrafte Verhalten kein „Raum" mehr, in den es zurückkehren könnte. Mit der Bestrafung erkaufen Sie sich Zeit zum Etablieren eines „Ersatzverhaltens". Hunde können keine zwei Dinge auf einmal tun. Wenn Sie also vorhaben, den Hund zu bestrafen, weil er Kinder angreift, belohnen Sie ihn dafür, dass er sie ruhig beobachtet oder sich mit Hundespielzeug beschäftigt. Lassen Sie den Hund, nachdem Sie ihn für das Aus-der-Tür-stürzen bestraft haben, ein paar Mal „Sitz-Bleib" an der Eingangstür machen und belohnen ihn dafür. Wann immer Sie also einen Hund in einer bestimmten Situation bestrafen, müssen Sie ein

anderes Verhalten haben und belohnen, um die Lücke, die Sie mit der Bestrafung geöffnet haben, füllen zu können. Die Bestrafung funktioniert als Beschleuniger. Ihr Wert liegt in dem Verhalten, das danach folgt und belohnt wird.
Natürlich müssen wir gar nicht erst erwähnen, dass wir so wenig wie möglich bestrafen wollen. Der Schlüssel des Ganzen liegt im Etablieren eines Verhaltens über positive Bestärkung im Vorfeld, nicht im Warten auf (unvermeidliche) Übertretungen mit anschließender Bestrafung und Gegenkonditionierung. Zu viel von Letzterem könnte sogar dazu führen, dass sich ein Hund falsch verhält, um bestraft zu werden, da er eine positive Bestärkung nur nach erfolgter Bestrafung erfährt. So entsteht ein Masochist. Wie sich Hunde verhalten, wissen wir schon im Voraus: Sie springen zur Begrüßung hoch, jagen und beißen alles, was sich bewegt, urinieren und koten, wenn sie müssen, heulen jämmerlich, wenn sie allein gelassen werden, ziehen an der Leine usw. Wir müssen damit beginnen, vorauszuplanen.

Die Begabung des Trainers

All diese Techniken – positive Bestärkung, Gegenkonditionierung, negative Bestärkung, negative Bestrafung und positive Bestrafung – funktionieren perfekt in der Theorie und in verhaltenswissenschaftlichen Laboratorien. Draußen in der realen Welt ist die Sache viel heikler. Wenn jemand das alles in der Interaktion zwischen Mensch und Hund anwenden kann, bezeichnet man das als Know-how. Viele Menschen sind bei nur wenig erworbenem Wissen begabt, sie sind ganz einfach gute geborene Tiertrainer. Die meisten von uns müssen ihre Fertigkeiten jedoch erst entwickeln; Know-how können wir uns zu unserem eigenen Glück und dem der Hunde aneignen. Was also genau ist „Know-how“?
Vor einigen Jahren habe ich Videoaufnahmen von jungen Hunden gedreht, mit denen zwei Gruppen Menschen Anfängerübungen in Gehorsam machten. In der ersten Gruppe waren die Hundebesitzer, in der zweiten Profitrainer oder hoch begabte Amateur-

trainer. Ich wollte herausfinden, worin genau der Unterschied zwischen einem guten, erfahrenen Trainer und einem Anfänger lag. Um zu verhindern, dass die Teilnehmer ihre Art des Trainings änderten, wurde allen mitgeteilt, die Studie hätte mit den Lernweisen der unterschiedlichen Rassen zu tun. Am meisten war ich daran interessiert zu erfahren, wie viele Feedback-Versuche es vom Handler zum Hund gab. Dazu gehörten alle Beispiele verbalen Lobes, Futterbelohnung, Tätscheln, Schlagen, verbale Maßregelungen und Leinenkorrektur. Die Person, die später anhand der Aufzeichnungen die Zählungen vornahm, wusste nicht, welches die Trainer und welches die Nichttrainer waren.

Der Anstoß für diese Untersuchung entstand in den vielen Jahren, die ich Hunde beim Gehorsamstraining beobachtete. Aus Hunden, die sich bei ihren Besitzern schlecht benahmen, wurden „andere Hunde“, wenn einer der Lehrer sie ausborgte, um etwas zu demonstrieren. Das alles geschah ohne vorherige Belohnung oder Vorbereitung. Sobald die Hunde zu ihren Besitzern zurückkamen, fielen sie sofort wieder in ihr altes Fehlverhalten zurück. Was geschieht in der Interaktion zwischen Mensch und Hund, was den Unterschied ausmacht? Ich hatte das Gefühl, dass Trainer dem Hund, den sie trainieren, viel mehr Informationen pro Zeiteinheit geben. Das Ausmaß des Unterschiedes erwies sich in der Tat als noch viel größer, als ich es mir je vorstellen konnte.

Bei einem Feedbackdurchschnitt (RAF) von 2,8 pro Minute gaben die Besitzer ihrem Hund durchschnittlich alle 20 Sekunden irgendeine Art von Feedback. Die Trainer hingegen gaben bei einem RAF von zehn pro Minute alle sechs Sekunden ein Feedback, sowohl in positiver als auch in negativer Form. Trainer lobten und belohnten die Hunde dreimal mehr mit Futter als die Nichttrainer; sie verteilten aber auch mehr Bestrafungen, hauptsächlich als Leinenkorrektur oder mit dem Marker für „keine Belohnung“ („Ah, ah!“). Es war so, als ob die Trainer die Bestrafungen nutzten, um bei Verhaltensstrategien, die der Hund unterlassen soll, „Türen zuzuschlagen“, damit sich die Wahrscheinlichkeit erhöhte, dass der Hund ein Verhalten zeigt, das sie bestärken können. Sie öffneten temporäre Lücken. So wurden prompt Verhaltensweisen wie Sich-auf-jemanden-stürzen, An-der-Leine-Ziehen und Den-Trainer-anspringen vorübergehend aus dem Repertoire gestrichen oder unterdrückt. Die Trainer schlugen dann gewöhnlich Kapital aus der so geformten Lücke, indem sie meisterhaft ein Verhalten hervorriefen, das sie haben wollten, und das sie dann belohnten. Auch war bei der Belohnung ihr Timing besser. Die Belohnung kam so schnell und heftig, weil die Trainer anscheinend ein Bild von dem vor Augen hatten, was sie erreichen wollten, und nie mit einer Belohnung zögerten, wenn das Gewünschte gezeigt wurde. Damit kam das Ganze ins Rollen. Durch Markieren oder Bestrafen von Abweichungen definierten die Trainer eine engere Auswahl an Verhalten, sodass dann die Hunde bei weniger Optionen belohnenswerte Reaktionen zeigten, die die Trainer immer belohnten. Schließlich erzielten sie viel mehr belohnenswerte Reaktionen als die Nichttrainer, und das weil:

1) sie die Hunde mit Hilfsmitteln unaufhörlich zu einem Verhalten brachten,
2) sie Losstürzen und Ziehen sehr schnell und sauber bestraften,
3) sie vernünftige Kriterien für eine Belohnung setzen,
4) ihr Timing ausgezeichnet war: Sie verpassten keine Möglichkeit, den Hund zu belohnen,
5) sie das Training schnell durchzogen: Sie machten keine Kaffeepausen.

Der qualitative Unterschied zwischen den beiden Gruppen war noch verblüffender als der Unterschied in der zuvor genannten Feedbackanzahl. Die Trainer waren gute Spielautomaten für die Hunde, viel bessere als andere Dinge wie der Boden, die Tür, andere Menschen oder Hunde im Raum. Ob man einen Trainer oder einen Nichttrainer auf dem Videoband beobachtet, erkennt man am einfachsten beim Zusehen, womit der Hund „spielt“. Spielt der Hund mit dem Handler, ist es wahrscheinlich der Trainer. Spielt der Hund mit dem Boden oder mit etwas anderem im Raum, ist wahrscheinlich ein Nichttrainer am Werk.

Die Gruppe der Nichttrainer könnte man als „Bäume“ bezeichnen. Weder für gute noch für schlechte Reaktionen gab es viel Feedback; der Hund muss sich wie an einen Baum gebunden gefühlt haben. Hunde interagieren nicht besonders mit Bäumen, wenn sie an diese angebunden sind. Das Feedback der Nicht-Trainer lässt sich am besten charakterisieren als:

1) Stereotyp: Ob der Hund nun etwas außerordentlich Brillantes zeigte oder nur etwas gerade mal über dem Durchschnitt, er bekam dieselbe Belohnung. So sagte zum Beispiel ein Besitzer immer „guter Hund“ und klappste den Hund jedes Mal hinter das Ohr, wenn er eine Belohnung geben wollte. Trainer sind mit ihrem Feedback viel variabler: Sie verfügen über ein riesiges Spektrum an Feedbackwerkzeugen.

2) Verhaltensunabhängig oder langsam: Ein langsames Feedback kam oft erst nach zwei bis drei weiteren Verhaltensweisen. In anderen Worten: Der Hund setzte sich hin, doch bis der Handler das begriffen hatte und eine beliebige Belohnung gab, stand der Hund schon wieder, sprang vor und nieste. So wurde schließlich das Niesen belohnt.

Feedback unabhängig von dem gezeigten Verhalten war ein interessantes Phänomen, das bei den Nichttrainern auftrat. Als sich der Hund schon längst entfernt hatte und entweder losstürzte, auf dem Boden spielte oder den Türeingang beobachtete, bot der Handler ein Lob in dem offensichtlichen Bemühen an, die Aufmerksamkeit des Hundes zu erhalten. Diese Art des Nachhelfens wurde im Übrigen in der Studie als Feedbackversuch gezählt; wodurch sich bei den Nichttrainern der Feedbackdurchschnitt inflationär erhöhte. So ist wahrscheinlich die Feedbackdichte noch geringer als die Zahlen vermuten lassen. Interessanterweise waren in dieser Studie einige in Unterordnung ausgebildete Hunde dabei. Und obwohl sie ihr ganzes Leben lang ausgebildet worden waren, ließen auch sie die Nichttrainer auf halber Strecke auflaufen. Sie boten großartige Reaktionen an, aber auch die waren schnell ausgelöscht; und letztlich machten auch diese Hunde, was sie wollten.

Wenn Sie mal einen Moment nachdenken, wird Sie die tiefe Kluft zwischen den Menschen, die Hunde aus Passion trainieren, und solchen, die Hunde mögen und sie als Haustier kaufen, nicht weiter überraschen. Nur weil einige Menschen Hunde mögen, heißt das noch lange nicht, dass sie Trainingsfähigkeiten besitzen. Und es gibt viele Trainingstalente, die wahrscheinlich niemals einen Hund besitzen werden, weil sie Hunde nicht besonders mögen oder zumindest nicht genug, um einen zu besitzen. Für einen guten Trainer ist das Training wichtiger als die Tatsache, dass er Hunde mag. Er ist mit einer natürlichen Begabung ausgestattet, oder eben auch nicht. Da er das Training liebt, wird er letzten Endes der Bessere sein, weil er viel Zeit mit dem Training verbringt und Wissen ansammelt. Die meisten Hundebesitzer befinden sich allerdings nicht in dieser Gruppe. Sie mögen Hunde, nicht das Hundetraining. Und es ist schon erstaunlich, wie wir diesen gutmeinenden Menschen beibringen, wie sie Hunde ausbilden sollen. Sie haben kaum eine Vorstellung, wie Kriterien gesetzt werden (das heißt, sie haben keine Ahnung, was eine belohnenswerte Reaktion ist, geschweige denn, wie man eine solche belohnt), sie kennen das Timing nicht und haben kaum Ahnung, wie man einen Hund zu einer Reaktion bringt. Mit welchen Werkzeugen können wir ihnen diese grundlegenden Fähigkeiten beibringen? Was wir ihnen geben, ist ihr eigenes, aus der Kontrolle geratenes erwachsenes Haustier und ein Würgehalsband. Das ist so, als ob man 16 Jahre alten Kindern das Autofahren beibringt, indem man ihnen ein Formel-1-Auto gibt und sie auf die Autobahn lässt.

Denken Sie mal einen Moment an die Auswirkungen. Die Grundelemente eines Trainings bestehen aus der Fähigkeit, eine belohnenswerte Reaktion zu erkennen (Setzen von Kriterien), der Fähigkeit, diese belohnenswerte Reaktion zu bekommen (Beschleunigen, Formen und wohl auch Bestrafung), und der Fähigkeit, sofort nach dem gezeigten Verhalten zu belohnen (Timing). Die Fähigkeit, Kriterien zu erhöhen, und das Bestärkungsschema kommen später noch hinzu. Das sind keine leichten Aufgaben. Das Tier, das ausgebildet werden soll, ist ein

Hund, typischerweise ein junger Hund, ein dynamisches Tier, das relativ häufig sein Verhalten ändert und eventuell versuchen wird, seinem Besitzer während des Trainings (im Spiel) übel mitzuspielen. Gibt man einem Hundebesitzer mit praktisch keiner der beschriebenen Fähigkeiten nun eines dieser Werkzeuge, was geschieht dann? Die Antwort lautet: willkürliche Bestrafungen, wobei der Besitzer der wichtigste diskriminative Reiz ist. Der Hund lernt langsam, er braucht immer mehr Leinenrucke, und das Ergebnis ist häufig ein Zombie-artiger Hund, bei dem ungeheuer viel Verhalten praktisch ausgelöscht wurde. Darüber würden wir nirgends sonst hinwegsehen, außer im Gehorsamstraining.
Sagen wir einmal, Sie möchten gern Geige spielen oder Stabhochsprung betreiben. Sie fangen gerade mit dem Lernen dieser neuen Technik an. Wann immer Sie einen Fehler begehen, bekommt ein sechs Monate alter Hund einen kleinen Elektroschock verpasst. Wie viele Fehler würden Sie schätzungsweise in der ersten Woche machen, in der Sie Stabhochspringen oder ein Musikinstrument lernen? Wie viele innerhalb des ersten Monats, des ersten Jahres? Welche Wirkung haben all diese Schocks auf einen Hund? Ist das so in Ordnung? Und dann: Wie viele Fehler wird ein Trainerneuling im ersten Monat beim Timing und Setzen von Kriterien machen, wenn er anfängt, einen Hund zu trainieren? Besteht das Hauptwerkzeug für das Training aus einem Würgehalsband, ist dieses für eine ganze Menge schlecht getimter Bestrafungen verantwortlich. Wie sind wir denn darauf gekommen anzunehmen, dass das in Ordnung ist? Warum sollten wir jemanden, der nicht in der Lage ist, mit entsprechendem Timing und Geschick zu belohnen, mit Geräten ausstatten, die Schmerzen verursachen?
Daher ist eine neue Art zu entwickeln, wie man Hundebesitzern die grundlegenden Fähigkeiten zum Training ihres Hundes beibringen kann. Zunächst sind die Defizite, die diese Hundebesitzer mit ins Training bringen, festzustellen. Es sind folgende:

1) Sie geben nicht genügen Feedback.
2) Das Spektrum ihrer Feedbackmöglichkeiten ist zu eng.

3) Ihr Feedback ist verhaltensunabhängig und langsam.
4) Es fällt ihnen schwer, vom positiven auf das negative Feedback umzuschalten.
5) Sie wissen nicht, wie man Kriterien setzt.
6) Sie wissen nicht, wie man Hilfsmittel einsetzt.
7) Sie wissen nicht, wann in einer Verhaltenssequenz Hilfsmittel eingesetzt werden.

Den ersten Durchbruch erzielen viele Hundebesitzer in dem Moment, in dem sie erkennen, dass ihre wichtigste Aufgabe im Gehorsamstraining darin besteht, Feedback zu geben, und nicht Befehle. Dass Befehle oder das, was diesen vorangeht, das Verhalten steuern, ist ein unter Hundebesitzern weit verbreiteter, riesiger Trugschluss. Das endlose Streben der Menschen nach der richtigen „Tonlage", der richtigen Zahl von Worten in einem Befehl, dem richtigen Wort, dem richtigen Handsignal beweist dies ganz deutlich. Sie haben aber inzwischen erfahren, dass das Verhalten nicht durch Befehle gesteuert, sondern durch seine Konsequenzen bestimmt wird. Daher sollte in der Anfangsphase des Gehorsamstrainings das Hauptaugenmerk darauf gerichtet sein, bei jeder sich bietenden Gelegenheit belohnenswerte Reaktionen herzustellen, zu erkennen und zu belohnen. Sie sind Gold wert. Der Befehl ist für den Hund lediglich ein Signal dafür, dass gerade die Chance für eine Bestärkung entstanden ist. Der Befehl schlägt das Verhalten vor, das der Hund doch einmal ausprobieren könnte. Für ein Verhalten, das noch nicht trainiert wurde, können Sie keinen Befehl geben.
Ihr Trainingsgeschick wird ab dem Moment besser, in dem Sie damit beginnen, Ihre eigenen und die wichtigsten Trainingswerkzeuge zu etablieren, nämlich den konditionierten Bestärker (den Clicker) und Ihr Markersignal für „keine Belohnung" („Ah, ah!" oder „Oh! Zu schade!"). Anschließend müssen Sie sich so schnell wie möglich in die Hand von Menschen begeben, die wissen, was sie tun. Es gibt drei Gründe, warum Sie sich einen guten Lehrer suchen sollten: 1) um sich beobachten und korrigieren zu

lassen, 2) um an seinem Beispiel gutes und fachgerechtes Training zu sehen und 3) um von ihm Sequenzen für die Grundkommandos zu lernen, die Sie bei Ihrem Hund etablieren wollen. Wie Sie dabei vorgehen, können Sie in einem Buch wie diesem finden. Das Modellieren kriegen Sie hin, wenn Sie guten Trainern zuschauen und sich Videos von guten Trainern bei der Arbeit ansehen. Beobachten und korrigieren kann sie jedoch nur ein erfahrener Trainer im persönlichen Kontakt. Übrigens sind gutes Trainieren und Unterrichten verschiedene Dinge. Ein guter Trainer ist nicht immer ein guter Lehrer und umgekehrt. Idealerweise gibt es in einer Übungsgruppe beide; manchmal verkörpert eine Person beides, manchmal auch nicht. Versuchen Sie, eine Schule zu finden, die sowohl ein Trainer-Ass als auch jemanden hat, der anderen Wissen weitergeben kann. Menschen zu unterrichten ist eine Kunst, die nur wenige wirklich beherrschen.

Hier nun einige Vorschläge, wie Sie Ihre eigenen Fähigkeiten verbessern können:

1) Verpassen Sie niemals eine Gelegenheit, guten Trainern bei der Arbeit zuzuschauen. Ich starre schamlos hin und sauge alles in mich auf, was ich kann, wenn ein guter Trainer in der Nähe ist. Vielleicht sollten Sie es auch absichtlich und bewusst vermeiden, sich schlechte Trainer anzuschauen, auch wenn Sie sich darüber im Klaren sind, dass es schlechte Trainer sind. Denn da Menschen zwangsweise durch Beobachtung lernen, könnten deren schlechte Gewohnheiten auch Sie „infizieren“. Vermeiden Sie also den Blick auf solche Trainer und lassen Sie nur die richtigen Bilder in Ihren Kopf.

2) Hören Sie auf, Ihrem Hund so viel Futter für nichts zu geben, setzen Sie es stattdessen im Training als Belohnung ein. Machen Sie sich den stärksten Motivator im Tiertraining zu Nutze. Überwinden Sie Ihre puritanische Bedenken gegen Belohnungen, und das schnell. Mich nervt die Aussage: „Ja, aber wird er, wenn ich ihm Futter gebe, nicht immer welches erwarten?“ Erst einmal: Nein, falls er über ein Bestärkungsschema trainiert wird. Zweitens aber ist das so, als ob man sagte: „Ja aber, wenn Sie von Ihrem

Arbeitgeber einmal Gehalt für Ihre Arbeit bekommen, werden Sie dann nicht erwarten, dass das immer so ist?“ Damit sind wir meiner Ansicht nach beim Grundproblem angelangt. Häufig möchte ich die Leute, die eine solche Bemerkung machen, fragen, was genau sie damit meinen. Ich frage es aber nicht, weil ich weiß, dass die dahinter stehende Annahme etwas mit von Befehlen gesteuertem Verhalten und mit Gefallen-Wollen zu tun hat. Es sollte wohl reichen, wenn ich sage, dass Sie ein Eigentor schießen, wenn Sie sich des Trainings mit Futter berauben und dann erwarten, Sie könnten mit der restlichen Umgebung nur durch Ihren persönlichen Charme konkurrieren. Die Leute sollten begreifen, dass das Training mit Futter keineswegs die Bindung zu Ihrem Hund schwächt oder zunichte macht. Durch Assoziation mit dem stärksten unkonditionierten Bestärker auf diesem Planeten wird die Bindung nämlich viel enger. Das Training mit Aversivmitteln ist die Alternative zum Training mit positiver Bestärkung. Entscheiden Sie sich für das Positive und hören Sie auf, sich zu quälen.

3) Setzen Sie häufiger Ihre Stimme ein. Für eine Menge Hunde sind helle oder enthusiastische Töne milde bis mittlere Bestärker. Sie können bei allen Hunden als „Aufwärmsignale“ etabliert werden. Vielen Menschen bereitet es Schwierigkeiten, ihre Hunde in der Öffentlichkeit zu loben. Das ist ein weiterer Grund, warum Sie sich in die Hände eines guten Trainers begeben sollten. Ein guter Trainer wird über viele Stimmwerkzeuge verfügen, die Sie als wertvolles Vorbild für sich nutzen können. In Gruppen von Trainern, die sich auch viel untereinander trainieren, lässt sich Unterstützung für die Theorie des zwangsweisen Lernens durch Beobachtung finden. Diese Trainer bringen die Eigenarten, die ein jeder von ihnen hat, auf den Punkt, auf einzelne Worte und Ausdrücke.

4) Machen Sie sich bewusst, wann Sie belohnen, wann Sie Markersignale für „keine Belohnung“ setzen und wann Sie bestrafen. Gab es irgendwelche Verhaltensweisen, die zwischen dem, wofür Sie ein Feedback geben wollten, und Ihrem eigentlichen Feedback auftraten? Wenn ja, dann seien Sie strenger gegen sich

selbst. Wollen Sie Ihr schon recht gutes Timing weiter verbessern, sollten Sie agile, hyperaktive Hunde oder junge, ungestüme Welpen trainieren.

5) Verbessern Sie die Trainingsgeschwindigkeit (Geschwindigkeit gesehen als Zeit zwischen den einzelnen Übungen; Timing dagegen als Zeit zwischen Reaktion und Belohnung). Gute Trainer sind darin sehr effizient: Sobald eine Übung mit Belohnung, Lob, Freigabe, Markersignal für „keine Belohnung" oder mit Bestrafung abgeschlossen ist, beginnen sie sofort mit einer neuen. Sie verfügen über einen großen „Fluss". Was die Effizienz angeht, so zahlt es sich offensichtlich aus: Mehr Versuche pro Zeiteinheit bedeuten größeren Fortschritt. Ein guter Trainer kann in zehn Minuten mehr erreichen als ein schlechter in einer Stunde, auch wenn sich beider Vorgehensweisen gleichen. Die Geschwindigkeit hat noch einen zusätzlichen Vorteil: Trainer mit einem guten Tempo verlieren die Aufmerksamkeit des Hundes viel weniger als andere. Der Verlust der Aufmerksamkeit nach der Übung ist ein häufig auftretendes Problem, das Zeit und Energie verlangt, soll der Hund sich vor der nächsten Übung wieder konzentrieren. Ein Tempo wie aus einem Schnellfeuergewehr wird das Problem lösen. Trainieren Sie intensiv und machen Sie sich zum Ziel, die Aufmerksamkeit des Hundes über die gesamte Übungseinheit zu behalten. Halten Sie Unterbrechungen im Training so kurz wie möglich.

6) Behalten Sie beim Training einen kühlen Kopf, damit Sie zwischen Markersignalen für „keine Belohnung" und Belohnungen leicht und einfach hin- und herschalten können. Wenn Sie alles persönlich nehmen, werden Sie zu dem neigen, was ich als „milde, chronische Bestrafungen" bezeichne. Das ist etwas, was wir Menschen uns gegenseitig ständig antun. Wir schäumen vor Wut, blasen Trübsal, grübeln und schauen stunden- und tagelang Familienmitglieder und Arbeitskollegen, die uns enttäuscht haben, finster an. Wir rufen Schuldgefühle hervor. Diese Art der Bestrafung mag bei Menschen vielleicht funktionieren. Bei Hunden funktioniert sie absolut nicht. Möglicherweise verhalten sie sich mit großer Vorsicht, sobald eine mürrische Stimmung die

Wahrscheinlichkeit für einen Tadel oder sonst etwas Unangenehmes erhöht hat. Als Feedback bringt es jedoch nichts. Nehmen Sie zum Beispiel einen Hund, der sich im Training auf einen anderen Hund stürzt. Der Besitzer wird wütend und beginnt, den Hund anzustarren und zu schäumen. Der Hund sitzt da, schaut zu seinem Besitzer auf, und was sieht er? Richtig: sein Starren und Schäumen. Nun wendet der Besitzer diese milde Bestrafung auf das gezeigte Verhalten an, also auch auf das Sitzen und Anschauen, diese wunderbare Reaktion.

Wann immer sich ein Verhalten ändert, müssen Sie in der Lage sein, in einen anderen Gang zu schalten. Eine Weile werden Sie sich dabei recht künstlich vorkommen. Ihre Belohnungen, Markersignale und Maßregelungen haben nichts damit zu tun, wie Sie sich angesichts der Leistung Ihres Hundes im Inneren fühlen. Denn Sie verwenden sie ja als Feedbackwerkzeuge mit dem Ziel, die Wahrscheinlichkeit zukünftigen Verhaltens zu beeinflussen. Wenn Sie dabei Ihre wahren Gefühle zulassen, werden Sie langsam und ungenau. Bringen Sie sich in eine entspannte Stimmung, wenn Sie trainieren. Regen Sie sich über Fehler, die der Hund macht, auf, werden Sie nie in der Lage sein, schnell zwischen Markersignalen für „keine Belohnung“ und Belohnungsmarkern hin- und herzuschalten. Emotionen machen Sie langsamer. Denken Sie daran: Ihr Job ist die Konditionierung von Verhaltensweisen, nicht die moralische Güte.

7) Schätzen Sie die Rolle von Befehlen richtig ein und beginnen Sie, sich auf die Konsequenzen zu konzentrieren. Befehle sind nur Signale, die den Hund darüber informieren, mit welchem Verhalten er genau jetzt eine Bestärkung verdienen könnte. Zuerst brauchen Sie ein Verhalten. Es bringt nichts, nach einem schwachen Verhalten auch noch ein Signal zu geben. Das Gleiche gilt für Hilfsmittel. Wie Befehle gehen sie einem Verhalten voran, finden vorher statt. Als ein Verhalten auslösende Reize, die eher genetisch selektiert als antrainiert wurden, sind so genannte Lockmittel bekannt. Allerdings unterliegen sie den Gesetzen des Lernens und sind ohne Nutzen, wenn man sich nicht um die Konsequenzen der

damit hervorgelockten Reaktionen kümmert. Das bedeutet für Sie als Hundetrainer, insbesondere in den Anfängen: Wann immer ein Verhalten gezeigt wird, das Sie mögen, stärken Sie es mit Hilfe der darauf folgenden positiven Bestärkung. Der Punkt ist nicht, ein Verhalten durch Hervorlocken, Befehle, Einengen der Optionen mittels Bestrafung anderen Verhaltens zu erzeugen oder einfach zu warten, bis der Hund das Verhalten zeigt. Der Punkt ist, es zu bestärken, wenn es kommt.

8) Überlegen Sie, welche Kriterien Sie setzen. Denken Sie beim Training in jedem Augenblick an den Standard, den der Hund für eine Belohnung erfüllen soll. Dieser Standard kann und sollte sich ständig ändern, bestimmt durch den Fortschritt, den der Hund macht. Er unterliegt jedoch nicht der Willkür. Bei Traineranfängern ist das ein verbreiteter Fehler. Da der Besitzer als Ziel einen Hund im Kopf hat, der bei Ankunft der Gäste an der Haustür fünf Minuten im „Sitz-Bleib“ verharrt, ist er frustriert, wenn das Tier immer noch alle Leute anspringt und die Befehle beim Eintreffen der Gäste vergessen hat, obwohl es doch 30 Sekunden lang „Sitz-Bleib“ machen konnte, als es mit seinem Besitzer allein im Wohnzimmer war. Hier muss der frustrierte Besitzer mit langsamer ansteigendem Schwierigkeitsgrad trainieren, bis als Höhepunkt die Szene mit den Gästen an der Haustür klappt. Jeder Befehl ist wie eine Wand, die Sie errichten. Die erste Reihe Backsteine, die dem ersten Schwierigkeitsgrad entspricht („Sitz-Bleib“ im Wohnzimmer, allein mit dem Besitzer, Abstand 60 Zentimeter, Zeitdauer wenige Sekunden), ist vielleicht schon gelegt, aber es fehlen noch viele weitere, bis Sie Ihr endgültiges Ziel erreicht haben werden. Jede Reihe muss solide verlegt sein, bevor die nächste darauf geschichtet werden kann.

Die praktischen Grundlagen des Obedience-Trainings

Wenn wir Maßstäbe setzen, müssen wir uns fragen, auf welcher „Klassenstufe" der Hund, mit dem wir arbeiten wollen, gerade steht. Ist der Hund beim „Sitz-Bleib" im Kindergarten oder in der ersten Klasse, so wird er bei einer Prüfung mit dem Schwierigkeitsgrad der zwölften Klasse oder bei einer Promotion durchfallen. Das macht er nicht böswillig, um sich zu rächen, aus Gehässigkeit oder Sturheit – es ist die Art, wie Hunde lernen. Die Trainingssequenzen für „Sitz-Bleib", „Platz-Bleib", „Steh", „Komm", „Bei Fuß", und „Zieh nicht" werden nachfolgend mit steigendem Schwierigkeitsgrad, vom Kindergarten bis zur Promotion beschrieben. Bevor Sie damit beginnen, laden Sie aber Ihren Clicker (den konditionierten Bestärker) so auf wie es beschrieben wurde.

„Sitz" auf Kindergartenniveau

Legen Sie ein Leckerli in Ihre Hand und halten Sie es mit dem Daumen fest. Lassen Sie den Hund an dem Leckerbissen schnüffeln. Hat er es darauf abgesehen, sehen Sie zu, dass Sie Ihre Hand herumdrehen. Versucht er Ihrer Hand zu folgen? Wenn ja, so verfolgt er ein Ziel, und Sie können nun fortfahren, ihn ins „Sitz" zu locken. Bewegen Sie das Leckerli langsam über den Kopf des Hundes, so weit darüber, dass er seinen Hals nach oben strecken muss, um dem Leckerli folgen zu können, aber doch nicht so hoch, dass er springen muss. Bringen Sie bei unveränderter Höhe das Leckerli ein wenig über den Hundekopf zurück. Warten Sie dann einfach. Springt der Hund hoch oder geht rückwärts, nehmen Sie das Leckerli einen Moment weg und beginnen von vorn. Die meisten Hunde werden sich schließlich setzen, um das Ziel bequemer verfolgen zu können. Clicken Sie, sobald der Hund sitzt, und geben ihm ein Leckerli. Stellen Sie sich vor, der Hund wolle Ihnen beibringen, Ihre Hand zu öffnen, wenn er sich setzt. Wiederholen Sie das immer wieder, bis sich der Hund mühelos hinsetzt, ohne dass Sie sich mit dem Leckerli sehr bemühen müssen. Ihre Geste lässt sich nun bei nach oben zeigender Handfläche schnell ausführen. Das pflastert den Weg hin zu dem Handzeichen, das Sie gerade trainieren wollen.

Stecken Sie nun die Futterbelohnung in Ihre Tasche oder in die andere Hand, die Sie auf dem Rücken halten. Jetzt werden Sie Ihre leere Hand als Lockmittel verwenden, indem Sie für „Sitz" ein sichtbares, sauberes, überzeugtes Handzeichen geben. Das Handzeichen besteht aus einer nach oben gerichteten Schaufel bei offener Handfläche. Stellen Sie sich das „Sitz" immer als den Versuch vor, den Kopf des Hundes nach oben zu bekommen, nicht das hintere Ende nach unten. Geht der Kopf hoch und ist nach hinten gerichtet, senkt sich das hintere Ende ganz von selbst. Clicken Sie, sobald der Hund sitzt, und geben ihm aus der anderen Hand oder Ihrer Tasche eine besonders große Futterbelohnung. Diesen Futterbonus bekommt der Hund, weil er sich ohne sichtbares Lockmittel hingesetzt hat. Das ist viel schwieriger als sich mit einem Lockmittel hinzusetzen. Auch stärkt es den Hund in seiner Vorstellung, sein Verhalten bewirke die Belohnung – und das unabhängig davon, ob die Belohnung für ihn sichtbar war oder nicht. Die Belohnung wirkt nämlich besser, wenn sie unsichtbar ist.

Im Training ist das ein kritischer Zeitpunkt. Wenn Sie mit der unsichtbaren Belohnung keine zuverlässige Reaktion bekommen, werden Sie lebenslang einen Hund haben, der „es nur dann tut, wenn ich Futter in der Hand habe". Üben Sie so lange, bis der Hund auf ein Handzeichen genauso zuverlässig „Sitz" macht wie für das ursprüngliche Lockmittel. Bockt der Hund irgendwann vor der leeren Hand, dürfen Sie nicht nachgeben und wieder Futter verwenden. Warten Sie einfach und belohnen das „Sitz" dann, wenn es endlich kommt. Dass der Hund lernt, auf eine leere Hand genauso zu reagieren wie auf eine mit Futter, ist ungeheuer wichtig. Für den Hund ist das wie ein Sprung ins Unbekannte. Viele Hunde setzen sich anfangs für Zeichen mit der leeren Hand hin, als ob sie denken würden: „Na, das wird wahrscheinlich nichts bringen, aber ich versuche es halt mal." Durch zuverlässiges Belohnen der Reaktionen auf Zeichen mit leerer Hand müssen Sie den Hund überzeugen, dass es doch funktioniert.

Kommt die Reaktion auf die leere Hand sehr flott, so führen Sie ein Bestärkungsschema ein, indem Sie zuerst drei- bis viermal „Sitz" belohnen und die Belohnungen dann bis auf die Hälfte reduzieren. Dabei können Sie in Ihren Qualitätsansprüchen strenger werden. Warum belohnen Sie, wenn Sie schon nur noch jedes zweite „Sitz" belohnen, nicht nur das bessere „Sitz"? Es kann ein schnelleres, schöneres oder ordentlicheres „Sitz" sein, das liegt an Ihnen. Setzt sich der Hund für eine Belohnung immer noch begeistert hin, dann gehen Sie einen Schritt weiter.

Dieser nächste Schritt besteht in der Verknüpfung des Wortes „Sitz" mit dem Verhalten, indem Sie vor dem Handzeichen „Sitz" sagen. Das Wort „Sitz" ist der neue Teil, also kommt er in der Abfolge an erster Stelle. Die Reihenfolge sollte nun sein:

1) Wortbefehl „Sitz",
2) Handzeichen,
3) der Hund sitzt,
4) Click,
5) die Hand öffnet sich, der Hund bekommt seine Belohnung.

Achten Sie darauf, dass Sie das Wort „Sitz" sagen, bevor das Handzeichen kommt (und nicht gleichzeitig, wie das die meisten Menschen gern tun), sonst wird der bekannte Befehl den neuen Befehl blockieren, den Sie doch gerade etablieren wollen. Der neue Befehl muss eine ganze Sekunde allein für sich stehen, bevor Sie dem Hund mit Hilfe des bekannten Zeichens die Bedeutung klarmachen.

Wenn Sie dann mehrere Male hintereinander den neuen Befehl geübt haben, versuchen Sie Folgendes: Sie geben den Wortbefehl „Sitz" und warten; halten Sie dabei die Futterbelohnung auf dem Rücken oder in der Hosentasche versteckt. Zuerst wird der Hund einfach dastehen und Sie anstarren, er wird jammern, bellen, mit der Pfote nach Ihnen tappen oder versuchen, der Belohnung in Ihrer Tasche oder Hand nachzuspüren. Ignorieren Sie das alles und warten 20 bis 30 Sekunden. Setzt sich der Hund nach 20 bis 30 Sekunden nicht hin, gehen Sie noch mal so vor, wie Sie anfangs den Wortbefehl und das Handzeichen etabliert haben, und belohnen ein paar Mal „Sitz", um ihn daran zu erinnern, dass es funktioniert. Geben Sie anschließend den Wortbefehl für „Sitz" und warten wieder. Dem Hund bringen Sie mit dieser Sackgasse bei, auf den Wortbefehl zu achten. Befehle sind Angebote, die der Hund schließlich nicht mehr missen will.

Bleiben Sie auf diesem Trainingsniveau und belohnen Sie so lange jede Reaktion auf den Wortbefehl, bis der Hund sich sofort nach jedem „Sitz" hinsetzt. Belohnen Sie danach nur noch ungefähr jedes zweite Mal, aber bitte nicht nach einem festen Muster, also im regelmäßigen Wechsel. Belohnen Sie zufälliger. Picken Sie sich die besseren Reaktionen heraus. Beachten Sie dabei aber die Faustregel, wieder jede Reaktion zu belohnen, wenn Sie die Anforderungen erhöhen; sobald der Hund das perfekt ausführt, gehen Sie auf 50% zurück, bevor Sie es mit Variationen weiter erschweren. Sind alle Kriterien eingeführt, wollen Sie vielleicht auf weniger als 50% heruntergehen.

„Sitz" auf Kindergartenniveau ist schwieriger, als Sie vielleicht meinen, weil das Ziel aus einer angemessenen Reizkontrolle über das „Sitz" besteht, obwohl „Bleib" noch nicht erwartet wird. Theoretisch bedeutet dies, der Hund macht immer sofort „Sitz", wenn der Befehl oder das Handzeichen gegeben wird; er macht aber nicht „Sitz", wenn der Befehl dazu nicht gekommen ist oder wenn irgendein anderer Befehl gegeben wird, und zeigt nach dem „Sitz"-Befehl keine andere Reaktion. Im richtigen Leben erreichen Sie auf dieser Stufe, dass der Hund auf Befehl oder Zeichen „Sitz" macht. Reizkontrolle ist zwar eine großartige Aufgabe, sie wird in der Praxis aber niemals perfekt erreicht. Im Hundetraining üben und festigen wir das ganze Hundeleben lang, um so nahe wie möglich an diese unerreichbare Perfektion heranzukommen. Sie werden sehen, das Puzzle besteht insbesondere dann aus vielen Einzelteilen, wenn eine Menge unterschiedlicher Befehle und Verhaltensweisen gelernt werden müssen und sich der Kontext ständig ändert. Hundetrainer sind Jongleure, die viele Bälle in der Luft halten müssen. Diesen ganzen Prozess beginnt man am besten mit einem guten, soliden „Sitz".

Irgendwann haben Sie einen Hund, der das „Sitz" sowohl auf Handzeichen als auch auf Wortbefehl ausführt. Beginnen Sie nun mit dem Festigen des Verhaltens. Das heißt, Sie stärken die Reaktion auf den „Sitz"-Befehl weiter, indem Sie:

1) das Niveau der Ablenkung durch die Umwelt variieren,
2) den Ort wechseln,
3) Ihre Ausrichtung zum Hund und Ihre Distanz zu ihm variieren,
4) Befehlselemente variieren und unterschiedliche Handler einführen,
5) die Unterscheidung der verschiedenen Befehle üben.

Beim Festigen steigern Sie die Zuverlässigkeit eines Verhaltens. Sie bringen dem Hund bei, dass der Befehl oder das Handzeichen die einzige für die Ausführung des „Sitz" notwendige Bedingung ist. Das tun Sie bewusst und systematisch, indem Sie alles andere variieren und dadurch dessen Bedeutungslosigkeit beweisen. So brauchen Sie weder einen bestimmten Ort noch einen bestimmten Trainer, eine besonders geringe Ablenkung, eine spezielle Stimmlage, Tageszeit, Laune des Hundes, Vollmond oder irgendein anderes unwichtiges Element. Alles was Sie brauchen, ist das Wort oder Zeichen für „Sitz", und dies bezeichnet man als das Generalisieren einer Reaktion. Der Hund zeigt sie zu jeder Zeit, an jedem Ort, keine besonderen Bedingungen müssen erfüllt sein. Die ersten vier Bereiche, in denen gefestigt wird, dienen dieser Generalisierung und der reinen Stärkung der Reaktion. Der fünfte Bereich befasst sich mit dem Gegensatz der Generalisierung, nämlich mit der Unterscheidung. Ist der Hund in der Lage, den „Sitz"-Befehl von allen anderen Befehlen, die er bisher kennen gelernt hat, so zu unterscheiden, dass er niemals einen Fehler macht? Das bezeichnet man als Training der Unterscheidungsfähigkeit. Der Hund setzt sich stets beim ersten Versuch richtig hin, und das unabhängig von der Reihenfolge, in der Sie ihm die Befehle an den Kopf werfen. Die Übung Nummer 5, die Unterscheidung zwischen den einzelnen Befehlen, benötigen Sie zum jetzigen Zeitpunkt noch nicht, weil der Hund bis jetzt nur das „Sitz" kennt. Später wird diese Unterscheidungsfähigkeit einer der Bälle sein, die Sie in der Luft halten müssen.

Lassen Sie uns einige weitere Befehle einstudieren, bevor wir uns näher mit dem Festigen von Befehlen befassen und in einem allgemeineren Zusammenhang darüber sprechen können.

„Platz" auf Kindergartenniveau

Wie beim „Sitz" steht auch hier das wiederholte Zeigen und Belohnen des Verhaltens, also des Hinlegens, als erster Punkt auf der Tagesordnung. Das geschieht am schnellsten, wenn Sie mit einem Leckerli auf dem Boden sitzen und ein Knie so anwinkeln, dass es einen Tunnel bildet. Folgt der Hund dem Leckerli, locken Sie ihn langsam durch den Tunnel. Will er mit seiner Nase am Leckerli dranbleiben, muss er sich hinlegen. Clicken Sie, sobald er sich im „Platz" befindet, und öffnen Ihre Hand, damit er sich seine Belohnung abholen kann. Wiederholen Sie das ein halbes Dutzend Mal. Verfolgt der Hund das Leckerli nicht bereitwillig, so sind Sie dabei vielleicht ein wenig zu schnell. Gehen Sie insbesondere bei einem Hund, dem so etwas verdächtig vorkommt, langsam vor. Vielleicht lassen Sie ihn ein paar Leckerli damit verdienen, dass er nur mit seinem Kopf unter Ihr Knie kriecht, bevor Sie den Standard auf Kopf und Schultern und schließlich auf das komplette „Platz" anheben. Springt der Hund über Ihr Bein, um auf der anderen Seite an die Belohnung zu kommen, sagen Sie einfach „Schade!" und beginnen von vorn. Das Verhalten wird aufhören, weil es niemals zum Ziel führt.

Taucht der Hund bereitwillig unter Ihrem Knie hindurch, damit sich Ihre Hand öffnet, schauen Sie mal, ob er Ihnen das „Platz" auch ohne Tunnel anbietet. Setzen Sie sich dafür auf den Boden (ohne einen Tunnel zu bilden) und halten ein Leckerli in der Hand. Bewegen Sie das Leckerli, sobald er es ansteuert, langsam gerade nach unten zwischen seine Pfoten, wobei Sie es mit Ihren Fingern bedecken. Es befindet sich also zwischen Ihrer Hand und dem Boden. Warten Sie dann. Wahrscheinlich wird der Hund Sie nerven: Er wird lecken, gähnen, mit der Pfote nach Ihrer Hand tappen. Sie warten einfach, bis er sich hinlegt. Ignorieren Sie alle anderen Reaktionen, die er zeigt. Da sie nichts bringen, werden sie aufhören. Irgendwann wird sich der Hund hinlegen. Clicken Sie sofort und öffnen Ihre Hand. Wiederholen Sie das Ganze. Beim zweiten und dritten Mal wird es sich immer noch ein wenig hinziehen, die meisten Hunde kapieren aber nach nur wenigen weiteren Versuchen recht schnell. Mit dem Maul und den Pfoten an Ihrer Hand herumzuzappeln hat nie funktioniert, also bricht er die Jagd schneller ab und legt sich hin. Schließlich erweist sich das Hinlegen immer wieder als die beste Strategie zum Öffnen Ihrer Hand. Andere Strategien erledigen sich nach dem Prinzip von Versuch und Irrtum.

Legt sich der Hund sofort hin, wenn Sie Ihre Hand mit dem Leckerli auf den Boden legen, so haben Sie nun wieder die Aufgabe, das Futter aus Ihrer Hand herauszunehmen. Üben Sie zuvor aber mit Handzeichen und einem Leckerli in der Hand mehrere „Liegestütze" das heißt „Sitz"-„Platz"-„Sitz"-„Platz"-Sequenzen. Fällt dem Hund das „Sitz" aus dem „Platz" schwer, bewegen Sie Ihre Hand mit dem Leckerli einfach nach oben und leicht zurück, und halten Sie sie dort. Der Hund wird früher oder später rasch ins „Sitz" gehen, um an sein Ziel zu gelangen. Tut er dies, clicken Sie rasch und öffnen Ihre Hand.

Mit all diesen Übungen lernt der Hund nicht nur das „Sitz" und „Platz", er lernt auch, wie man lernt. Unerfahrene Hunde müssen nicht nur begreifen, welches Verhalten gewünscht ist und welche Zeichen es für solches Verhalten gibt, sie müssen auch das Konzept lernen, dass Sie etwas ganz Bestimmtes von ihnen wollen. Erfahrene Hunde, die auf Dutzende von Befehlen großartige Reaktionen

zeigen, lernen viel schneller, weil sie wissen, wie das Spiel gespielt wird. Sie probieren und stoppen Verhaltensstrategien rasch und effizient und erkennen die richtige Möglichkeit schon nach dem ersten Click. Das widerspricht dem weit verbreiteten Mythos über junge Hunde, die schneller lernen als alte. Untrainierte Tiere jeden Alters lernen langsamer als erfahrene Tiere jeden Alters. Was zählt, ist die bereits gemachte Erfahrung. Wappnen Sie sich also mit Geduld, wenn Sie mit Anfängern arbeiten.
Haben Sie den Hund mit ein paar raschen Liegestützen und dem Leckerli in der Hand aufgewärmt, nehmen Sie das Lockmittel nun fort und zeigen dem Hund die leere Hand. In der anderen Hand oder in Ihrer Tasche sollten Sie allerdings etwas griffbereit haben. Geben Sie dem Hund mit der leeren Hand das Zeichen für „Platz", zeigen dabei mit der Handinnenfläche zum Boden, so wie Sie es mit Leckerli bei den Liegestützen getan haben. Warten Sie jetzt. Bleibt der Hund stehen, geben Sie ihm das Signal für falsch („Schade!"), lassen ihn wieder sitzen und legen Sie Ihre andere Hand auf den Boden. Schließlich, wenn auch zögerlich („Das kann doch niemals funktionieren...", scheint der Hund zu sagen), wird er sich hinlegen. Sie clicken sofort und belohnen ihn. Wiederholen Sie das mehrmals, damit sich ein Trend herausbildet. Ihr Ziel besteht darin, dass der Hund ohne Lockmittel genauso einfach „Platz" macht wie mit. Klappt dies, so können Sie damit beginnen, weniger häufig zu belohnen, zwei und dann drei oder sogar noch mehr komplette Liegestütze für eine einzige Belohnung zu verlangen.
Mittlerweile sind Sie längst an dem Punkt angelangt, an dem Sie dieser Prozedur das Wort „Platz" hinzufügen können. Sagen Sie also zuerst „Platz" und geben dann wie gewohnt das Handzeichen. Ihr Wortbefehl kündigt zuverlässig das bekannte Zeichen an und wird mit dem Verhalten verknüpft. Versuchen Sie nach reichlich vielen Sequenzen von 1) Wortbefehl, 2) Handzeichen, 3) richtiger Reaktion und 4) ab und zu einer Belohnung nur den Wortbefehl zu geben und warten einfach ab. Clicken Sie sofort, wenn sich der Hund hinlegt, und geben ihm eine Belohnung. Die ersten paar Versuche werden vielleicht wieder schrecklich langsam sein, aber

da müssen Sie durch, wenn Sie auf der anderen Seite ankommen wollen: bei einem Hund, der sich einzig und allein auf einen Wortbefehl hinlegt. Geben Sie so lange immer eine Belohnung, bis der Hund ein richtiges Ass geworden ist. Dann können Sie den Wortbefehl „Platz“ auch mit einem Bestärkungsschema verbinden.

„Sitz“ und „Platz“ auf Grundschulniveau

Die Unterscheidung einzelner Befehle wird in dem Moment wichtig, in dem der Hund die Wahl zwischen zwei Reaktionsmöglichkeiten hat. Was machen Sie als Trainer, wenn Sie „Platz“ sagen und sich der Hund setzt? Dafür stehen Ihnen hauptsächlich vier Optionen zur Verfügung: Eine besteht darin, einen Marker für das falsche Verhalten zu setzen („Oh, wie schade!“) und dem Hund dann aus der Patsche zu helfen, indem Sie ihn wieder ins „Platz“ schicken und für das richtig gezeigte Verhalten belohnen. Die zweite Option besteht einfach in dem Marker „Oh, wie schade!“ und einer Trainingspause, in der Sie ein paar Augenblicke wegschauen oder sich sogar etwas entfernen, bevor Sie einen neuen Versuch starten. Die Belohnung gibt es nur, wenn der Hund beim ersten Mal die korrekte Reaktion zeigt. Bei der dritten Option zeigen Sie den Fehler an, helfen bei der richtigen Reaktion, halten aber die Belohnung zurück, weil eben diese Extrahilfe gegeben werden musste. Nochmals: Nur eine nach dem ersten Befehl gezeigte richtige Reaktion wird belohnt. Bei der vierten Option warten Sie einfach; es gibt kein Click, keine Belohnung, kein Lob, keinen Marker, nichts. Nach einer Pause machen Sie einen neuen Versuch.

Welche dieser Optionen sollten Sie nun wählen? Zur hohen Kunst des Trainings gehört zu wissen, was unter bestimmten Umständen mit einem bestimmten Hund zu tun ist. Die richtige Einschätzung ist das, was einen durchschnittlichen von einem begabten Trainer unterscheidet. Quälen Sie sich deswegen nicht zu sehr. Mit zunehmender Erfahrung werden Sie immer besser.

Helfen Sie dem Hund aus der Patsche, indem Sie erst den Marker setzen und erneut den Befehl für das gewünschte Verhalten geben, so wird er wahrscheinlich beim zweiten oder dritten Mal insbesondere dann richtig liegen, wenn er nur zwischen zwei Befehlen unterscheiden muss. Für Anfängerhunde ist das schon in Ordnung, weil es ihnen eine weitere Chance gibt und wenig Druck auf ihnen lastet. Das Spiel bleibt leicht zu gewinnen. Dass der Anreiz, richtig zu raten, in Zukunft gering ist, sehe ich als Nachteil. So etwas tritt nämlich auf, wenn es schwieriger wird, die Unterscheidung zu treffen, das heißt, wenn der Hund unter vielen Reaktionen auswählen muss, nicht nur unter zwei.

Die zweite Option ist schon etwas schwieriger. Der Fehler wird zwar durch den Marker („Schade!") gekennzeichnet, der Hund erhält jetzt aber keine zweite Chance. Das Training wird durch eine kurze Auszeit unterbrochen. Damit soll der Hund motiviert werden, in Zukunft bei seiner Wahl sorgfältiger zu sein. Die Latte liegt nun höher. Nur die korrekte erste Vermutung wird belohnt, und so bleibt der Trainingsfluss erhalten. Nehmen Sie diese Option, wenn Sie mit der ersten keine Verbesserung erzielen konnten oder wenn der Hund zwar sehr eifrig ist, aber viel rät. Da eifrige Hunde weniger leicht aufgeben, haben Sie bei ihnen die Möglichkeit, das impulsive Raten auf ein Minimum herunterzufahren.

Die dritte Option – Marker für den Fehler und Hilfe für die richtige Reaktion, aber keine Belohnung – ist noch schwieriger. Der Hund wird auf die eine oder andere Art wirksam dazu gebracht, jedes Mal zu gehorchen; Belohnung gibt es aber nur für jene Reaktionen, die der Hund von sich aus zeigt, indem er wie bei Option 2 gleich beim ersten Mal richtig liegt. Ist der Hund nicht eifrig genug, werden Sie ihn bei dieser Art des Trainings ziemlich häufig verlieren.

Die vierte Option, nämlich einfach nichts zu tun, wenn der Hund falsch reagiert, funktioniert bei sehr motivierten Hunden ausgezeichnet. Es gibt aber eine Ausnahme. Wird mit dem Hund über ein Bestärkungsschema gearbeitet, so wird ohnehin nicht jede korrekte Reaktion belohnt. Wird eine falsche Reaktion ignoriert, so hält sie der Hund für eine der nicht bestärkten richtigen Reaktionen. Im frühen Trainingsstadium ist das für einen Anfänger schwer zu begreifen. Damit der Hund den Unterschied weiß, muss er deshalb für die richtigen, aber nicht bestärkten Reaktionen gelobt werden. Lob hilft dem Hund, zwischen einer richtigen, wegen des Schemas nicht bestärkten Reaktion und einer Reaktion, die, weil sie falsch war, nicht bestärkt wurde, zu unterscheiden. Lob ist für den Hund ein Signal, das ihm sagt, er ist mit seiner Reaktion auf der richtigen Spur. Schweigen dagegen bedeutet „Sackgasse: Das wird auf keinen Fall belohnt." Dieselbe Wirkung erzielen wir, indem wir falsche Reaktionen mit einem Marker belegen („Schade!") und richtige Reaktionen, die in ein Bestärkungsschema gesetzt sind, ignorieren. Ich rate Ihnen, mit all diesen Werkzeugen herumzuexperimentieren, um herauszufinden, was bei Ihnen und dem Hund, den Sie auf seinem speziellen Niveau gerade trainieren, am besten funktioniert. Damit Sie während des Trainings bei Bedarf auf eine andere Strategie umschalten können, sollten Sie von all diesen Optionen eine Ahnung haben.

Vielleicht wundern Sie sich darüber, dass der Hund zwischen zwei einfachen Befehlen wie „Sitz" und „Platz" den richtigen erraten muss. Obwohl Hunde ein Verhalten relativ schnell erlernen, ist es, und das ist die Antwort, viel, viel schwieriger, als es sich Hundebesitzer auch nur vorstellen können, die perfekte Reizkontrolle über einen Hund zu erhalten, das heißt, ihn dahin zu bringen, dass er niemals falsch rät. Gibt man Hunden einen Befehl, raten sie zuerst „Sitz" oder irgendeinen anderen Befehl, der bis dato im Training am häufigsten belohnt wurde oder gerade erst gründlich geübt worden ist (der „neueste Trick"). Hunde lernen anscheinend leichter Reaktionsmuster als Befehle. Ein klassisches Beispiel hierfür ist ein Hund, der – unabhängig von einem gegebenen Befehl – „Sitz-Gib Pfote-Platz-Rolle" in stereotyper Abfolge zeigt. Es ist, als ob das Lernen einer Reihenfolge das Lernen von Signalen überschatte. Wollen Sie, dass Ihr Hund die eigentlichen Befehle lernt, müssen Sie stets die Abfolge variieren.

Anscheinend verfahren viele Hunde nach der Methode, einen gegebenen Befehl zwar zu bemerken, sich aber nicht speziell auf diesen Befehl einzustellen, sondern sich so lange durch ihr ganzes Repertoire zu raten, bis sie über das stolpern, was der Trainer eigentlich

von ihnen wollte. Hunde reagieren breit gestreut auf Befehle, während wir Menschen saubere, präzise Reaktionen vorziehen würden.
Die einzige brauchbare Erklärung dafür ist, dass es von Tieren wohl eine enorme Anstrengung fordert, zwischen verschiedenen Befehlen zu unterscheiden. Deshalb müssen Sie als Trainer dem Hund einen entsprechenden Anreiz bieten, auch auf den Inhalt des Befehls zu achten. Mit entsprechender Übung wird es besser, sofern ein Standard gesetzt wurde, nach dem sie jeden Befehl beim erstenmal richtig ausführen müssen.

„Bleib" auf Kindergartenniveau

Die erste Übung für ein „Sitz-Bleib" oder ein „Platz-Bleib" besteht in der Wiederholung des im vorangegangenen Kapitel über die Konditionierung des Markers für „keine Belohnung" beschriebenen Verfahrens. Halten Sie das Leckerli, sobald sich der Hund im „Sitz" oder „Platz" befindet, ein bis zwei Meter von ihm entfernt auf seiner Augenhöhe und schnappen es ihm beim ersten Anzeichen einer Bewegung gleich nach dem „Ah, ah!" weg. Wenn Sie dies einige Male wiederholen, muss der Hund seine Strategie ändern: in Plan B, gewöhnlich die Bewegungslosigkeit. Das erste Anzeichen eines bewussten Erstarrens ist umgehend zu belohnen. Die Dauer des „Bleib" beträgt bei dieser Übung anfangs eine halbe Sekunde, kann aber fast sofort dadurch auf fünf bis zehn Sekunden erhöht werden, dass das Leckerli bei jedem Stellungswechsel des Hundes mit einem Signal markiert und fortgenommen wird. Der Hund lernt, dass er sitzen bleiben und alle fünf bis zehn Sekunden ein Leckerli einkassieren kann, wenn er sich nur nicht bewegt. Achten Sie darauf, das Leckerli auf Höhe des Hundes zu halten, nicht höher und nicht zu weit weg. Dahinter steht die Idee, den Hund zum Bewegen zu verleiten – das kann man dann als Fehler markieren – und einen Hund zu bekommen, der bewusst versucht, sich nicht zu bewegen. Das hämmert regelrecht das Konzept des „Bleib" ein.

Das „Platz-Bleib“ ist etwas schwieriger als das „Sitz-Bleib“, weil viele Hunde zurück ins „Sitz“ fallen, sobald sich der Handler wieder aufrichtet. Mit anderen Worten: Der Hund meint, die Übung bestehe aus einem Liegestütz. Wenn Sie es genau nehmen, ist das ein weiterer Fall der Unterscheidung verschiedener Befehle. Was Sie wollten, war das „Platz-Bleib“; der Hund hingegen hat die Sequenz „Sitz-Platz-Sitz-Platz“ gelernt. „Dem „Sitz“ folgt immer das „Platz“, das ist der Grundsatz, den der Hund kennt. Vielleicht verstehen Sie jetzt, wie schnell der Hund Muster lernt: Er kennt nur zwei Befehle, und auch das ist schon ein Muster. Bei jedem Schritt, den Sie gehen, arbeitet diese Tendenz des Hundes gegen Sie. Der Hund lernt immer die richtige Reihenfolge, Sie aber wollen, dass er die richtigen Befehle lernt. Das erreichen Sie nur durch Beharrlichkeit und hervorragendes Timing: Markieren Sie den Augenblick, in dem sich der Hund ins „Sitz“ aufrichtet (im Gegensatz zum „Sitz“ für ein bis zwei Sekunden) und clicken Sie beim ersten Hinweis auf ein dauerhaftes „Platz-Bleib“. Arbeiten Sie bis zu einem „Platz-Bleib“ von fünf bis zehn Sekunden und nehmen dabei eine normale Körperhaltung ein.
Bei jeder Bleib-Übung – wenn der Hund also lange genug in dieser Position geblieben ist und damit die Kriterien für eine Belohnung erfüllt hat –, können Sie wählen, ob Sie ihn aus dem „Bleib“ freigeben, statt zu clicken und zu belohnen, oder ihn im „Platz“ lassen. Die Freigabe ist nicht zwangsläufig mit der Belohnung für ein „Bleib“ gekoppelt. Die Belohnung besteht aus dem Click und dem Leckerli. Die Freigabe ist ein Zeichen dafür, dass die Bleib-Übung vorbei ist, dass sich der Hund also wieder bewegen darf. Ob Sie nun ein „Bleib“ belohnen oder nicht, Sie müssen den Hund auf jeden Fall wissen lassen, wann es vorbei ist („Du kannst jetzt aus dem ‚Bleib‘ raus“). Vielleicht wollen Sie ein bestehendes „Bleib“ belohnen, aber noch keine Freigabe geben. Nach Ansicht vieler Trainer beendet der Marker für Belohnung, der Click, die Übung; im Hundetraining ist es jedoch ratsam, ein offizielles Wort für die Freigabe zu haben, insbesondere zum Beenden eines lang anhaltenden Verhaltens wie „Bleib“, „Schau her“ und „Bei Fuß“. Recht häufig

geschieht die Bestärkung irgendwo während des Verhaltens, das Verhalten aber soll bis zur Freigabe anhalten. Die meisten Hundetrainer verwenden das Wort „Okay«, das sie mit einer gewissen Begeisterung aussprechen; andere argumentieren dagegen, dieses Wort komme zu häufig im täglichen Leben vor. Was Sie für die Freigabe nehmen, ist völlig egal, solange Sie ein Wort dafür haben und wissen, wann Sie es anwenden. Der Hund wird mit gewisser Erfahrung unterscheiden können, ob Sie das entsprechende Wort als Freigabe einsetzen oder ob es in einer normalen Unterhaltung vorkommt. Vergessen Sie nicht: Das Schwierige ist die Generalisierung durch den Hund.
Bei dieser ersten Bleib-Übung können Sie das Wort „Bleib“ gleich von Anfang an verwenden, weil: 1) das eigentliche Verhalten nicht mehr verfeinert wird – Bewegungslosigkeit ist eben Bewegungslosigkeit, ein sehr eindeutiges Kriterium – und 2) Sie sehr wahrscheinlich schon recht früh gute Reaktionen gezeigt bekommen. Deswegen gilt folgende Reihenfolge:

1) Befehl zum „Sitz“ oder „Platz“,
2) der Hund sitzt oder liegt,
3) Lob,
4) Befehl zum „Bleib“,
5) der Hund bleibt oder löst auf,
6) der Trainer belohnt ein „Bleib“ oder setzt den Marker für einen Fehler.
7) Macht der Hund es richtig, gibt der Trainer ihn aus dem „Bleib“ frei oder wartet noch ein paar Minuten; macht der Hund es falsch, dann wiederholt der Trainer die Übung.

Passen Sie auf, dass Sie nur einmal „Platz“ sagen. Trainerneulinge verfallen leicht in diesen mantra-artigen Gesang des „Bleib ... Bleib ... Bleiiiib«, um den Hund zu „erinnern“. So was nennt man schlampiges Training. Geben Sie Befehle nur einmal und nehmen Sie dann Ihre Hauptrolle als Feedbackgeber ein.
Wenn Sie dem Hund das „Bleib“ beibringen, lehren Sie ihn auch eine Ausnahme zur Regel der Lockmittelverfolgung: Jetzt wird dem

Hund gesagt, es sei falsch, wenn er das Leckerli verfolgt. Das Wort „Bleib“ ist ein schöner diskriminativer Reiz, der die Bedeutung annimmt: „Folge dem Leckerli nicht.“ Bis jetzt hat es sich im Training für den Hund gelohnt, das ganz Natürliche zu tun: dem Leckerli oder der Hand zu folgen, wohin sie sich auch bewegen mag. Jetzt verlangen Sie einen Strategiewechsel – nicht einfach ein anderes Verhalten, sondern einen neuen Ansatz, um das gewünschte Verhalten herauszufinden! Zuvor bestand die Strategie des Hundes in der Zielverfolgung. Nun bekommt er den Preis, wenn er dem Leckerli nicht folgt. So kann das „Bleib“ den Horizont des Hundehirns erweitern.

Führen Sie diese Grundübung des „Bleib“ an möglichst vielen Orten durch, um schon früh eine gewisse Generalisierung zu bekommen. Verändern Sie Ihre Position zum Hund, variieren Sie die Art der Belohnung, wechseln Sie den Trainer und versuchen Sie sogar, das Leckerli „zufällig“ auf den Boden fallen zu lassen. Bei diesem letzten Spiel, dem Hühnerpicken, müssen Sie unbedingt schnell genug sein, um zu verhindern, dass der Hund an das Leckerli herankommt, wenn er sich aus dem „Bleib“ darauf stürzt. Gewöhnlich versagen Hunde, wenn Sie das Leckerli fallen lassen. Dem Futter in Ihrer Hand nicht zu folgen, ist die eine Sache, aber ein offensichtliches Gratisgeschenk auf dem Boden nicht anzunehmen, ist viel, viel schwieriger. Seien Sie also auf der Hut. Setzen Sie, wenn Sie das Futter fallen lassen, den Marker für einen Fehler („Ah, ah!“) und reißen den Köder hoch oder treten darauf. Geben Sie wieder den Befehl für „Sitz“ oder „Platz“ und wiederholen die Übung so lange, bis der Hund auch dann erstarrt, wenn Sie das Futter auf den Boden fallen lassen. Belohnen Sie seine Selbstkontrolle sofort. Sobald das Wort „Bleib“ gesagt wurde, kommt der Hund, so lernt er es, sogar an den Köder auf dem Boden heran, wenn er sich nicht bewegt. Macht er das immer wieder richtig, versuchen Sie es im Sinne einer weiteren Generalisierung an einem anderen Ort, in einer anderen Körperhaltung oder mit einem andersartigen Köder. Die Übung können Sie bei jeder Mahlzeit machen. Befehlen Sie den Hund ins „Sitz-Bleib“, bevor Sie ihm die Futterschüssel hinstellen. In dieser Position muss der Hund warten, bis Sie ihm das Fressen freigeben.

„Steh“ auf Kindergartenniveau

Wenn Hunde aus der sitzenden oder liegenden Position aufstehen, machen sie beinahe unweigerlich einen oder zwei Schritte vorwärts. Diese natürliche Bewegung findet sich in Ihrem Locken und schließlich Ihrem Handzeichen wieder. Wie immer besteht der erste Schritt beim „Steh“ daraus, dieses Verhalten so oft wie möglich zu bekommen und zu belohnen. Der Hund sitzt, Sie haben das Futter in der Hand. Halten Sie es nahe vor seine Nase und führen Sie es dann in einer sauberen, waagerechten Bewegung ruhig von ihm weg. Was geschieht jetzt? Fast immer bleibt der Hund in seiner Position, weil Sie mit ihm Bleib-Übungen veranstaltet haben und das Bild für „Steh“ so aussieht wie eine Variation des Festigens von „Bleib“. Der Unterschied liegt darin, dass Sie keinen Befehl für „Bleib“ gegeben haben. Zur Reizkontrolle gehört auch, dass der Hund ein Verhalten ohne ein entsprechendes Signal nicht zeigt. Damit haben Sie zu kämpfen, wenn er bei einem gewollten „Steh“ ein „Bleib“ anbietet. Jetzt müssen Sie den Hund zu einem weiteren Strategiewechsel bringen: zurück zur Zielverfolgung. Das erreichen Sie auf drei verschiedene Weisen: mit einer Körperhilfe zum Steh, mit einer Worthilfe oder indem Sie einfach auf eine belohnenswerte Reaktion warten. Die Körperhilfe besteht aus einem oder zwei sanften Fingern in der Leistengegend des Hundes mit einer leichten Aufwärtsbewegung. Clicken Sie, sobald der Hund steht, und geben ihm eine Belohnung. Gewöhnlich bedarf es nur einiger weniger Körperhilfen, damit der Hund weiß, es handelt sich hier nicht um eine Bleib-Übung. Eine Worthilfe könnte zum Beispiel das Wort für die Freigabe sein oder ein anderes aufmunterndes Geräusch, das ihn aus seinem „Bleib“ befreit. Reduzieren Sie die Hilfen nach einigen Wiederholungen und warten auf das Verhalten. Belohnen Sie jeden richtigen Ansatz, bis das Verhalten sicher etabliert ist.

Natürlich bringt all das Ihr „Bleib" vorübergehend durcheinander, aber keine Panik: Der Hund lernt einen Befehl für „Steh" von einem für „Sitz-Bleib" oder „„Platz-Bleib" zu unterscheiden; als Nebeneffekt vergrößert er dabei seine Gehirnmasse.

Lehren Sie den Hund, sobald er mit Futter leicht aus einem „Sitz" ins „Steh" kommt, aus dem „Platz" heraus zu stehen. Das ist kniffliger als ein „Steh" aus dem „Sitz" heraus, wird aber durch die Tatsache erleichtert, dass der Hund bereits das „Steh" aus dem „Sitz" gelernt hat. Verwenden Sie dieselben Hilfen. Steht der Hund sauber aus einem „Sitz" oder „Platz" auf, arbeiten Sie daran, diese Reaktion nur über ein Handzeichen zu bekommen, so wie beim „Sitz" oder „Platz". Das Futter stecken Sie in Ihre Tasche oder in die andere Hand. Fällt das Verhalten in sich zusammen, können Sie vorübergehend wieder Körper- oder Worthilfen einsetzen. Belohnen Sie jedes „Steh" ohne Futter in der Hand, bis der Hund das gut kann und wählen Sie dann ein Bestärkungsschema von 50%.

Zeigt der Hund das Verhalten auf ein Zeichen mit der leeren Hand fehlerfrei und ohne Zögern, können Sie mit dem Etablieren eines Wortbefehls beginnen. Wahrscheinlich müssen Sie nach dem Wortbefehl ein paar Mal mit einem Zeichen oder einer Hilfe arbeiten, bevor Sie ihm die Krücken abgewöhnen können. Die Reihenfolge ist hier:

1) Wortbefehl „Steh" (warten Sie eine ganze Sekunde),
2) Handzeichen und/oder Futter als Lockmittel für „Steh",
3) der Hund steht,
4) clicken und belohnen.

Denken Sie daran, „Steh" aus dem „Sitz" und „Steh" aus dem „Platz" sind zwei getrennte Übungen, also arbeiten Sie an ihnen auch getrennt. Beherrscht der Hund das „Steh" auf Wortbefehl, setzen Sie das Verhalten auf ein Bestärkungsschema (das heißt, fangen Sie an, ihn ab und zu zu belohnen, nicht mehr jedes Mal) und beginnen mit der Arbeit, dem Hund beizubringen, drei Befehle zu unterscheiden.

Positionen auf Oberschulniveau

Eine wichtige Grundübung im Obedience-Training ist die Unterscheidung zwischen drei Befehlen. Kann der Hund auf den ersten Befehl zuverlässig und aus jeder Position das „Sitz", „Platz" und „Steh"? Kann er es, wenn er nur einen Wortbefehl erhält? Diese Drei-Befehle-Übung ist schwieriger als die vorher beschriebene Unterscheidung zwischen „Sitz" und „Platz", bei der der Hund aus dem „Platz" ins „Sitz" kommen soll. Sitzt er dagegen bereits, so wird der nächste Befehl mit Sicherheit das „Platz" sein. Die Hunde lernen also, „immer das andere zu tun". Das können Sie natürlich verhindern, indem Sie sozusagen knifflige Fragen einwerfen (ein weiteres „Platz", wenn der Hund sich schon im „Platz" befindet). Viel wirksamer ist es jedoch, einfach eine dritte Position – das „Steh" – hinzuzufügen. Diese zusätzliche Position – das „Steh" – ändert alles. Hier begreifen die Hunde wirklich das Konzept, dass das Signal nämlich etwas Bestimmtes bedeutet. Und hier kann der Trainer sich in der Reizkontrolle üben und sich selbst perfektionieren.

Üben Sie das „Sitz", „Platz" und „Steh" mit Wortbefehl in willkürlicher Reihenfolge, helfen Sie mit Handzeichen, wenn der Hund nichts oder nicht das Richtige tut. Belohnen Sie ihn nur, wenn er bereits beim ersten Versuch ohne zusätzliches Handzeichen richtig rät. Achten Sie auf Schwachstellen wie zum Beispiel: „Sitz" aus dem „Platz", „Platz" aus dem „Steh" und „Steh" aus dem „Platz". Diese speziellen Wechsel müssen häufig getrennt eingeübt werden: Üben Sie die denselben Wechsel immer wieder, so lange, bis der Hund ihn sauber ausführt, und integrieren ihn dann in die Übung mit der willkürlichen Befehlsfolge. Das ist eine recht schweißtreibende Arbeit; aber die Früchte, die Sie beim Hund hinsichtlich des Verstehens der Grundpositionen und des Lerneffekts ernten, sind es sicherlich wert. Damit kommen Sie mit allem, was Sie jemals mit Ihrem Hund vorhaben, in eine gute Position.

Das Grundrezept ist für alle Schwierigkeitsgrade gleich, vom Kindergarten bis zur Promotion, ob Sie nun die grundlegenden Gehor-

samsübungen lehren, wie das „Sitz“ und „Platz-Bleib“, das Kommen auf Ruf oder das „bei Fuß“. Macht der Hund es richtig, folgen Click und Belohnung. Macht der Hund es falsch, gibt es zu Beginn des Fehlers einen Marker für „keine Belohnung“ („Schade!“ oder „Ah, ah!“), und die Übung wird wiederholt. Beginnt der Hund es immer richtig zu machen, wird die Reaktion auf ein Bestärkungsschema gesetzt, und der Standard kann erhöht werden. Macht er es immer wieder falsch, muss der Standard vorübergehend gesenkt werden, um den Hund im Spiel zu halten. Variationen dieses Grundrezepts dienen der Verfeinerung des Trainings. Genau zu wissen, wann welche Variante anzuwenden ist, ist eine Kunst, die zu beherrschen einige Zeit dauert.
Fürchten Sie sich nicht davor, die Grundübungen nochmals zu überdenken, wenn der Hund versagt. Den Trainingsfluss beizubehalten ist wichtiger, als dem Hund jede Übung einzuhämmern. Standards können Sie jederzeit wieder erhöhen. Der Hund sollte jede Sekunde mitspielen. Ist er unaufmerksam und macht nicht mal einen Versuch, haben Sie ihn verloren, und Ihr Training driftet irgendwohin ab. Dass der Hund mitspielt, ist die Grundvoraussetzung. Ihre Fähigkeit, angemessene Standards zu setzen, bestimmt ebenso wie Ihr Timing und die Art, wie Sie es ihm rüberbringen, ob der Hund mitspielt oder seine Aufmerksamkeit auf andere Dinge in seiner unmittelbaren Umgebung lenkt.

Hochschulniveau: Positionen auf Distanz

Massive Probleme mit der Generalisierung entstehen, wenn sich der Handler weiter vom Hund entfernt. Unsere gesamte Interaktion mit dem Hund führen wir in sehr großer Nähe zu ihm aus; das gilt auch für das Training. Es liegt in der Natur der Sache, dass der Trainer dem Hund Belohnungen aus der Nähe gibt. Die wiederholte Assoziation (Nähe zum Handler = hohe Wahrscheinlichkeit einer Belohnung; größere Entfernung zum Handler = geringe Wahrscheinlichkeit einer Belohnung) bewirkt, dass der Hund versagt, wenn Sie sich mehr als ein paar Meter entfernen. Die

Überwindung dieses Hindernisses bedeutet einen wichtigen Durchbruch bei der Generalisierung von Befehlen, die der Hund gelernt hat. Für ihn ist das wie eine Offenbarung: „He! Du meinst, das ‚Sitz‘ funktioniert auch im Abstand von drei Metern? Erstaunlich!“ Dahin zu kommen, ist, als ob man eine weitere Trainingsaufgabe zu lösen hätte: Sie müssen einen Standard setzen, den der Hund gelegentlich bereits erfüllen kann, und ihn ab und zu ankurbeln – vorausgesetzt, er macht Fortschritte. Der Weg zu Tricks oder Befehlen ist geebnet, wenn Ihnen Positionswechsel auf Distanz gelingen. Auf Entfernung lässt sich das Verhalten dann viel besser generalisieren.
Eine gute Übung zum Aufwärmen ist das Arbeiten auf kurze Entfernung, aber mit einem veränderten „Befehlsbild“. Hunde achten im Training auf mehr als nur auf die Befehle: auf Gesten, Körpersprache, Ort des Trainings, Person des Trainers, Distanz, Haltung und Ausrichtung sind hervorstechende Elemente dessen, was wir als Reizpaket bezeichnen. Unser Ziel ist es, alles außer dem Befehl selbst zu variieren. Veranlassen Sie den Hund also zu Positionswechseln, während Sie im Sessel sitzen, und werfen Sie ihm nach dem Click Leckerli hoch durch die Luft zu, damit er sich von der Vorstellung löst, er müsse sich in Ihrer Nähe befinden, um an die Belohnung zu kommen. Üben Sie Positionswechsel, während er sich in seiner Box befindet. Das alles wird dem Hund helfen zu begreifen, dass der Befehl immer das Gleiche bedeutet, wie sehr sich das „Bild“ auch ändern mag: Nur das gezeigte Verhalten bewirkt die Belohnung. Dadurch wird das Arbeiten auf Distanz ungemein erleichtert. Beim Üben auf Distanz kann es leicht vorkommen, dass der Hund vorwärts kriecht. Das mechanisch zu verhindern, ist eine wichtige Empfehlung meinerseits und lässt sich auf verschiedene Weise erreichen. Üben Sie zum Beispiel mit ihm, solange er noch in seiner Box ist oder sich hinter einer Art Schranke befindet, hinter einem Babygitter oder einem Zaun. Oder Sie arbeiten mit ihm von einem Treppenabsatz oder einem anderen natürlichen Bewegungshindernis aus. Sie können ihn auch mit einem Strick an einen Pfosten binden.

Das gibt Ihnen die Chance einer zusätzlichen Generalisierung, weil der Hund auch mit dem Gefühl eines konstanten Drucks durch den Strick die Wechsel ausführt. Anfangs brechen viele Hunde dabei zusammen: „Ich kann mich unmöglich mit diesem Strick am Hals hinlegen …“ Und nach einigem Training: „Zum Kuckuck noch mal, ich glaube, ich kann's.“ Wiederum mehr Masse im Gehirn.

Vergrößern Sie allmählich die Distanz und nehmen Sie sich die Zeit, sich durch etwaige mentale Blockaden zu arbeiten, wie das beim Strick der Fall sein kann. Gewöhnlich werden Sie bei ungefähr zweieinhalb bis drei Metern an eine Wand stoßen, ganz besonders dann, wenn Sie mit Handzeichen und Wortbefehlen arbeiten. Möglicherweise sieht das Zeichen in dieser Entfernung anders aus, oder es ist vielleicht auch der Abstand, in dem die „Schwerkraft“ des Trainings ihren Halt verliert, Sie wirklich neuen Boden betreten. Wer weiß. Haben Sie das einmal überwunden, scheinen die Dinge besser zu laufen. Der Übergang von drei auf zehn Meter ist viel leichter als der von 60 Zentimetern auf drei Meter.

Gehen Sie zum Hund und belohnen jeden richtigen Versuch. Rät er falsch oder tut überhaupt nichts, nähern Sie sich ihm sofort und geben den Befehl oder die Hilfe, die notwendig ist, um die gewünschte Reaktion zu bekommen. Versuchen Sie sich Belohnungen für flotte richtige Reaktionen auf den ersten Befehl oder das erste Zeichen aufzuheben, natürlich nur solange Sie den Hund nicht verlieren. Vermeiden Sie es, das Zeichen in die Länge zu ziehen oder zu wiederholen, denn das führt nur zu chronisch schwerfälligen Wechseln. Variieren Sie willkürlich die Reihenfolge der Positionen, damit sich der Hund an kein Muster halten kann, wie zum Beispiel ans „Sitz-Platz-Steh-Sitz-Platz-Steh“. Versuchen Sie diese Übung erst dann ohne physische Barriere, wenn er die Wechsel exzellent und ohne Zögern ausführt. Falls Sie ihm das Kriechen zu Anfang des Trainings erlauben, prägt sich das fest in die Übung ein und wird Ihnen während der ganzen Distanzarbeit Kummer bereiten.

„Bleib" auf Grundschulniveau

Das Ziel dieser Übung ist „Sitz-Bleib" oder „„Platz-Bleib" von bis zu 20 oder 30 Sekunden, wobei der Trainer im Kreis um den Hund herumgeht. Für den Hund lautet die Botschaft, dass er im „Sitz" oder „Platz" bleiben muss, auch wenn sich der Trainer bewegt. Beginnen Sie diese Übung mit „Sitz" oder „Platz", dann „Bleib" wie in der Kindergartenübung und treten einen kleinen Schritt zur Seite. Schauen Sie dabei weiter den Hund an. Versuchen Sie den Marker für „keine Belohnung" in dem Moment zu setzen, in dem der Hund sein Hinterteil vom Boden abzuheben beginnt. Bleibt er in seiner Position, drehen Sie sich wieder zu ihm hin und geben eine Belohnung. Versuchen Sie es dann mit zwei Schritten zur Seite. Steht er aus dem „Bleib" auf, geben Sie den Marker für „Fehler", lassen ihn wieder „Sitz" machen und versuchen es wieder mit einem Schritt, anschließend mit zwei. Anfängerhunde sind in ihrem Lernvermögen labil. Sie müssen das Spiel ziemlich oft gewinnen. Bei einem Hund mit mehr Lernerfahrung würde ein Trainer nach dem Schnitzer des Hundes wahrscheinlich wieder zwei Schritte machen, statt ihm beim nächsten Versuch einen fast sicheren Erfolg zu bescheren. Erfahrenere Hunde tolerieren Trockenperioden zwischen bestärkten Reaktionen viel eher als Grünschnäbel. Bei einem Obedience-besessenen Hund können Sie das Training von der Zeit her effektiver gestalten. Seien Sie nicht zu großzügig und zu langsam, ganz besonders dann nicht, wenn Ihr Hund gern umherläuft.

Arbeiten Sie sich allmählich so weit vor, dass Sie „Sitz-Bleib" oder „Platz-Bleib" befehlen und schon beim ersten Versuch um den Hund herumgehen können, ohne dass dieser aus dem „Bleib" geht. Er darf zwar seinen Kopf drehen, um Ihnen mit dem Blick zu folgen; Körperdrehungen oder das Verlassen der Position sind dagegen nicht erlaubt. Viele Hunde beunruhigt es, wenn Sie sich hinter ihnen herumbewegen, während sie im „Bleib" verharren müssen; seien Sie deshalb darauf vorbereitet, vorübergehend den Standard zu senken und einige einfachere Übungen zu belohnen, wenn die

Dinge ins Stocken geraten. Haben Sie sich zum Beispiel bis auf fünf oder sechs Schritte fast hinter den Hund vorgearbeitet und geht er immer aus dem „Bleib“, sobald Sie den siebten Schritt direkt hinter ihn tun, dann wiederholen Sie die Übung mit den belohnenswerten fünf oder sechs Schritten so häufig, wie Sie den Hund im Spiel halten können. Vielleicht lässt sich auch ein Zwischenschritt einfügen, wie die sechs Schritte und ein Ansatz zum siebten Schritt. Kann er das, belohnen Sie ihn ein paar Mal und versuchen es anschließend mit dem nächsten halben Schritt. Und so weiter. Hunde versagen deshalb, weil ihre Trainer nicht die Disziplin aufbringen, langsam genug zu trainieren. Um es anders auszudrücken: Wir setzen willkürliche Kriterien. Welche Anmaßung, einem anderen Lebewesen, und dazu auch noch einer anderen Gattung, vorschreiben zu wollen, was einfach oder was schwierig ist! Sie müssen immer aus den Reaktionen auswählen, die Ihnen der Hund bereits zeigt.

Ist der Hund in der Lage, im „Bleib“ zu verharren, während Sie um ihn herummarschieren, setzen Sie das Verhalten auf ein Bestärkungsschema und versuchen es mit neuen Orten, um eine gewisse Generalisierung zu erhalten. Rechnen Sie in jeder neuen Situation mit Rückschritten des Hundes. Die Menschen nehmen es sehr persönlich, wenn Hunde Rückschritte machen oder nicht generalisieren. Sie beginnen nach Gründen zu suchen: Übererregung, mangelnde Übung, Boshaftigkeit, Rache, Gehässigkeit, Sturheit, Rasseeigenarten. Diese Gründe sind gewöhnlich ohne Belang. Fast immer liegt es an mangelnder Generalisierung. Trainieren Sie das Verhalten einfach wieder von der Pike auf. Das wird schneller gehen als beim anfänglichen Üben; oft reicht ein Versuch pro Steigerung des Schwierigkeitsgrades (der Hund: „Oh ja, das wieder“). Meiden Sie jetzt Orte mit starker Ablenkung (zum Beispiel fliehende Eichhörnchen). Dort können Sie es zu einem späteren Zeitpunkt probieren.

„Bleib" auf Oberschulniveau

Als Ziel soll der Hund ein oder zwei Minuten bei einem ungefähr zehn Meter entfernten Handler im „Bleib" verharren. Zwei Parameter sind hier betroffen: einmal die Dauer (die ein oder zwei Minuten) und zum anderen die Distanz (die zehn Meter). Beide sind getrennt voneinander zu perfektionieren und mit einem Bestärkungsschema zu belegen, bevor sie miteinander vereint werden. Beginnen Sie also damit, die Zeitdauer des „Bleib" zu verlängern, während Sie sehr nah am Hund bleiben. Gehen Sie von 30 Sekunden auf 45, dann auf 60 und so weiter. Bricht der Hund irgendwann aus, starten Sie mit mehreren Wiederholungen einen neuen Versuch. Machen Sie bei weiteren Schwierigkeiten ein paar kürzere Bleib-Übungen. Vielleicht dauert es ein paar Trainingseinheiten, ihn an jeder beliebigen Stelle bis auf zwei Minuten oder sogar noch länger zu bringen. Zeigt er das „Bleib" zuverlässig und über einen Zeitraum von mehreren Minuten, belegen Sie es mit einem Bestärkungsschema und nehmen die Distanz in Angriff.
Um bei kurzer Zeitdauer die Distanz einzutrainieren, werden Sie so genanntes „Bungee-Bleib" üben. Stellen Sie sich vor, es gäbe zwischen Ihnen und Ihrem Hund ein Gummiband. Bewegen Sie sich anfangs ungefähr zwei Meter von ihm weg. Federn Sie, sobald Sie die Zwei-Meter-Marke erreicht haben, sofort zum Hund zurück, um das „Bleib" zu belohnen. Geht der Hund irgendwann aus dem „Bleib", setzen Sie einen Marker für den Fehler und versuchen es nochmals. Passiert es wieder, dann erleichtern Sie es dem Hund, indem Sie die Distanz verkürzen. Zweimal werden Sie es mit dem „Bleib" auf derselben Schwierigkeitsstufe versuchen, bevor Sie den Standard senken. Verlieren Sie den Hund, das heißt, verliert er das Interesse und versucht es erst gar nicht mehr, müssen Sie den Standard schneller senken, also bereits nach einem Fehler. Seien Sie, wann immer Sie den Schwierigkeitsgrad erhöhen, sensibel gegenüber der Einstellung des Hundes zum Training: Schaltet er ab oder ist er außerordentlich frustriert, bedeutet das, dass Sie zu schnell

vorgegangen sind. Lernen ist immer mit etwas Stress behaftet. Ihre Aufgabe als Trainer ist es, einerseits den Hund im Spiel zu halten und bei der speziellen Übung einen möglichst großen Fortschritt zu bewirken, während Sie andererseits seine steigende Sucht auf das Spiel selbst kultivieren. Deshalb sind ein zu einfaches Spiel oder nichtssagende, fortwährende Bestärkungsschemata genauso schädlich. Der Hund wird dann mit einer minimalistischen Einstellung an die Sache herangehen und sich nicht sehr dafür begeistern.

Da Ihnen und dem Hund in jedem Augenblick des Trainings die Belohnungskriterien klar sein müssen, können Sie die Parameter Distanz und Dauer anfangs nicht kombinieren. Versuchen Sie es gleich bei einer Distanz von sieben Metern mit einer vollen Minute und verharrt der Hund 40 Sekunden im „Sitz“, bevor er es verlässt, so hat er die erwünschte Dauer nicht geschafft, aber die Distanz genau getroffen. Ist das nun belohnenswert oder nicht? Bis jedes Element einzeln wirklich sitzt, bleibt die Kombination für Tiere sehr verwirrend und demoralisierend. Danach wird der Marker für „keine Belohnung“ wahrscheinlich genauer treffen.

Die Kriterien Dauer und Distanz können Sie dann allmählich zusammenfügen, wenn der Hund jede einzelne der beschriebenen Übungen gut ausführt. Beginnen Sie das Zusammenfügen moderat mit ungefähr drei Metern bei zehn Sekunden, dann sechs Meter bei zehn Sekunden, drei Meter bei 20 Sekunden. Heben Sie den Standard allmählich dadurch an, dass Sie erst das eine Element und, bei Erfolg, anschließend das andere steigern. Und seien Sie immer darauf gefasst, den Standard zu senken, wenn Sie in Schwierigkeiten geraten.

Kann es der Hund zwei Minuten bei einer Distanz von zehn Metern, setzen Sie das Verhalten auf ein Bestärkungsschema und machen sich auf den Weg nach draußen. Wieder wird wahrscheinlich jeder neue Ort zu einem Rückschritt führen, womit Sie aber spielend fertig werden, indem Sie für belohnenswerte Reaktionen den Standard senken und dann das Volumen erhöhen. Haben Sie das an vier oder fünf Orten erreicht, haben Sie die Aufnahmeprüfung für die Hochschule bestanden, wo Sie das Verhalten unter stärkerer Ablenkung festigen werden.

„Bleib“ auf Hochschulniveau

Als Ziel soll der Hund unter Ablenkung im „Bleib“ verharren. Dabei verstehen wir unter Ablenkung andere umherlaufende Hunde, ein Eichhörnchen, einen vorbeizischenden Tennisball oder ein nicht sehr sicher auf seinen Beinen stehendes Kind, das den Hund auf den Kopf tatscht. Jede Ablenkung muss bei anfangs minimaler Dauer und Distanz getrennt bearbeitet werden. Sie werden also wieder nahe am Hund arbeiten und ihn nach wirklich jeder Weigerung, sich ablenken zu lassen, belohnen. Beim Festigen eines Verhaltens unter Ablenkung ist die Weigerung, sich ablenken zu lassen, die belohnenswerte Reaktion, das müssen Sie verstehen. Viele Menschen schuften regelrecht, um eine solche Weigerung zu bekommen: Sie steigern allmählich die Intensität und geben wunderbar getimte Marker für „keine Belohnung“ – verpassen dann aber den magischen Moment, in dem der Hund sich weigert, sich von der Ablenkung ködern zu lassen. Halten Sie sich das Kriterium klar vor Augen, bevor Sie mit Ablenkungen anfangen, und belohnen Sie den Hund ohne zu zögern, wenn er es geschafft hat. Beim „Bleib“ ist das schwierig, weil die belohnenswerte Reaktion eigentlich etwas ist, was nicht geschieht: Der Hund tut nichts, verharrt aber in seinem Bleib. Ein klassisches Beispiel dafür, dass man über die Kriterien im Vorhinein nachdenken muss.

Beginnen Sie mit ein paar einfachen Ablenkungen durch Bewegungen, die Sie selbst ausführen: Springen Sie in einem gewissen Abstand vor dem Hund in die Luft. Verharrt er im „Bleib“, so gehen Sie zu ihm zurück und geben die Belohnung. Tut er es nicht, setzen Sie den Marker und wiederholen die Übung. Tut er es jetzt immer noch nicht, überlegen Sie. War es ein richtiges, starkes Auflösen, gehen Sie einen Schritt zurück und machen etwas Einfacheres. War es fast noch ein „Bleib“, versuchen Sie es noch einmal. Dass Sie sich beim Training unter Ablenkung jeden Moment voll auf den Hund konzentrieren müssen, bedarf eigentlich keiner Erwähnung. Den Augenblick zu erwischen, in dem der Hund anfängt, aus dem „Bleib" zu gehen, ist außerordentlich wichtig. Es gibt da den Spruch: Ein mittelmäßiger Trainer erwischt den Hund, nachdem er in einer Bleib-Übung aufgestanden ist, ein guter Trainer erwischt ihn in dem Moment, in dem er aufsteht, ein exzellenter Trainer erwischt die erste Kontraktion der Muskeln. Im Training unter Ablenkung ist der richtig gewählte Zeitpunkt noch entscheidender, weil Sie den Hund nur dann daran hindern können, bei einer wirklich attraktiven Ablenkung voll aufzudrehen, wenn Sie sein Verhalten möglichst früh unterbrechen. Versuchen Sie mal, bei einem Hund, der hinter einem fliehenden Eichhörnchen herhetzt und es schon fast erwischt hat, aus 50 Metern Entfernung einen Marker für „keine Belohnung" zu setzen. Und versuchen Sie es mit einem solchen Marker in dem Moment, in dem sich der Hund von Ihrer Seite entfernt und den ersten Schritt auf das Eichhörnchen zu macht. Was bietet eher eine gewisse Chance auf Erfolg?

Macht es der Hund ein paar Mal hintereinander richtig, steigern Sie die Ablenkung. Probieren Sie es als Hampelmann. Wirbeln Sie herum, tanzen Sie Flamenco, tanzen Sie Twist. Gehen Sie in die Hocke. Das allerdings ist äußerst schwierig, weil viele Hunde ein Hinhocken als Hilfestellung für das Kommen auf Ruf ansehen. Nur wenn die Hocke für den Hund kein Befehl ist, eignet sie sich für das Festigen des „Bleib". Der Hund wird lernen, dass das „Bleib" einzig und allein durch einen anderen Befehl oder Freigabe beendet werden kann. Täuschen Sie ein Niesen vor, trommeln Sie auf den Boden. Gehen Sie zum Hund zurück und belohnen ihn, wenn er sich der Ablenkung verweigert und im „Bleib" verharrt. Versagt er, setzen Sie einen Marker für den Fehler und wiederholen die Übung. Gehen Sie niemals einen Schritt weiter, bevor der Hund nicht mindestens zwei perfekte Reaktionen unter derselben Ablenkung hintereinander gezeigt hat. Legen Sie sich auf den Boden. Rollen Sie auf dem Boden umher. Lassen Sie einen Ball aufspringen. Werfen Sie einen Ball. Werfen Sie mehrere auf einmal.

Probieren Sie nun, den Hund zu berühren, während er noch im „Bleib“ ist. Das ist für sehr viele Hunde ein ganz neues Spiel. Ist Ihr Hund nervös oder schon fast explosiv freundlich, wenn sich ihm Menschen nähern oder ihn berühren, wird sich dieses „Sitz zur Begrüßung“ als knifflig erweisen – umso mehr sollte es gepflegt werden. Beginnen Sie selbst damit, sich Ihrem Hund einige Male zu nähern und ihn zu berühren, so lange bis er jedes Mal sitzen bleibt. Streichen Sie ihm dann vom Kopf bis runter zur Rute über seinen ganzen Körper. Tätscheln Sie ihn so, wie andere Menschen das gewöhnlich tun. Klopfen Sie ihm auf den Kopf, wie das vielleicht kleine Kinder tun, und greifen ihn mit beiden Händen an den Ohren, wie es viele erwachsene Hundeliebhaber tun.
Schaffen Sie es überhaupt nicht mehr, den Hund aus dem „Bleib“ zu bewegen, lassen Sie andere Menschen den Hund streicheln, während Sie zuschauen und das nötige Feedback in Form von Belohnungen und Markersignalen geben. Zuerst sollten sich die Personen dem Hund nähern und seinen Kopf leicht berühren. Ganz wichtig sind hier sehr viele Wiederholungen, das heißt eine ganze Reihe von Berührungen, nicht nur eine oder zwei. Erinnern Sie sich noch, wie man Schwierigkeiten begegnet? Hier ist das so ähnlich. Merken Sie sich bitte: Ist Ihr Hund nicht auf Menschen sozialisiert, machen Sie diese Übung mit ihm erst nach einer gewissen Sozialisierung, die Sie in Kapitel „Sozialisierung, Konfliktlösung, Angst und Aggression“ (Seite 74) beschrieben finden. Bleibt der Hund bei Kopfberührungen zuverlässig sitzen, probieren Sie aus, ob dieselbe Person den Hund von vorne bis hinten abstreichen kann. Gelingt dies bei verlässlichem Verhalten mehrere Male hintereinander, beginnen Sie mit immer schwierigeren Variationen.
Nehmen Sie so lange immer wieder dieselbe Person, bis der Hund jegliche Art des Kontakts durch sie toleriert, ohne aus dem „Bleib“ zu gehen. Erst dann werden Sie mit einer neuen Person leichte Berührungen auf dem Kopf probieren. Seien Sie darauf gefasst, dass der Hund anfangs bei jeder neuen Person vorübergehend versagt, und machen Sie dann rasch fehlerfrei die ganze Sequenz durch. Geschehen kann so etwas bei der Person Nummer drei oder

erst bei der Person Nummer zwölf, aber es wird geschehen. Vergessen Sie nicht, die unterschiedlichsten Charaktere, insbesondere Kinder, mit einzuschließen. Ist auch das geschehen, dann haben Sie ein schön gefestigtes „Sitz“, wofür der Hund gestreichelt werden kann.
Verharrt der Hund zuverlässig im „Bleib“, während Sie überall auf dem Gelände Bälle oder quietschende Spielzeuge werfen, und ist er auch entsprechend von Menschen angefasst worden, dann fahren Sie mit dem Training unter Ablenkung auf der Straße fort. Jeder neue Ort mit seiner einzigartigen Kombination von Ablenkungen wird das Problem wieder verstärken. Das ist vor allem auf die Tatsache zurückzuführen, dass Hunde bei neuen Orten erst einmal nicht generalisieren können. Deswegen muss wahrscheinlich der Standard gesenkt und das „Sitz-Bleib“ unter jeder Ablenkung neu aufgebaut werden. Trösten Sie sich damit, dass jedes spätere Neutrainieren von Gehorsamsübungen immer schneller vonstatten geht und eines Tages zu einem Hund führt, dem Sie jede neue Übung in einer Umgebung mit großer Ablenkung beibringen können und der ein solches Training dann fast sofort auf alle neuen Orte generalisieren kann. Ein solcher Hund ist einfach das Produkt ausgiebigen Trainings, weniger seiner eigenen genetischen Ausstattung oder der des Trainers. Zum Glück macht Training Spaß; lassen Sie sich also auf den Lernprozess ein und seien Sie nicht so besessen auf das Ergebnis.

Herkommen auf Ruf

Für jeden Haushund steht das Herankommen auf Ruf auf der Prioritätenliste ganz weit oben. Von den Trainern wird es gewöhnlich kaputtgemacht – wenn es überhaupt gelehrt wurde. In vielen Fällen wird der Fehler begangen, den Befehl anzuwenden, bevor er überhaupt etabliert ist. Dieses zu frühe Einsetzen des Befehls dient eigentlich dem Entkonditionieren des Verhaltens und untergräbt zukünftige Versuche im Training. Ganz typisch für eine verfrühte Anwendung ist beim „Komm“ das Szenario, bei dem der Besitzer den Hund zu sich ruft und dann nichts tut oder unbeabsichtigt unangenehme Aktivitäten einleitet bzw. angenehme beendet. Da der Besitzer früher schon mal richtige Reaktionen auf das „Komm" gesehen hat, nimmt er an, der Befehl sei „bekannt". Der Befehl wird früher oder später vollkommen und total zerbrechen, wofür der Besitzer den Hund verantwortlich macht. Hinter all dem steht die gefährliche Annahme, der Hund sei „von Natur aus" gehorsam. Schauen wir uns einmal ausführlich an, was da geschieht.

Welpen neigen von Natur aus dazu, zu Ihnen zu kommen, wenn Sie sie rufen, sich hinkauern, in die Hände klatschen oder lockende Geräusche von sich geben. Sie müssen Sie unbedingt begrüßen. Sie folgen perfekt den Gesetzen des Lernens. Machen Sie sich diese natürliche Neigung des Welpen zu Nutze, auf die von Ihnen gegebenen Hilfestellungen hin zu Ihnen zu eilen. Wenn Sie diese wundervollen Reaktionen dann aber nicht belohnen oder, was noch schlimmer ist, positive oder negative Bestärker setzen, dann sind die Tage gezählt, an denen der Welpe zu Ihnen kommt. Der anschließende Ungehorsam hat nichts mit Rebellion zu tun, dem Austesten von Autorität oder mit Boshaftigkeit, er ist nur die Wirkung allen bis dato angehäuften bewussten und unbewussten Trainings.

Welches sind die Konsequenzen für einen Hund, der zu uns kommt? Schauen wir uns ein Beispiel an.

Buffy, der Welpe, zieht in ihr neues Zuhause ein. Wochenlang wackelt sie wedelnd und voller Begeisterung zu jedem hin, der sie ruft, und folgt dem Gesetz des Grüßen-Müssens. Buffys Besitzer nehmen an, sie verstehe, was es bedeutet, auf Ruf zu kommen. Schließlich mache sie das ja die ganze Zeit. Und sie sei ja auch mit einem Hirnstamm und einem Rückenmark ausgestattet, also mit den Mindestanforderungen dafür, die Gesetze des Lernens befolgen zu können.

Nach ein paar Wochen eilt Buffy ab und zu nicht sofort zu jedem, der sie ruft, insbesondere dann nicht, wenn sie anderweitig beschäftigt ist. Das wird aber nicht als schlimm angesehen, weil sie ja „die meiste Zeit kommt". Ihre Besitzer rufen sie regelmäßig, um sie zu liebkosen, aus dem Garten hereinzuholen, in den sie zum Pipimachen gelassen wurde, um sie bei etwas zu unterbrechen, das sie nicht tun soll, um sie zu bürsten, sie in ihre Box zu bringen, wenn sie fortgehen, und gelegentlich auch, um mit ihr zu schimpfen, weil sie eine Pfütze auf dem Boden hinterlassen oder den Sockel angeknabbert hat. Was ist nun die Wirkung von all dem?

Manchmal wird Buffy mit Aufmerksamkeit und Liebe für das Herankommen belohnt. Sonst aber sind die Worte „Buffy!" oder „Komm!" entweder mit der Einleitung von etwas Aversivem (einer Strafe für vergangene Verstöße, dem Bürsten oder In-die-Box-Sperren) verbunden oder beenden etwas, was sie mag (im Garten sein, sich mit Dingen beschäftigen, die sie nicht tun „sollte"). Wenn sie alt genug ist, wird sie zur Bewegung mit in den Park oder in einen Hundeauslauf genommen und gerufen, wenn es Zeit ist zurückzukehren. Dabei ist die Abfolge: 1) der Befehl „Komm", 2) der Hund kommt und wird 3) angeleint/die Freiheit ist vorbei. Die ersten paar Male kommt sie noch, dann beginnt sie aber, sich zu weigern. Als ihre Besitzerin eines Morgens schon recht spät dran ist, kommt Buffy nicht, sondern spielt 30 Minuten lang das Wegbleib-Spiel. Am selben Abend ruft die Besitzerin in einer Hundeschule an und verkündet, Buffy sei „stur". Schließlich „wisse" sie ja, was „Komm" bedeutet, und weigere sich trotzdem zu folgen.

Was aber bedeutet „Komm" für Buffy wirklich?

Buffy hat vor allem gelernt, dass „Komm", in die Hände klatschen und Bestechen sehr häufig das Ende von etwas ist, das Freude bereitet, oder der Beginn von etwas Widerlichem. Wie jedes andere normale Tier lernt auch sie, sich nicht zu nähern, wenn sie das Wort hört oder das Bild sieht. Das gilt nicht speziell für Buffy oder irgendeinen rebellischen Teil ihrer besonderen Persönlichkeit. Verstehen Sie das bitte. Würde ich zum Beispiel zu Ihnen sagen: „Kommen Sie her, hier gibt es etwas Unangenehmes ...«, wie gern würden Sie dem Folge leisten? Genauso ist es für Buffy mit dem „Komm". Fatalerweise stellen sich die meisten Hundebesitzer vor, der Hund sei ein moralisches Wesen, das die Autorität seines Besitzers versteht und für Schuldgefühle empfänglich ist. Zeigt der Besitzer dem

Hund seine Missbilligung für das Nichtkommen, so wird das allein schon als ausreichende Motivation dafür angesehen, dass das Tier die offensichtlichen Auswirkungen des Lernverhaltens überwindet. Hunde kennen jedoch keine Moral und sie sind völlig egoistisch. Hätten sie eine Vorstellung von dem Wort „sollte«, so wäre dieses eng mit ihrem ureigenen Sinn für Eigennutz und dem perfekten Befolgen der Lerngesetze verknüpft. In der Hundewelt würden auch Sie auf Ruf bestimmt nicht kommen, wenn das mit dem Ende von Spaß und Freude oder dem Beginn von etwas, was Sie nicht mögen, verknüpft wäre.

Den ersten Fehler begingen Buffys Besitzer bereits lange bevor sie den Hund unzählige Male bestraften, wenn er zu ihnen kam – als sie nämlich annahmen, der Hund folge den Hilfsmitteln: dem Rufen und dem Händeklatschen. Hilfsmittel sind lediglich Lockmittel. Durch sie geschieht gewöhnlich etwas. Sie übernehmen jedoch die kraftvollere Rolle konditionierter Reize, wenn sie mit für das Tier wichtigen Ereignissen gepaart werden. Die Konsequenzen nach dem Herankommen sind es, auf die es ankommt. Bei Buffy war das Hilfsmittel recht schnell erschöpft, als das „Komm" nämlich allmählich etwas Schlechtes bedeutete. Deshalb kann ein Hilfsmittel eine Weile lang funktionieren, später aber überhaupt nicht mehr.

Die Gesetze des Lernens, die der Hund so perfekt befolgt, von Anfang an nicht nur zu akzeptieren, sondern sie sich aktiv zu Nutze zu machen, das ist der Weg, der aus dem Dilemma führt. Trainieren Sie im Einklang mit den Prinzipien, durch die Tiere lernen. Hören Sie auf, dagegen anzugehen. Belohnen Sie Ihren Hund, sobald und immer wenn er zu Ihnen kommt, mit Zuneigung, Spiel und Futter aus Ihrer Tasche. Betrachten Sie den Namen Ihres Hundes und das Wort „Komm" als heilige Äußerungen. Lassen Sie auf diese Worte niemals etwas folgen, was der Hund nicht mag und beenden Sie dann nie etwas, an dem der Hund seine Freude hat. Machen Sie regelmäßig Übungen, in denen Sie wie beim „Sitz", „Platz" und „Steh" das Herankommen konditionieren. Bringen Sie dem Hund im Park oder im Hundeauslauf bei, dass das Herankommen meist nur eine kurzzeitige Pause bedeutet: Der Hund kommt, wird gestreichelt, erhält seine Futterbelohnung und kann dann wieder zurück und weiterspielen. Bringen Sie ihm bei, dass ein Nichtbefolgen mitten aus dem Spaß heraus ein Ende eben dieses Spaßes bedeutet. Mischen Sie die Karten zu Ihren eigenen Gunsten. Und jetzt folgen ein paar grundlegende Komm-Übungen.

Herkommen auf Kindergartenniveau

Zwei oder mehr Familienmitglieder rufen den Welpen (oder untrainierten erwachsenen Hund) in der Küche oder einem langen Flur hin und her. Wann immer der Welpe zu jemandem kommt, soll er „Sitz" machen, wird am Halsband genommen und erhält dann eine Futterbelohnung aus der Tasche desjenigen, der ihn gerufen hat. Oder dieser nimmt ein Spielzeug und spielt mit ihm eine schnelle Runde Zerren. Macht der Welpe das jedes Mal perfekt, wird die Häufigkeit der Futterbelohnungen oder der Zerrspiele allmählich auf die Hälfte reduziert. Ist das Schema etabliert, können Sie auch hier wieder auswählen: Warum picken Sie sich nicht den besten Versuch heraus, da Sie ja ohnehin nur jeden zweiten belohnen?

Eine Variation zu dieser Übung ist das Verstecken und Suchen: Der Hund wird von einer Person festgehalten, während sich die anderen irgendwo im Haus verstecken. Sobald eine der versteckten Personen „Buffy, komm!" gerufen hat, wird der Hund losgelassen. Auf das Eintreffen des Hundes folgt eine Begrüßungsfeier, ein Zerrspiel wird eingeleitet. Die anderen Familienmitglieder bleiben noch versteckt. Dann wird der Hund losgeschickt, eine weitere Person zu finden. Der positive Eindruck, den der Hund von dem Wort „Komm" hat, steigert sich jäh. Ebenso lässt sich „gelegentliches" Kommen trainieren, wozu man nur eine Person braucht. Rufen Sie gelegentlich und belohnen Sie den Hund mit einem Leckerli oder einem Spiel. Außerdem sollte man allen erfreulichen Dingen ein Kommen voranstellen, damit das Wort „Komm" für den Hund die sicherste Ankündigung von etwas Gutem ist.

Beim Üben des Herankommens sollte anfangs diese Abfolge beachtet werden:

1) Befehl zum Herankommen,
2) Hilfsmittel: Händeklatschen, Locken, quietschende Geräusche etc.,
3) der Hund kommt heran,
4) der Hund wird während des Herankommens begeistert gelobt,
5) wenn er angekommen ist, soll er „Sitz“ machen,
6) der Hund sitzt,
7) der Handler nimmt das Halsband in die eine Hand und
8) greift mit der anderen in die Tasche, um dem Hund ein Leckerli oder ein Zerrspielzeug zu geben.

Hat der Hund mehrere dieser kurzen Sequenzen absolviert und das Spiel richtig genossen, schleichen Sie die Hilfsmittel (Nr. 2) und das Feedback zum „Aufwärmen“ (Nr. 4) aus, damit der Hund das Verhalten nur noch auf Befehl zeigt. Ist das erreicht, führen Sie ein Bestärkungsschema ein und wählen für die Belohnung nur die besten Reaktionen aus. Probieren Sie diese Übung an mindestens drei bis vier unterschiedlichen Orten aus.

Herkommen auf Grundschulniveau

Soll der Komm-Befehl fest wie eine Mauer stehen, die Sie errichten, so haben Sie mit der Kindergartenübung die erste Reihe Steine gesetzt. Sie haben mit einem Fundament begonnen. Für die zweite Reihe Steine müssen Sie mit dem Hund nun eine Übung unter kontrollierter Ablenkung durchführen. Dafür brauchen Sie zwei Personen. Eine ist der Handler, die andere übernimmt die Rolle des Ablenkers. Der Handler führt nichts mit sich: keine Leckerli, kein Spielzeug, nichts. Der Ablenker ist im Besitz aller Belohnungen, die der Hund liebt: Leber, Käse, sein Zerrspielzeug. Der Ablenker zeigt dem Hund, dass er all diese Dinge bei sich hat, ohne ihm den Zugang dazu zu gestatten. Der Handler, der dem Hund gezeigt hat, dass er gar nichts dabei hat, entfernt sich ein kleines Stück und ruft

den Hund. In den meisten Fällen wird der Hund den Handler ignorieren und mit dem Ablenker „spielen«: Pfote geben, hochspringen, winseln, wunderbare Abfolgen von „Sitz-Platz-Steh“ zeigen, bellen etc. Der Ablenker wird die Bemühungen des Hundes einfach ignorieren. Der Handler versucht weiterhin, den Hund recht häufig zu rufen. Eile ist hier nicht geboten, weil die Belohnungen ja unter guter Kontrolle stehen. Der Hund gewinnt gar nichts, sondern vergeudet mit seinem auf den Ablenker gerichteten Verhalten nur Zeit. Das weiß er zu diesem Zeitpunkt aber noch nicht.
Früher oder später wird der Hund herumexperimentieren, indem er sich auf den Handler, der ihn ruft, zu bewegt. Der Handler bricht in begeistertes Loben aus, sobald sich der Hund nähert. Ist der Hund angekommen und hat sich neben den Handler gesetzt, kommt der Ablenker sofort herübergerannt und überlässt ihm eine große Belohnung oder dem Handler das Spielzeug, damit dieser mit dem Hund eine schöne Zerrrunde spielen kann. Dann geht der Ablenker wieder. Wahrscheinlich folgt ihm der Hund, und die Übung beginnt von neuem. Mit der Zeit lernt der Hund, dass er das, was der Ablenker hat, nur bekommt, wenn er tut, was der Handler sagt. Gehorsam – das ist die Antwort! Aber lassen Sie sich gesagt sein: Bei den ersten Versuchen braucht das so seine Zeit und Geduld.
Werden Übungen wie diese wiederholt ausgeführt, wird der Hund schließlich vom Ablenker regelrecht wegstürzen, um den Komm-Befehl seines Handlers zu befolgen. Auch sind Variationen denkbar, zum Beispiel dass der Hund zum Handler kommt, noch bevor dieser den Befehl dazu gegeben hat. Ignorieren Sie das einfach. Der Schlüssel zu dieser Übung liegt in der Wiederholung. Einige Hunde begreifen sie etwas schneller als andere. Das hat weniger mit der Lerngeschwindigkeit als damit zu tun, wie impulsiv oder emotional der Hund ist und wie weit der Hund das Herankommen im Kindergarten schon gelernt hat. Die Rollen von Handler und Ablenker zu vertauschen, ist für den Hund eine gute Möglichkeit zu lernen, dass der Befehl „Komm“ der Schlüssel ist, den es zu beachten gilt, nicht eine bestimmte Person. Lassen Sie alles Nebensächli-

che fort. Und vergessen Sie nicht, die Übung auch im Freien auszuführen, sobald sie der Hund im Haus immer perfekt zeigt. Neben unterschiedlichen Orten können Sie auch mit unterschiedlichen Aromen arbeiten: mit neuartigem Futter, mit nach einem anderen Hund riechendem Spielzeug etc. Das alles wird zunächst dazu führen, dass der Hund versagt, weil er nicht generalisieren kann.

Herkommen auf Oberschulniveau

Ist der Hund bei der Komm-Übung unter kontrollierter Ablenkung (auf Grundschulniveau) schon ein Ass, so wird es Zeit, seine Motivation noch etwas höher zu schrauben. Jetzt bringen Sie dem Hund das Spiel bei, hinter einem geworfenen Ball oder Zerrspielzeug her durch Ihre gespreizten Beine zu laufen. Damit lassen Sie den Beutetrieb des Hundes für sich arbeiten, anstatt ihn ständig als konkurrierende Motivation zu haben. Verwenden Sie anfangs gar keine Befehle. Spielen Sie mit dem Hund eine kurze Zerrrunde oder necken Sie ihn mit dem Spielzeug, damit er sich dafür interessiert. Locken Sie den Hund dann zu sich hin und werfen Sie das Spielzeug, sobald er sich darauf konzentriert, so durch Ihre gespreizten Beine hindurch, dass der Hund ihm folgt. Einigen Hunden kommt das sehr verdächtig vor. Große Hunde müssen sich etwas kleiner machen. Aber alle Hunde können es lernen, und es lohnt die Mühen wirklich.
Geht der Hund ohne Zögern durch Ihre gespreizten Beine, legen Sie ihn in einer Entfernung von zweieinhalb bis drei Metern ins „Sitz-Bleib“ ab, begeben sich in die richtige Position und schicken ihn dann auf den Befehl „Komm“ mit einem Wurf hindurch. Warten Sie mit dem Werfen des Gegenstands so lange, bis Sie sicher sein können, dass der Hund durch Ihre Beine läuft. Hunde gewöhnen sich schnell an, um den Trainer herumzulaufen, wenn er nur wenige dieser Umrundungen durch einen Wurf belohnt. Halten Sie den Gegenstand zurück, wenn der Hund versucht, um Sie herumzulaufen. Er muss lernen, dass er nur durch Ihre Beine an das Spielzeug gelangt. Werfen Sie das Spielzeug so waagerecht wie

möglich (nicht einfach in die Luft), um möglichst gut das Hetzen nachzuahmen. Spielen Sie nach jedem Wurf ein kurzes Zerrspiel. Das macht das Spiel für den Hund noch interessanter und gibt ihm einen Grund, das Spielzeug zu Ihnen zurückzubringen, sobald er es erwischt hat.

Vergrößern Sie die Distanz zwischen sich und ihm, wenn er die Übung schon ganz gut kann. Befehlen Sie ihn oft ins „Sitz-Bleib“, aber ohne Zusammenhang mit dem offiziellen Training. Springen Sie mit dem Wort „Komm“ auf ihn zu, wenn er es am wenigsten erwartet (dabei halten Sie das Zerrspielzeug an Ihrem Körper versteckt). Damit können Sie die tägliche Zerr/Bring-Übung einleiten und auch während des Zerrspiels zwischendurch als Gehorsamsübung einbinden. Je häufiger der Hund diese Übung ausführt, desto mehr werden Sie ihn mit dem Wort „Komm“ anstacheln. Sich den Beutetrieb zu Nutze zu machen bedeutet, einen der wichtigsten Motivatoren zu nutzen. Rangmäßig steht er bei vielen Hunden weit über der Futterbelohnung. (Interessant ist die Theorie dazu: Freies Futter gibt ihm für den Moment zu fressen, sein Jagdvermögen zu vervollkommnen, gibt ihm aber sein ganzes Leben lang Futter. Auch ist sich bewegendes „Futter“ frischer.) Wenn der Hund Sie mit voller Geschwindigkeit aus zehn Metern Entfernung anpeilt und zuverlässig jedes Mal durch Ihre Beine rennt, können Sie die Hilfsmittel getrost vergraben.

Bis jetzt haben Sie mit gespreizten Beinen und dem Spielzeug in der Hand dagestanden. Für den Hund ist dieses Bild ein wichtiger Vorbote dessen, was dann kommt. Nun muss er lernen, dass das Wort „Komm“ der gute Vorbote ist. Das erreichen Sie, indem Sie das Zerrspielzeug zuerst einmal in Ihrem Hemd oder Ihrer Hosentasche verstecken, sodass der Hund es nicht sehen kann, Sie es im entscheidenden Moment aber schnell hervorholen können. Lassen Sie den Hund „Sitz-Bleib“ machen und führen Sie die Komm-Übung so durch wie immer. Stellen Sie sich normal hin, die Beine zusammen und die Arme seitlich am Körper, sobald der Hund ungefähr zehn Meter von Ihnen entfernt ist. Rufen Sie ihn heran. Sie werden sehen, dass er bei weitem nicht mit dem Eifer auf Sie zusprintet, wie er es bei der Übung mit den gespreizten Beinen getan hat. Das ist in Ordnung. Ist er auf halber Höhe bei Ihnen, holen Sie das Spielzeug rasch aus seinem Versteck, öffnen Ihre Beine und werfen das Komm-Spielzeug, kurz bevor er Sie erreicht hat.

Nach ein paar Wiederholungen wird der Hund wieder eifriger werden, obwohl Sie jetzt normal dastehen. Ihre normale Körperhaltung beginnt jetzt nämlich der Vorbote des Bildes zu werden, das er kennt und liebt: das mit den gespreizten Beinen und dem Spielzeug in der Hand. Arbeiten Sie allmählich darauf hin, das Öffnen der Beine und das Erscheinen des Spielzeugs bis zum letztmöglichen Moment hinauszuzögern. Der Hund soll lernen, dass Ihr normaler Komm-Befehl und Ihre normale Körperhaltung das Spiel ebenso zuverlässig ankündigen wie zuvor die gespreizten Beine.

Verbindet der Hund sein Kommen mit Ihrer aufrechten Körperhaltung, wird es Zeit, mindestens ab und zu wieder das „Sitz" einzuführen. Als Ziel soll der Hund seine Entscheidung, ob er nun sitzt oder hindurchrennt, bis zum letztmöglichen Moment verschieben. Das erreichen Sie, indem Sie ihn ab und zu hindurchschicken und gelegentlich ins „Sitz" befehlen. Wenn Sie ihn das erste Mal nach Dutzenden Durch-die-Beine-Übungen mit einem „Sitz" überfallen, achten Sie darauf, dass Sie Ihre Knie nicht zusammenhalten, sonst könnten Sie leicht im wahrsten Sinne des Wortes umgehauen werden. Es ist eine gute Idee, das „Sitz" bei dieser ersten Gelegenheit schon sehr früh zu befehlen, also wenn der Hund noch drei bis fünf Meter entfernt ist. Geben Sie dafür sowohl einen Wortbefehl als auch ein gut sichtbares Handzeichen. Üben Sie so lange ein paar „Sitz" hintereinander, bis er das „Sitz" voraussieht. Schicken Sie ihn anschließend wieder einige Male durch Ihre Beine. Danach zurück ins „Sitz". Der Hund soll mit voller Geschwindigkeit starten und erst drei Meter vor Ihnen die Lage beurteilen. Auf diese Weise halten Sie ihn bis kurz vor der Beendigung des „Komm" bei höchster Motivation und verzögerter Verlangsamung. Das nennt man gutes Jonglieren zwischen Geschwindigkeit und „Sitz".

Bei den Komm-Übungen mit dem „Sitz" am Ende können Sie jedes

Mal das Spielzeug unter Ihrem Hemd hervorholen und, wenn der Hund sitzt, mit ihm Zerren spielen. Ab und zu müssen Sie das „Sitz" auch belohnen. Diese Übung festigt Ihr „Komm" unter Ablenkung ganz außerordentlich, weil es in der Rangfolge der Belohnungen in praktisch jeder Situation an erster Stelle steht. Schließlich liegt es am Spaß und der Erregung, dass Hunde lieber mit Hunden spielen, Eichhörnchen jagen oder durchs Unterholz stöbern als auf Ruf zu kommen. Darüber sollten Sie nicht lamentieren, sondern sich die Sucht des Hundes nach Spaß zu Nutze machen und das Herkommen so gestalten, dass es für ihn nichts Tolleres und Aufregenderes gibt.

Herkommen auf Hochschulniveau

Haben Sie die beschriebene Geschwindigkeitsübung auf Oberschulniveau erfolgreich etabliert, könnten Sie vielleicht auf die Idee kommen, Sie bräuchten die Übung auf Hochschulniveau nicht, denn der Hund kommt ja schon in allen Situationen beinahe perfekt heran. Seien Sie nicht versucht, wenn diese Übung nicht sofort erfolgreich war, zu früh aufzuhören und die nächste in der Hoffnung auszuprobieren, sie werde das Problem mit der konkurrierenden Motivation schon beheben. Bemühen Sie sich noch mehr, diese Geschwindigkeitsübung hin zu bekommen. Einige Hunde brauchen länger als andere. Das sind typischerweise die leidenschaftslosen Apportierer. Da es sich lohnt, sie in jeder Lage aufzulockern, würde ich vorschlagen, durchzuhalten.

Die Übung auf Hochschulniveau dient dazu, ein Verhalten des Hundes zu unterbrechen und sein Herankommen in solchen Situationen zu erzwingen, in denen er auf Grund einer konkurrierenden Motivation nicht kommt. Die Interaktion mit anderen Hunden, am Boden tief in einen Geruch versunken zu sein oder ein fliehendes Eichhörnchen oder ein Auto zu verfolgen, sind solche konkurrierenden Motivatoren. Wenn Sie einen nicht konditionierten Hund haben, also einen, mit dem Sie die Komm-Übungen auf Kindergarten- und Grundschulniveau nicht sorgfältig bis zur absoluten

Zuverlässigkeit an einer Vielzahl unterschiedlicher Orte trainiert haben, brauchen Sie das, was nun folgt, gar nicht auszuprobieren. Es ist nämlich kein Zaubermittel, mit dem Sie Ihren „sturen" Hund, der bei jeder sich ergebenden Möglichkeit aus der Tür stürzt oder nicht aus dem Garten hereinkommt, auf Kurs bringen. Da gibt es nichts zu überspringen. Es winkt kein schneller Erfolg. Zuerst müssen Sie das Schulgeld bezahlen.

Als ersten Schritt auf dem Weg zum Hochschulniveau muss der Hund mitten aus der Jagd heraus in die andere Richtung zurückkommen. Dazu beginnen Sie mitten in einem normalen Apportierspiel mit Ihrem Hund zu trainieren. Werfen Sie den Ball oder das Spielzeug wie gewohnt und geben den Befehl zum „Komm", wenn der Hund die Jagd schon eingeleitet hat. Der Hund wird den Befehl ziemlich sicher ignorieren. Treten Sie sofort in Aktion: Geben einen fortwährenden lauten Marker für „Keine Belohnung" („Ah, ah, ah, ah!"), während Sie hinter dem Hund herrennen. Fahren Sie ihm wirklich in die Parade. Hindern Sie ihn physisch daran, das Spielzeug zu ergreifen, oder nehmen Sie es ihm weg, wenn er es schon hat. Mit dieser milden Bestrafung wollen Sie für den nächsten Versuch ein gewisses Hindernis einbauen. Probieren Sie es noch einmal. Geht der Hund beim zweiten Versuch nicht wenigstens etwas in seinem Tempo herunter, müssen Sie ihn mit mehr Dramatik unterbrechen. Tun Sie so, als handelte es sich um einen richtigen Notfall. Was würden Sie zum Beispiel tun, wenn Ihr Hund auf eine Autobahn zurennen würde? Ihr Ziel besteht ja darin, den Hund zur Not mitten in der Jagd auf der Stelle stoppen zu können, weil eines Tages vielleicht sein Leben auf dem Spiel steht.

Üben Sie so lange, bis der Hund auf den Komm-Befehl reagiert. Diese Reaktion wird extrem zögerlich aussehen. Für den Moment ist das in Ordnung. Loben Sie den Hund mit voller Begeisterung, sobald er stoppt oder sich nach dem Befehl herumdreht, und ermutigen Sie ihn unter Einsatz aller Hilfsmittel, die Sie in diesem Buch gefunden haben, zu Ihnen zu kommen. Klatschen Sie in die Hände, kauern Sie sich hin, locken Sie mit Futter oder reden Sie wie mit einem Kleinkind. Diese Übung ist schwierig und anstrengend.

Der Hund muss wissen, dass er auf der richtigen Spur ist. Kommt er bei Ihnen an, loben Sie ihn ausgiebig, clicken und belohnen ihn mit einem wirklich besonderen Leckerbissen oder einem tollen Zerrspiel mit dem Spielzeug, das Sie aus Ihrer Tasche hervorzaubern. Dann das Ganze noch einmal.

Irgendwann werden Sie wahrscheinlich auf folgendes Problem stoßen: Sie werfen das Spielzeug und der Hund jagt ihm überhaupt nicht mehr hinterher, weil Sie ihn schon ein paar Mal mit verwirrenden und aversiven Mitteln unterbrochen haben. Muntern Sie ihn dann einfach mit ein paar Würfen auf, die Sie nicht unterbrechen, um so sein Vertrauen wieder aufzubauen. Hunde verstehen nicht sofort, dass das Problem durch ihre mangelnde Reaktion auf das Komm-Signal entstanden ist. Viele denken, nun es sei gefährlich, hinter ihrem Spielzeug herzuhetzen. Das müssen Sie wieder aus ihnen herausbekommen, indem Sie zwischen normalen Würfen und solchen, die Sie mit einem Komm-Ruf unterbrechen, abwechseln.

Ihr Ziel ist ein Hund, der auf der Stelle stoppt, herumwirbelt und selbstsicher zu Ihnen kommt. Er soll aber mit dem gleichen Eifer apportieren wie vor Beginn dieser Übung. Dahin kommen Sie nur mit solider, sorgfältig ausgeführter Arbeit. Sorgfältig ausgeführt bedeutet, dass Sie die Einstellung des Hundes auf Schritt und Tritt überwachen, ihn immer dann aufbauen oder stoppen, wenn es nötig ist. Sie bewegen sich auf einem schmalen Grat.

Um perfekte Reaktionen zu erreichen, ist es hilfreich, einen Befehl wie „Pack ihn" zu haben. Der zeigt dem Hund an, dass er jetzt wieder mit Begeisterung den Gegenstand ergreifen kann, von dem er zuvor abgerufen wurde. Jetzt versteht er, dass die Jagd beendet ist, wenn er den Komm-Befehl nicht befolgt, er das Spielzeug aber bekommt, wenn er den Befehl ausführt. Hat er die Übung begriffen, dann variieren Sie wegen der Generalisierung mit den Gegenständen. Nehmen Sie Bälle, Spielzeuge, Futter, Frisbee-Scheiben, was immer er jagen mag. Verändern Sie während der Jagd den Zeitpunkt, zu dem Sie den Komm-Befehl geben, wobei Sie nicht vergessen dürfen, dass es immer schwieriger wird, je weiter der Hund von Ihnen weg und damit näher am Gegenstand ist. Der Hund soll auf der Jagd nach irgendeinem Gegenstand zu einem beliebigen Zeitpunkt auf der Stelle kehrtmachen. Die Übung bereitet ihn auf das Abrufen von anderen Ablenkungen vor, wie Spiel mit anderen Hunden oder fliehende Eichhörnchen. Die Prinzipien sind die gleichen, doch Sie verfügen in den meisten Fällen nicht über den Luxus, die Übungen wiederholen zu können. Bevor Sie also jemals unter solchen Umständen den Versuch eines Abrufens machen, vergewissern Sie sich, dass Sie das Abrufen von einem gehetzten Gegenstand perfektioniert haben und die Übung sowohl hinsichtlich der Art des Gegenstands als auch des Ortes generalisiert wurde.

An der Leine ziehen

Hunde ziehen von Natur aus an der Leine. Dafür gibt es mehrere Gründe. Einer ist, dass das Ziehen vom Besitzer gewöhnlich durch Vorwärtsbewegung bestärkt wird. Der Hund zieht, weil das Ziehen funktioniert. Er findet gar nicht erst heraus, ob das Nichtziehen vielleicht auch funktionieren würde, weil sein normales Tempo schneller ist als die natürliche Geschwindigkeit des Besitzers: Der Hund gelangt sofort ans Ende der Leine und bringt sich das Ziehen so selbst bei. Das hat nichts mit Rangfolge zu tun. Extrem unterwürfige Hunde ziehen mit der gleichen Hingabe an der Leine wie Hunde, die sich auf der Mitte der Hierarchieleiter befinden oder wie dominante Hunde.

Der andere Grund, warum Hunde an der Leine ziehen, sogar so lange, bis sie vor lauter Unwohlsein nach Luft schnappen, ist der so genannte Widerstandsreflex, über den sie verfügen. Sobald sie am Hals oder an der Brust Druck verspüren, lehnen sie sich reflexartig dagegen. Das ist einer der Gründe, warum Huskys und Malamutes, wie viele andere Rassen auch, gern im Geschirr ziehen. Das belohnt nämlich schon von sich aus.

Wenn Sie nun also wissen, wogegen Sie angehen wollen, ist es klug, ab Tag eins mit dem Antiziehtraining zu beginnen und nicht zu warten, bis der Hund die volle Sucht auf das Ziehen entwickelt hat.

Für Welpen oder Hunde, die noch keine starke Gewohnheit entwickelt haben, besteht die wichtigste Übung aus dem Ampelspiel – rot/grün. Bei diesem Spiel lauten die Regeln, dass Sie sich auf einem Spaziergang mit dem Hund nur dann vorwärts bewegen, wenn die Leine locker durchhängt. Sobald der Hund die Leine strafft, erstarren Sie in Ihrer Bewegung. Die lockere Leine bedeutet das grüne Licht – Sie gehen vorwärts; die gespannte Leine ist das rote Licht – Sie halten an. Sich in die Richtung, in die der Hund gehen will, zu bewegen, ist eine starke Belohnung, die Sie niemals für das Ziehen an der Leine hergeben sollten.

Wenn Sie bei diesem Spiel das erste Mal auf die Bremse treten, wird der Hund versuchen, etwas nach vorn zu preschen und zu zerren. Warten Sie einfach, bis er irgendwann rein zufällig die Leine lockert, und gehen Sie dann wieder vorwärts. Sobald Sie das tun, wird der Hund mit seiner ganzen neu aufgeladenen Energie sicherlich in das Leinenende rennen, woraufhin Sie wieder Halt machen. Damit der Hund den Trend erkennt, bedarf es einiger Wiederholungen: Das Anspannen der Leine bewirkt jedes Mal eine Unterbrechung des Spaziergangs, durch eine lockere Leine kommt alles wieder in Bewegung. Der Hund lernt nicht auf einen Schlag, an lockerer Leine zu gehen, aber Sie erreichen ein allmähliches Nachlassen der Ziehversuche. Machen Sie also weiter. Hat er es einmal begriffen, dann sind Sie auf dem Weg zu einem ruhigen Gang, das ganze Hundeleben lang.

Besteht bereits ein Problem mit dem Ziehen, dann werden Sie, was das Training angeht, wahrscheinlich schwerere Geschütze auffahren müssen als das Ampelspiel. Sie haben die Möglichkeiten, 1) es trotzdem mit dem Ampelspiel zu versuchen, 2) das Spiel zwar zu spielen, aber unter Zuhilfenahme aktiver Korrektur und/oder Strafe und 3) anderes Zubehör zu verwenden.

Das Spiel unter Zuhilfenahme aktiver Korrekturmaßnahmen zu spielen bedeutet, dass Sie den Hund mit einem Wort wie „Vorsichtig!“ warnen und Sie dann, wenn sich der Hund nicht zurücknimmt, stehen bleiben und kurz an der Leine rucken anstatt einfach nur zu stoppen. Der Hund lernt: Die Warnung ist der Vorbote für den Leinenruck, wenn er nicht aufhört zu ziehen. Diese „Leinenkorrektur“ ist eine Bestrafung. Sie erkaufen sich damit ein paar Sekunden des Nichtziehens, die Sie dann mit einer Vorwärtsbewegung oder einem Leckerli aus Ihrer Tasche loben und belohnen müssen. Machen Sie sich darauf gefasst, dass Sie einen Hund, bei dem das Ziehen schon zur Gewohnheit geworden ist, praktisch für immer und ewig warnen und korrigieren müssen. Mit dieser Methode lässt sich das Ziehen gewöhnlich nur einigermaßen im Griff halten, die Spaziergänge sind eben halbwegs erträglich. Auch verlässt man sich hierbei sehr auf Strafe. Dadurch geraten Sie nicht nur immer wieder in die Rolle des Bösewichts – die Hunde stumpfen gegen die Korrektur auch ab. Trotz dieser Unzulänglichkeiten habe ich die Methode hier beschrieben, weil sie bei dem einen oder anderen Hund hervorragend funktioniert.

Das Ampelspiel lässt sich auch dadurch aufpeppen, dass der Hund einen „Strafstoß“ für das Ziehen erhält, zum Beispiel von einem Meter oder drei Metern: Beginnt der Hund an der Leine zu ziehen, wird er gewarnt, geruckt, und dann gehen Sie ein Stück zurück, so dass der Hund dieselbe Strecke nochmals laufen muss. Ein gutes Motto wäre dabei: „Wir gehen so lange immer wieder dieses Stück Weg entlang, bis du es ohne Ziehen machst.“ Bei den ersten Versuchen wird der Hund dasselbe Wegstück wahrscheinlich viele Male hintereinander gehen müssen, bevor er herausfindet, dass er sich die Strafe durch das Ziehen einhandelt. Den Beginn des Ziehens können Sie mit einem „Schade!“ oder „Ah, ah!“ markieren, um ihm zu signalisieren, dass Sie jetzt gleich die Belohnung wegnehmen werden, also das Vorwärtsgehen. Sehen Sie zu, dass die Leine locker ist, wenn Sie es nach dem Zurück noch einmal vorwärts probieren.

Zieh-Profis können ihren Menschen regelrechte Verletzungen zufügen. War diesen Hunden das Ziehen schon so weit gestattet, werden sie jetzt gewöhnlich neues Zubehör benötigen. Heutzutage stehen mehrere Dinge als Servolenkung zur Verfügung. Das Beste ist wohl das Hundehalfter, das ähnlich aussieht und funktioniert wie ein Halfter oder eine Hackamore bei Pferd oder Pony. Dahinter steht die Idee, den Einwirkungspunkt vom Hals zum Maul hin zu verlagern. Versucht der Hund zu ziehen, kann er sich in nichts hineinlehnen: Sein Kopf dreht sich einfach herum. Da Menschen mit diesen Halftern Pferde mit einem Gewicht von einer halben Tonne kontrollieren können, überrascht es nicht, dass Sie damit eine gute Kontrolle über einen 40 Kilo schweren Labrador haben. An Hundehalftern gibt es mehrere Produkte wie „Gentle Leader“ oder „Halti“.

Die Vorteile dieser Halfter lassen sich wie folgt zusammenfassen: 1) Bei den meisten Hunden mindern sie sehr deutlich das Ziehen an der Leine; 2) sie funktionieren ohne Schmerzeinwirkung und 3) zum Handling ist sehr wenig Übung erforderlich. Die Nachteile sind: 1) Anfangs kämpfen die meisten Hunde dagegen an (eine Zeit der Anpassung ist zu berücksichtigen); 2) für das ungeübte Auge sehen sie aus wie ein Maulkorb und 3) die Wirkung lässt sich nicht gut generalisieren, wenn der Hund das Halti nicht trägt.

Weil der Handler die Kontrolle über den Kopf des Hundes bekommt, sind Halfter auch ein gutes Mittel zur Kontrolle von vorpreschenden, aggressiven Hunden. Trotz ihrer offensichtlichen Wirkung haben sie sich wegen zweier Nachteile nicht durchgesetzt: Die Menschen mögen den Anblick nicht, und sie sehen nicht gern, wie ihr Hund das Ding anfangs so offensichtlich hasst. Die, die das Halfter verwenden, werden immer wieder gefragt, warum ihr Hund einen Maulkorb tragen müsse. Von Maulkörben sind Halfter meilenweit entfernt. Trotz guter Kontrolle des Kopfes und der Kieferknochen kann der Hund mit einem Halfter hecheln, trinken, einen Ball apportieren und beißen. Die Zeit der Anpassung ist schnell vorüber, wenn der Besitzer die ersten paar Erfahrungen damit sorgfältig einleitet. Das heißt also, nicht nachgeben und das Halfter abnehmen, wenn der Hund verrückt spielt. Heben Sie den Kopf des Hundes jedes Mal hoch, wenn er ihn senkt und mit der Pfote nach dem Halfter tappt. Toleriert der Hund das Halfter, dann loben Sie ihn sehr und geben ihm viele Leckerli.

Das Anti-Zug-Geschirr ist eine weitere Möglichkeit, die uns gegen das Ziehen zur Verfügung steht. Es darf nicht mit dem Zuggeschirr verwechselt werden, das bei Schlittenhunderennen und in der Zugarbeit Verwendung findet. Nach der Beschreibung funktioniert das Anti-Zug-Geschirr durch die Umwandlung des Vorwärtszuges des Hundes in einen Aufwärtsschub. Ehrlich gesagt, weiß ich nicht, wie das geht. Vielleicht wird irgendein Aversivmittel eingesetzt. Belassen wir es dabei zu sagen, dass dieses Geschirr bei einigen Hunden über Nacht wahre Wunder bewirkt und bei anderen allerhöchstens eine minimale Besserung erreicht. Probieren Sie ein solches Geschirr vor einem eventuellen Kauf erst einmal aus.

Die Vorteile dieses Geschirrs: 1) Wenn es funktioniert, funktioniert es sehr gut; 2) es ist sicher und scheint ohne Schmerzanwendung zu funktionieren; 3) zur Anwendung sind keine besonderen Fähigkeiten nötig und 4) Hunde akzeptieren es gewöhnlich gleich. Als Nachteile sind zu nennen: 1) Es funktioniert nicht bei jedem Hund; 2) trägt der Hund das Geschirr nicht, so scheint die Generalisierung nicht gut zu funktionieren und 3) das Originalprodukt ist ziemlich teuer.

Diese beiden Produkte, das Halfter und das Anti-Zug-Geschirr, haben das Antiziehtraining einen großen Schritt weitergebracht. Die meisten Menschen gehen ihr Problem mit dem Ziehen jedoch mit anderen Dingen an: mit dem Zug- oder Würgehalsband. Das Halsband ist, wie der Name schon sagt, dafür da, den Hund zu würgen, zu strangulieren. Es ist das im Hundetraining am weitesten verbreitete Werkzeug. Es gibt Kettenzughalsbänder, solche mit breiteren Ketten, um das Fell des Hundes zu schonen (merke: nicht seine Luftröhre), solche aus Stoff, mit Zugbegrenzung, mit verstärktem Zug, die höher am Hals des Hundes sitzen, damit das Halsband dem Hund besser die Luft abschneiden kann. Es erstaunt schon, wie viel Zeit und Energie in die Technik solcher Strangulierungsvorrichtungen für den besten Freund des Menschen gesteckt wird. Scharen von Hundehaltern wollen kein Halfter, weil der Hund „es nicht mag«, denken sich aber nichts dabei, Metall oder ein dünnes Seil direkt in die Luftröhre ihres Hundes zu drücken.

Das Problem bei den Zughalsbändern liegt in dem für die meisten Hunde mild bis mittelstark angewendeten Aversivmittel. Es

schmerzt nicht besonders, also ist die Wirkung auf das Verhalten meist nur minimal. Selten funktioniert die Sache mit ein oder zwei Bestrafungen über das Zughalsband. Hunden, deren Besitzer sich dafür entscheiden, mit Würgehalsbändern zu trainieren, bleibt meist nur ein ganzes Leben mit Leinenkorrektur. Ist einerseits die Wirkung eines solchen Halsbandes zweifelhaft, so ist andererseits die Möglichkeit zu verletzen, das heißt, den Hund sofort akut oder allmählich zu schädigen, beträchtlich. Und das macht es so heimtückisch: Da es anscheinend eine sehr geringe Wirkung hat, erhöhen die Besitzer Anzahl und Stärke der Leinenrucke oder schalten auf gefährlichere Modelle um, während sie den Hund gegen den Ruck immer weiter desensibilisieren. Und daneben wird die Luftröhre des Hundes immer mehr gedrückt.
Ein weiteres Problem liegt in der Stärke und der für eine angemessene Leinenkorrektur erforderlichen Koordination. Viele Menschen sind weder physisch noch psychisch in der Lage, die Technik korrekt anzuwenden. Letztlich legen sie ein Zughalsband an und hoffen, es werde schon von selbst funktionieren. Als Ergebnis haben sie einen Hund, der sich am anderen Ende der Leine abmüht und dessen Zungenfarbe immer mehr zum Bläulichen hin tendiert.
Warum also sind diese Dinger so populär? Zum Teil liegt die Antwort in der historischen Tradition des Hundetrainings begründet. Die ursprünglichen Trainer waren Militärs, die Deutsche Schäferhunde züchteten. Mit den Zughalsbändern kamen beide wohl gut zurecht, obwohl, so argumentiere ich, sie nicht einmal halb so weit gekommen sind wie sie mit dem Clicker und Fleischwurststückchen gekommen wären. Aber sie sind damit zurechtgekommen. Es waren die ersten Prototypen von Trainern, deren Methoden bis zu den Menschen durchsickerten, die nach dem Zweiten Weltkrieg mit ihren Familienhunden an organisierten gemeinsamen Unterordnungsübungen teilnahmen. Auf irgendeine Art und Weise wurstelten sie sich da durch, sodass die Methode ohne kritische Überprüfung oder Alternativen jahrzehntelang wie zementiert schien.

Der andere Teil der Antwort liegt wahrscheinlich in unserer auf Bestrafung ausgerichteten Mentalität begründet. Die Halsbänder geben dem Handler die Macht, Strafen auszuteilen, mit all dem damit verbundenen „Befriedigung" und der temporären Verhaltensunterdrückung (und eventuell der globalen Verhaltensunterdrückung).

Als letzte Möglichkeit gegen das Ziehen gibt es noch das Stachelhalsband. Es sieht wie ein mittelalterliches Folterinstrument aus, mit zwei Reihen stumpfer Stacheln, die sich in den Hals des Hundes bohren, wenn er an der Leine zieht. Das macht es viel aversiver als ein Zughalsband. Ironischerweise ist es trotz seines Furcht erregenden Aussehens durch seine Konstruktion begrenzt und deshalb ein viel sichereres Gerät als das Zughalsband. Auf Grund der größeren Aversivität und des geringeren Verletzungsrisikos ist das Stachelhalsband in gewissem Sinne besser als das Zughalsband. Es könnte eventuell zum Verhindern des Leineziehens eine vernünftige Option sein. In Anbetracht von Halftern, Geschirren und einem guten frühen Training mit einfachen Halsbändern sowie dem Ampelspiel ist die Verwendung eines Stachelhalsbandes jedoch kaum zu rechtfertigen. Niemals kann es zum Lehren von „Sitz", „Bleib", „Komm" oder irgendetwas anderem als der Korrektur des Ziehens dienen.

„Bei Fuß" auf Kindergartenniveau

Der Hund geht „bei Fuß", wenn er auf Ihrer linken Seite (oder der rechten, das ist so lange egal, wie Sie nicht an Gehorsamsprüfungen teilnehmen wollen) läuft, seinen Kopf oder seine Schulter auf der Höhe Ihres Beines hält, niemals von dieser Position abweicht und automatisch ins „Sitz" geht, sobald Sie anhalten. Das „Bei Fuß" auf Kindergartenniveau besteht einfach darin, dass Sie dem Hund beibringen, immer einem sich bewegenden Lockmittel, z.B. Futter, zu folgen. Das Lockmittel halten Sie links von Ihrem Körper, damit der Hund lernt, nicht nur Ihrem Körper, sondern auch Ihrer Hand zu folgen. Füllen Sie Ihre Hosentaschen zuerst einmal mit Leckerli. Nehmen Sie dann ein Leckerli in Ihre Hand, zeigen Sie es dem Hund und bewegen Sie es auf Höhe des Hundes zu Ihrer Körperseite. Bei großen Hunden halten Sie das Futter auf Hüfthöhe Ihres Körpers oder höher, bei kleinen Hunden muss es sich auf Kniehöhe befinden. Das heißt also, Sie müssen sich bei einem kleinen Hund in den ersten paar Trainingseinheiten hinunterbeugen. Dafür können Sie Ihre linke oder rechte Hand nehmen, was für Sie bequemer ist.

Sobald der Hund auf das Lockmittel achtet, gehen Sie los. Wenn Sie mit dem Hund reden, ermutigen Sie ihn, Ihnen zu folgen. Gehen Sie ein paar Schritte und halten an. Geben Sie beim Halten Ihr Handzeichen für „Sitz" nach hinten, als ob Sie die Luft hinter sich schieben wollten. Geht der Hund ins „Sitz", clicken Sie und belohnen ihn. Sehen Sie zu, dass sich der Hund gerade hinsetzt, das heißt parallel zu Ihnen, und sich nicht zu Ihnen hinwendet. Hunde drehen sich leicht zu Ihrem Körper hin, weil das bis jetzt die Ausrichtung war und ist, die sie mit Belohnung verbinden. Als anfängliches Ziel beim „Bei-Fuß"-Training soll der Hund die Belohnungen, die er bekommt, nicht nur mit dem Folgen, sondern mit dem Blickwinkel, den er „bei Fuß" auf Sie hat, verbinden.

Diese Verknüpfung können Sie ein wenig bestärken: Stehen Sie einfach da, der Hund sitzt „bei Fuß" neben Ihnen, und Sie geben ihm die Möglichkeit, ein Lockmittel von seiner Nase bis hoch zu Ihrer Körperseite mit dem Blick zu verfolgen. Nachdem Sie ihn dafür gelobt haben, dass er einige Sekunden geschaut hat, geben Sie ihm das Leckerli. Sie können es auch einfach zu ihm hinunterfallen lassen – es wird ihm Spaß bereiten, Belohnungen auffangen zu lernen. Vergewissern Sie sich dabei, dass Sie Ihre Schultern gerade halten und sich niemals zum Hund hindrehen. Ein Drehen der Schultern ändert den Blickwinkel genau so, wie Sie ihn nicht haben wollen.

Folgt Ihnen der Hund erwartungsvoll, üben Sie die Wende in alle Richtungen: rechts rum, links rum und im 180°-Winkel. Bei 180°-Winkeln lassen Sie den Hund außen laufen. Sollten Sie einmal an einem Obedience-Wettbewerb teilnehmen wollen, führen Sie Ihre

Wenden nach links und rechts so rechtwinklig und militärisch wie möglich aus und machen die Kehrtwenden einspurig. Wenn Sie also die 180°-Wende ausführen, gehen Sie vor und nach ihr in beiden Richtungen auf derselben Linie, das heißt, die Wende darf Sie nicht auf eine andere Spur führen. Auch müssen Sie lernen, glatte Schrittwechsel und anständige Fußarbeit auszuführen, wenn Sie im Obedience-Ring gut aussehen wollen; sehen Sie also zu, dass Sie sich in die Hände eines guten, qualifizierten Lehrers begeben, der diese Dinge schleifen kann, wenn die Zeit kommen sollte. Jetzt aber wollen Sie einfach, dass der Hund Ihnen zuverlässig folgt und die Wende mit Ihnen so eng wie möglich macht. Belohnen Sie ihn so oft, wie es nötig ist, damit er weiterhin das Lockmittel verfolgt.

„Bei Fuß" oder an der Leine gehen

Diese und andere „Bei Fuß"-Übungen werden Sie eine lange Zeit machen müssen, bevor der Hund auf einem richtigen Spaziergang gut „bei Fuß" läuft; in der Zwischenzeit sollte er aber eine Vorstellung davon bekommen, wie er an der Leine zu gehen hat. Vergewissern Sie sich, dass Sie das Ziehen an der Leine mit Hilfe der oben beschriebenen Ampeltechnik oder dem speziellen Zubehör in den Griff bekommen haben. „Bei Fuß" und an lockerer Leine gehen sind zwei unterschiedliche Dinge. „Bei Fuß" beinhaltet ein komplexes Verhalten, das viele Monate geübt werden muss, bevor es präzise und zuverlässig gezeigt wird. Noch mehr Zeit und Geduld wird es brauchen, dieses Verhalten von Ihrem Wohnzimmer nach draußen zu übertragen. Erst muss das Verhalten im Haus gut konditioniert sein, bevor Sie damit hinausgehen können, um es auf richtigen Spaziergängen zu üben. Und weil das „Bei-Fuß"-Gehen für einen Hund so schwierig ist, erwarten Sie auf einem Spaziergang nicht, dass er ständig so läuft, insbesondere dann nicht, wenn er es erst noch lernen muss. Wenn Sie also draußen mit dem „bei Fuß" anfangen, verlangen Sie vom Hund anfangs nur kurze Phasen und belohnen sie alle sehr.

Am Ende können Sie „bei Fuß“ über eine Dauer von mehreren Minuten verlangen, während Sie zum Beispiel durch eine Menschenmenge gehen oder eine Straße überqueren. Die restliche Zeit sollten Sie dem Hund einfach beibringen, an lockerer Leine zu laufen, oder ein Halfter bzw. ein Geschirr verwenden, wenn er stark zieht. So kann er sich auf gewisse Weise frei bewegen und am Boden schnüffeln, was Hunde auf einem Spaziergang eben am liebsten tun. Sie müssen den Urin und den Kot anderer Hunde untersuchen, um für sie wichtige soziale Daten zu sammeln. Das können sie nicht, wenn sie „bei Fuß“ gehen. Vergessen Sie auf keinen Fall, dass Laufen an lockerer Leine und „Bei-Fuß“-Gehen zwei unterschiedliche Dinge sind. „Bei Fuß“ werden Sie erst im Training voll durchziehen, bevor sie es auf dem Spaziergang anwenden. Das Laufen an lockerer Leine wird dagegen vom ersten Tag an auf Spaziergängen trainiert.

„Bei Fuß“ auf Grundschulniveau

Hier soll der Hund bei abgeschwächtem Lockmitteleinsatz „bei Fuß“ laufen, automatisch ins „Sitz“ gehen, wenn der Handler stehen bleibt, und die ganze Zeit über seine Aufmerksamkeit auf ihn gerichtet halten. Vergewissern Sie sich, bevor Sie mit diesen Übungen beginnen, dass Sie die beim „Bei Fuß“ auf Kindergartenniveau beschriebene Verfolgung des Lockmittels ausreichend geübt haben. Der Hund muss ein fanatischer Lockmittelverfolger sein, weil er dann ausreichend Schwung beim Ausschleichen und gelegentlichen Fortnehmen des Lockmittels haben wird, mit dem Sie jetzt beginnen.

Wärmen Sie den Hund in einer Umgebung mit geringer Ablenkung auf, mit dem Futter auf Hüfthöhe Ihrer linken Körperseite. Halten Sie oft an, um den Hund ins „Sitz“ zu befehlen, und belohnen Sie ihn. Warten Sie nun einen Augenblick ab, in dem er gut folgt, und bewegen Sie dann das Lockmittel ein oder zwei Sekunden nach oben und leicht vom Hund weg, zum Beispiel von Ihrer Hüfte hoch zu Ihrer Brust. Reden Sie, während Sie das tun, begeistert auf den Hund ein. Sie wollen ihm nämlich klar machen, dass es etwas Gutes bedeutet, wenn sich das Lockmittel weiter fort bewegt. Folgt er so gut wie zuvor, dann machen Sie nach einigen Sekunden wirklich etwas Gutes daraus und geben ihm die Belohnung. Fangen Sie dann wieder von vorne an, also mit dem Futter in der ursprünglichen Position. Folgt der Hund gut, bewegen Sie das Futter wieder fort, halten den Hund mit Ihren begeisternden Worten ein paar Sekunden bei der Stange und geben ihm dann die Belohnung. Sie belohnen eher heimlich, als dass Sie ein „Sitz" verlangen. Das Kriterium, das Sie herausschälen wollen, um es belohnen zu können, ist das Verfolgen eines ausgeschlichenen Hilfsmittels: des weiter entfernten Lockmittels.

Schleichen Sie kurz vor der Belohnung das Hilfsmittel immer weiter aus. Wird das häufig genug getan, so wird für den Hund das Ausschleichen des Lockmittels ein Ereignis, an dem er Gefallen findet. Er lernt: Das Entfernen des Lockmittels bedeutet, die Belohnung kommt bald. Schleichen Sie das Lockmittel aus und er versagt beim „Bei Fuß", heißt das, Sie haben das grundlegende Konditionieren der Lockmittelverfolgung nicht ausreichend geübt. Gehen Sie zurück in den Kindergarten und üben Sie ein wenig mehr. Probieren Sie das Ausschleichen dann nochmals. Achten Sie darauf, dass Sie, wenn Sie das Lockmittel in dieser frühen Phase des Übergangs ausschleichen, das „bei Fuß" mit Lob aufpeppen.

Versagt der Hund während des Ausschleichens nicht mehr, ist als nächster Schritt die Dauer des „Bei-Fuß"-Laufens bei ausgeschlichenem Hilfsmittel zu verlängern. Beginnen Sie mit drei Sekunden und steigern Sie auf vier, fünf. Senken Sie wie immer den Standard und üben kürzere Sequenzen, wenn der Hund versagt und anfängt, eine schlechte Leistung zu zeigen. Im Training ist das Versagen und Wiederaufbauen für den Hund ein unausweichlicher Prozess. Und es bildet den Charakter des Trainers. Sie werden nach wenigen Übungen in der Lage sein, den Hund bei dezenterem Halten des Futters und größeren Abständen zwischen den einzelnen Belohnungen über eine längere Zeit „bei Fuß" zu führen.

Kann der Hund das, dann beginnen Sie, am automatischen „Sitz“ zu arbeiten.
„Bei Fuß“ mit häufigem Anhalten ist die wirksamste Art, das automatische „Sitz“ zu etablieren. Zu Anfang ist die Sequenz folgende: 1) Sie bleiben stehen und geben 2) dem Hund das Handzeichen für „Sitz“, so weit „bei Fuß“ wie möglich (natürlich clicken Sie schöne Reaktionen und belohnen Sie wie immer). Als Ziel soll letztlich aus dem Ende des Gehens der „Sitz“-Befehl werden, und darum kommt das auch zuerst: Vermeiden Sie den häufig auftretenden Fehler, für „Sitz“ eine Hilfestellung oder ein Zeichen zu geben, bevor Sie stehen geblieben sind oder stehen bleiben. Tun Sie es doch, dann wird das bekannte Handzeichen die Aufmerksamkeit für das Ereignis blockieren, das Sie als Befehl etablieren wollen: Ihr Stehenbleiben. Denn das Anhalten liefert keine neuen Informationen, wenn es gleichzeitig oder nach dem „Sitz“-Befehl gegeben wird.
Die richtige Reihenfolge – Anhalten und dann das Handzeichen – kann den Hund dazu bringen, über den Punkt hinauszulaufen, an dem Sie anhielten. Geraten Sie nur nicht in Panik oder in die Falle, einen Befehl für das „Sitz“ sozusagen präventiv vor dem Anhalten zu geben. Da es das Problem zu lösen scheint, ist dies verlockend. Es schiebt das Problem aber nur auf den unvermeidlichen Tag, an dem der Hund allein mit dem Stehenbleiben ins „Sitz“ gehen soll. Das Stehenbleiben muss deshalb in der Sequenz an erster Stelle stehen, soll es je etabliert werden. Zur Lösung des Problems müssen Sie, sobald Sie zum Stehen gekommen sind, Ihr Hilfsmittel recht schnell bringen, damit der Hund weniger über das Lockmittel hinausschießt. Sie können auch das korrektere „Sitz“ auswählen und ab und zu belohnen, sobald der Hund sich jedes Mal setzt. Das Formen wird hier hilfreich sein.
Schießt der Hund beim Halt nicht mehr über das Lockmittel hinaus und ist sein „Sitz“ relativ gut positioniert, beginnen Sie damit, das Zeichen auszuschleichen. Fangen Sie wie gewöhnlich mit einigen malen Anhalten und Zeichen an und belohnen das schönste „Sitz“. Versuchen Sie nach dem Stehenbleiben ein kleineres Handzeichen für „Sitz“ zu geben, und schauen Sie, ob Sie ein „Sitz“ bekommen.

Falls ja, belohnen Sie es. Kommt kein „Sitz", geben Sie ein deutlicheres Zeichen, belohnen das anschließende „Sitz" aber nicht. Wiederholen Sie die Übung. Setzt sich der Hund auf das schwächere Zeichen immer noch nicht hin, probieren Sie es mit einem weniger schwachen – irgendwas zwischen dem, was noch funktioniert, und dem, was nicht mehr funktioniert. Sie suchen nach einem neuen Standard. Sobald Sie ein Handzeichenniveau finden, das meistens funktioniert und schwächer als Ihr vorangegangenes Zeichen ist, arbeiten Sie mit diesem neuen Zeichen, bis sich der Hund jedes Mal setzt. Arbeiten Sie bei dieser Reaktion jetzt mit einem variablen Bestärkungsschema und schwächen das Zeichen weiter ab. Letztendlich soll das Zeichen im Nichts verschwinden. Viele Hunde begreifen das automatische „Sitz" sehr schnell, zum Teil, weil „Sitz" am Anfang ein so starkes Verhalten ist. Begreift es der Hund nicht so schnell, werden Sie das Hilfsmittel allmählich abschwächen und eine schöne Reaktion auf ein Belohnungsschema setzen, bevor Sie die Übung durch weiteres Abschwächen des Zeichens noch mehr erschweren. Irgendwann werden Sie einen Wortbefehl flüstern, wenn der Hund sich nur schwer von einem Handzeichen lösen kann. Beginnt er wieder, über das Lockmittel hinauszuschießen oder sitzt er extrem schief da, müssen Sie das Ganze vielleicht mit einer gesonderten „Sitz"-Ausrichtungsübung wieder ins Lot bringen. Deshalb hat Hundetraining so viel mit Jonglieren zu tun: Sobald man sich auf etwas konzentriert, haut etwas anderes nicht hin. Alles ganz sauber hinzukriegen und zu halten, ist ein Jonglierakt erster Güte.

„Bei Fuß" auf Oberschulniveau

Ziel ist hier das „Bei Fuß" eine Minute lang, ohne jegliche verbale Hilfestellung und ohne Lockmittel. Erreichen lässt es sich, indem wir den Prozess des Abschwächens von Hilfsmitteln, den wir in der Grundschule begonnen haben, fortsetzen. Anstatt das Lockmittel nun ein wenig abzuschwächen, werden Sie nun versuchen, es einige Sekunden ganz wegzunehmen, bevor Sie die eigentliche Belohnung geben. Versuchen Sie bei dieser Art Übung genau aufzupassen, welchen Moment Sie für die eigentliche Belohnung auswählen. Bei einem lang anhaltenden Verhalten wie dem „Bei Fuß" gibt es für das Clicken und Belohnen eine Menge Wahlmöglichkeiten. Trainer tappen leicht in die Falle und meinen, sie würden das „Bei Fuß" insgesamt belohnen, wenn sie clicken und die Belohnung geben; in Wahrheit aber wählt das Click einen besonderen Moment des „Bei Fuß" aus, nicht die Sekunden und Minuten vor diesem Augenblick. Besonders schlecht ist es, wenn man zu lange wartet: die Leistung des Hundes beginnt sich zu verschlechtern, der Trainer clickt und belohnt, um das Interesse des Hundes wiederzugewinnen. Dieser häufig begangene Fehler bringt die Bestärkung genau dahin, wo man sie nicht haben will: zu einem schlechteren „Bei Fuß". Gewöhnen Sie sich an, im besten Moment zu clicken und die Verschlechterung mit Signalen für „keine Belohnung" („Oh, schade!") zu markieren. Gibt es keinen guten Moment, so ist Ihr Standard einfach zu hoch gesetzt. Sie als Trainer sind dafür verantwortlich, die Aufgabe so einfach zu halten, dass der Hund sein Interesse nicht verliert und Ihnen viele belohnenswerte Reaktionen liefert.

Jonglieren Sie mit Sorgfalt zwischen den beiden Kriterien – der Dauer des „Bei Fuß" und dem Ausmaß des abgeschwächten Hilfsmittels – hin und her. Machen Sie es dem Hund also auf der einen Seite leicht, während Sie auf der anderen Seite die Schraube anziehen. Ein Beispiel: Was würden Sie tun, wenn der Hund 30 oder 40 Sekunden lang schön „Bei Fuß" gehen kann (das Futter halten Sie in der geschlossenen Hand auf Höhe Ihres Magens, und Sie helfen ihm, indem Sie viel mit ihm reden), und Sie hätten vor, gar kein Futter mehr in der Hand zu halten? Richtig. Sie reduzieren die Dauer auf wenige Sekunden, statt von ihm 30 bis 40 Sekunden zu verlangen. Beginnen Sie nach mehreren erfolgreichen futterlosen Übungen, die Zeit zwischen den Belohnungen allmählich wieder zu verlängern, bis Sie bei den 30 bis 40 Sekunden angekommen sind. Gehorsamsübungen so zu unterteilen, ist die Basis für gutes Training. Verbinden Sie die einzelnen Kriterien immer erst dann, wenn der Hund jedes einzelne gut beherrscht; achten Sie beim Kombinieren dann besonders auf den Schwierigkeitsgrad jedes einzelnen Kriteriums. Das nicht zu tun, ist ein klassischer Fehler, der dazu führt, dass der Hund ständig versagt.

Gehen Sie nun mit dem Hund bei Fuß, nicht nur im Haus, sondern an vielen anderen Orten. Seien Sie stets darauf gefasst, dass es an jedem neuen Ort anfangs zu einem beträchtlichen Rückschritt kommen kann. Senken Sie den Standard auf das Niveau, das der Hund erreichen kann, damit die Erfahrung, die er an verschiedenen Orten macht, gut ist und belohnt wird. Heben Sie den Standard dann allmählich an, bis er an jedem Ort so gut bei Fuß gehen kann wie zu Hause. Der Rückschritt an einem neuen Ort ist Teil des Trainings und bei allen Befehlen vorhersehbar. Er tritt beim „Bei Fuß“ jedoch viel häufiger auf, weil „Bei Fuß“ für den Hund eine vielschichtige komplizierte Aufgabe ist. Es kann sogar sein, dass Sie vorübergehend zum Locken mit Futter zurückkehren müssen.

Die Generalisierung eines trainierten Verhaltens an verschiedenen Orten ist für einen Traineranfänger so frustrierend, weil das, was zu Hause so zuverlässig zu funktionieren schien, plötzlich nicht mehr klappt. Leicht ist man versucht, das Versagen dem einzelnen Tier oder seiner Rasse zuzuschreiben, statt einem sachlich-nüchternen Phänomen, wie Hunde eben lernen. Solche Rückschritte sind jedoch eher die Regel als die Ausnahme.

Die gute Nachricht: Je mehr Verhaltensweisen Sie mit dem Hund trainieren und generalisieren, desto besser wird er sich in den ganzen Prozess einfügen. Halten Sie sich stets vor Augen, dass das letztlich zu einem Hund führen wird, der neu erworbene Verhaltensweisen und Befehle ohne erkennbare Verzögerung und auch an recht schwierigen Orten generalisieren kann. Er hat „gelernt, wie man lernt«, ein Effekt, den Sie mit ausreichender Erziehung bei jedem Tier erzielen können.

„Bei Fuß“ auf Hochschulniveau

Geht der Hund mindestens eine Minute lang, nur mit Worten ermutigt und ohne Lockmittel, schön bei Fuß, besteht die nächste

Aufgabe darin, das Lob allmählich auszuschleichen. Dieser Schritt sei Ihnen freigestellt; Sie brauchen ihn aber zur Teilnahme an offiziellen Obedience-Wettbewerben. Bei diesen Wettbewerben soll der Hund ungefähr eine Minute am Stück ohne Feedback des Handlers „bei Fuß" gehen. Der Weg dahin ist kein Geheimnis: Schleichen Sie allmählich die mündliche Bestärkung aus, indem Sie immer längere Strecken „bei Fuß" ohne dieses Hilfsmittel selektiv belohnen. Gehen Sie anschließend hinaus und festigen das Verhalten an verschiedenen Orten und bei unterschiedlicher Ablenkung.

Sollten Sie an Wettbewerben teilnehmen wollen, sehen Sie zu, dass zu Ihren Haupttrainingsorten die Obedience-Turniere gehören, die nur so zum Spaß veranstaltet werden. Das sind nämlich die Orte, an denen Sie später am ehesten die guten Reaktionen haben wollen: in den Wettbewerben. Natürlich heißt das nicht, dass Sie unbedingt daran teilnehmen müssen – gehen Sie einfach hin und trainieren Sie. Für den Hund besteht das Hauptziel darin, zu lernen, dass an diesem Ort Belohnung und Marker wie gewöhnlich auftreten können.

Die zu frühe Teilnahme an Obedience-Wettbewerben, bei denen der Handler dem Hund keinerlei Feedback geben darf, ist ein verbreiteter Fehler. Der Hund lernt in ein oder zwei Wettbewerben, dass kleine Leistungsmängel (oder – noch schlimmer – auch große) in diesem speziellen Zusammenhang keine Konsequenzen haben. Das kann auch passieren, wenn das Bestärkungsschema des Hundes noch nicht genügend ausgedünnt ist. Kommt die Belohnung nicht wie erwartet, wird sich der Hund die alte Frage stellen: „Was ist jetzt anders?" Und die unvermeidliche Antwort lautet: das Umfeld, also die Gegenwart anderer Hunde, nervös umherlaufende Menschen und Personen mit Ansteckern, die Klemmbretter mit sich herumtragen und Befehle wie „Vorwärts!" brüllen. Hunden fällt es leicht, Unterschiede in ihrer Umgebung zu erkennen, und die Wettbewerbssituation wird schnell mit „es gelten keine Bedingungen" gleichgesetzt, wenn der Hund nicht routiniert genug ist oder eine der geforderten Verhaltensweisen noch einem kontinuierlichen Bestärkungsschema unterliegt.

Viele Teilnehmer an solchen Wettbewerben vermuten bei Hunden, die das gesteckte Ziel nicht erreichen, eine böse Absicht, statt das vorhersehbare, unvermeidliche und sachlich-nüchterne Lernphänomen der operanten Unterscheidung zu akzeptieren. Bei Obedience-Wettbewerben gelten andere Bedingungen, und ein Hund, der perfekt die Gesetze des Lernens befolgt, wird eine entsprechende Leistung zeigen, wenn er vorher nie Erfahrungen mit fehlender Rückmeldung machen durfte. Das bedeutet 1) viel Training (Training, keine Vorführung) in diesem Umfeld und 2) Teilnahme an Wettbewerben erst dann, wenn die Leistung des Hundes außerordentlich gut und das Bestärkungsschema so weit ausgedünnt ist, dass das Verhalten durch das fehlende Feedback kaum beeinträchtigt wird.

Obedience-Wettbewerbe können großen Schaden anrichten. Hat der Hund einmal gelernt, dass der Ring, in dem der Obedience-Wettbewerb stattfindet, der Ort ist, an dem es keine Belohnungen und keine Markersignale gibt, so kann sich das auf alles, was danach gearbeitet wird, übertragen, also auch auf die Korrektur der gleichen Fehler außerhalb des Rings. Das gilt für jede Situation, in der eine gezeigte Leistung ein verändertes Feedback erfährt, nicht nur für Obedience-Wettbewerben. Hunde können Unterschiede im Kontext und die damit zusammenhängenden Bedingungen ganz hervorragend auseinanderhalten. Und Sie, der Handler, können entscheiden, ob diese Arbeit für oder gegen Sie wirkt.

Zerrspielzeuge als Motivation

„Bei Fuß“ auf Hochschulniveau ist ein Punkt, bei dem sich gut Zerrspielzeuge als Motivatoren einführen lassen. Der Hund versteht, wie das Trainingsspiel funktioniert, und Sie haben inzwischen genügend Erfahrung gesammelt. Experimentieren Sie also mit verschiedenen Belohnungen: Holen Sie ein Spielzeug aus der Tasche, statt dem Hund nach jedem Click eine Belohnung zu geben, und zerren Sie mit ihm eine kurze Runde, aber nur ein paar Sekunden. Er soll ultrahoch motiviert bleiben. Länger andauernde

Spiele sind für zwei Gelegenheiten reserviert: wenn der Hund mit einer wunderbaren Reaktion den Jackpot gewonnen hat oder wenn eine Übungseinheit zu Ende ist, immer ein guter Zeitpunkt für eine besonders große Belohnung. Wichtig ist, daß Sie Übungseinheiten möglichst immer mit einer anständigen Reaktion beenden, nicht mit einem großen Rückschritt oder einer Reihe schlechter Reaktionen. Senken Sie den Standard, um am Ende eine zufriedenstellende Reaktion zu bekommen, mit der der Hund den Jackpot gewinnen kann.
Zerrspielzeuge als Motivatoren setzen wir ein, weil:

1) es immer eine gute Idee ist, mit unterschiedlichen Belohnungen zu arbeiten,
2) viele Hunde mit größerer Begeisterung für ein Zerrspielzeug als für Futter arbeiten,
3) das interaktive Spiel über das gemeinsame Schütteln einer vermeintlichen Beute eine gute Bindung bewirkt,
4) der Hund sich gut austoben kann,
5) es die Möglichkeit bietet, die Kontrolle über Ihren erregten Hund zu verbessern, besonderes über seinen Kiefer.

Lesen Sie im Kapitel „Womit der Hund genetisch ausgestattet ist“ die Regeln über Zerrspiele (Seite 51) noch einmal, bevor Sie im Obedience mit Motivation über Zerrspiele arbeiten. Wenn es darum geht, Geschwindigkeit und Begeisterung zu steigern, ist die Motivation mit Zerrspielzeugen sehr hilfreich.

Konkurrierende Motivation

Auch ein Hund, der auf einen bestimmten Befehl zuverlässig und gut generalisiert reagiert und sich normalerweise von Bestärkern, die er ab und zu bekommt – zum Beispiel Futter und Zerrspiele –, sehr motivieren lässt, kann unter gewissen Bedingungen versagen. Krankheit und großer Stress können dazu beitragen. Viel häufiger wird sein Verhalten aber durch konkurrierende Motivation beeinflusst. Der Hund hört den Befehl und versteht ihn, aber irgendetwas in der Umgebung bestärkt ein anderes Verhalten. Ihr Köder und das Zerrspielzeug verlieren gegen das Spiel mit anderen Hunden oder eine Kaninchenspur im Wald. Was machen Sie dann? Stärken Sie als erstes das Verhalten, das Sie sehen wollen: Herankommen, „Platz“, „Steh“, etc., und üben Sie es in Gegenden mit allmählich gesteigerter Ablenkung.

Zu erkennen, dass es immer eine vorangegangene Serie von Belohnungen für ein Verhalten gab, ist der zweite Schritt. Der jeweils kraftvollere Bestärker gewinnt gegen den schwächeren, und der wiederum gegen den schwächsten. Würde der Hund der Reihenfolge nach am liebsten einer Kaninchenspur im Wald folgen, dann mit dem Zerrspielzeug spielen, Käsewürfel verputzen, nach anderen Hunden schnüffeln, gefriergetrocknete Leber fressen, im See schwimmen, dann, so seien Sie versichert, gewinnt der Wald, wenn Sie zum Beispiel gefriergetrocknete Leber anbieten und in der Nähe ein Hund mit einem Begrüßungsritual, der Wald aber mit einer Kaninchenspur lockt. Gäbe es den Wald nicht, würde der andere Hund gewinnen.

Sie können immer gewinnen, wenn Sie all das kontrollieren, wozu der Hund auf der Belohnungsleiter Zugang hat. Geben Sie diesen guten Dingen Namen: „Such das Kaninchen“ und „Lauf zum Hund“. Aus diesen Namen werden Signale für Belohnungen, so wie der Click Futter und Zerrspielzeug bedeutet. Der Hund kriegt Sie dazu, diese Signale zu geben, indem er zuerst anderen Befehlen gehorcht, wie „Komm“ oder „Sitz“. Sein Zugang zu Kaninchenspuren, Spielkameraden etc. hängt von seiner flotten Reaktion auf Befehle ab. Hunde befolgen bei konkurrierender Motivation deswegen keine Befehle, weil sie meinen, der beste Weg zu den Dingen oben auf der Rangliste sei, diese direkt anzugehen. Die von Ihnen gegebenen Befehle seien da nur im Weg. Hier müssen Sie ihn eines Besseren belehren: Es ist nicht nur so, dass das Herankommen auf Ruf den Zugang zu Kaninchenspuren nicht behindert, sondern es ist der einzige Weg, Zugang zu den Kaninchenspuren zu erhalten.

Aus diesem Grund müssen Sie sich entschließen, ihn mit allen Mitteln, wenn nötig, sogar körperlich daran zu hindern, solche Belohnungen zu bekommen, ohne sie sich verdient zu haben. Wenn Sie sagen „Komm“, und der Hund ignoriert Sie und schnüffelt weiter am Boden oder rennt zu einem anderen Hund hin, müssen Sie schier explodieren. Rasen Sie fluchend und mit saurem Gesichtsausdruck an den Ort des Verbrechens (schneiden Sie ihm den Weg ab) und verhindern Sie das Kassieren dieser „Topbelohnungen“ oder fahren Sie ihm wenigstens übers Maul. Wenn Sie das nicht tun, bekommt der Hund das, was auf seiner Rangliste ganz oben steht, weil er Ihnen nicht gehorcht hat. Das ist denkbar schlecht. Höchste Zeit, so lange ein paar Mal das Kommen zu üben, bis der Hund es gut macht. Sagen Sie dann, und nur dann, „Lauf zum Hund“ oder „Such das Kaninchen“. Versuchen Sie ihn erneut zu rufen, wenn er gerade mitten am Schnüffeln ist. Ignoriert er Sie wieder, gehen Sie zu ihm hin und fahren ihm in die Parade. Werden Sie richtig böse, wenn er das „Wegbleibspiel“ beginnt: Wüten Sie, bis er Angst kriegt und zurückweicht. Seien Sie wieder freundlich, wenn er aufgibt. Sobald er sich hat fangen lassen, bessert sich die Lage für ihn. Üben Sie noch ein paar Mal das Herankommen, wenn nötig hintereinander. Macht er es einmal sehr schön, so sagen Sie „Such das Kaninchen“ und lassen ihn wieder von der Leine.

Will der Hund eine Person oder einen Hund begrüßen und ignoriert er auf dem Weg dorthin Ihren Befehl, dann geschieht das Gleiche: Der Hund muss sich hinsetzen, sonst gibt es keine Streicheleinheiten, keine anderen Hunde. Wedelt der Hund nur und zieht, sagen Sie „Schade“ und gehen in die andere Richtung weiter. Sie dürfen gar nicht erst zulassen, dass er etwas anderes tut, auch nicht Menschen oder Hunde begrüßen. Eine Übungseinheit durchzuführen, in der Sie denselben Ablauf immer wieder üben (beschrieben ist das im Kapitel „Hunde kennen kein ‚richtig‘ oder ‚falsch‘“, Seite 129), ist eine gute Lösung bei emotionalen Reaktionen wie Beschwichtigen und Begrüßen.

Dem Hund wird sich der Zusammenhang einprägen, wenn Sie es nur oft genug üben. Keine Wut, kein Frust, nur eine einfache Regel: Befolge die Befehle und du kriegst die guten Dinge, die Hunde mögen. Befolgst du sie nicht, kriegst du sie auch nicht. Der Hund hat die Wahl, und wenn Sie ihn wählen lassen, wird er stets folgen, was auch immer um ihn herum sein mag. Denn Sie treten nicht mit der Rangfolge in Wettstreit, Sie nutzen sie aus. Sie nutzen die Gesetze des Lernens, die er immer perfekt und ohne Ausnahme befolgt.

Weitergehende Übungen

Wenn Sie im Training bis zu diesem Punkt gekommen sind und eine größere Herausforderung brauchen, dann finden Sie hier einige Aufgabenstellungen, die Sie mit den gelernten Prinzipien selbst ausarbeiten können:

- Willkürliche Positionswechsel auf zehn Meter Distanz, nur über Wortbefehl und unter Ablenkung,
- Unterscheidung von 10 bis 20 Wortzeichen auf den ersten Befehl,
- Zehn Minuten „Sitz-Bleib" oder „Platz-Bleib" bei nicht sichtbarem Handler (der um die Ecke späht) und starker Ablenkung,
- „Bei Fuß" bei starker Ablenkung, ohne Worte oder Futter als Hilfestellung,
- Herankommen auf den ersten Ruf mit automatischem „Sitz", mitten aus der Jagd oder dem Spiel mit anderen Hunden heraus, an einem neuen Ort.

Service

Zum Weiterlesen

... finden Sie hier Hunde-Ratgeber aus dem Kosmos-Verlag:

ABRANTES, ROGER: Hundeverhalten von A-Z. Mimik und Körpersprache, Verhalten und Verständigung, Lautäußerungen und Kommunikation.

BLOCH, GÜNTHER: Der Wolf im Hundepelz. Hundeerziehung aus unterschiedlichen Perspektiven.

DURST-BENNING, PETRA und CAROLA KUSCH: Spiele-Spaß für Hunde. Lieblingsspiele für drinnen und draußen; Mit 66 Spielideen.

FEDDERSEN-PETERSEN, DR. DORIT: Ausdrucksverhalten beim Hund. Mimik und Körpersprache, Kommunikation und Verständigung.

FEDDERSEN-PETERSEN, DR. DORIT: Hundepsychologie. Sozialverhalten und Wesen, Emotionen und Individualität.

FICHTLMEIER, ANTON: Grunderziehung für Welpen.

FÜHRMANN, PETRA und IRIS FRANZKE: Erziehungsprobleme beim Hund. Verhaltensprobleme verstehen und lösen.

FÜHRMANN, PETRA und NICOLE HOEFS: Erziehungsspiele für Hunde.

FÜHRMANN, PETRA, NICOLE HOEFS und IRIS FRANZKE: Die Kosmos Welpenschule.

FÜHRMANN, PETRA, NICOLE HOEFS und IRIS FRANZKE: Kleine Hunde – große Freunde.

HOEFS, NICOLE und PETRA FÜHRMANN: Das Kosmos-Erziehungsprogramm für Hunde.

PIETRALLA, MARTIN: ClickerTraining für Hunde.

PRYOR, KAREN: Positiv bestärken, sanft erziehen. Die verblüffende Methode, nicht nur für Hunde.

SCHÖNING, DR. BARBARA: Hundeverhalten. Verhalten verstehen, Körpersprache deuten.

Tellington-Jones, Linda: Tellington-Training für Hunde. Das Praxisbuch zu TTouch und TTeam.

Winkler, Sabine: Hundeschule. Hunde verstehen, erziehen und beschäftigen.

Winkler, Sabine: Welpenkindergarten. Prägung, Spiel und Erziehung.

Register